· 网络空间安全技术丛书 ·

U0182691

物联网安全

（原书第 2 版）

PRACTICAL INTERNET OF
THINGS SECURITY
Second Edition

[美] 布莱恩·罗素 德鲁·范·杜伦 著
（Brian Russell）（Drew Van Duren）

戴超 冷门 张兴超 刘江舟 译

机械工业出版社
China Machine Press

图书在版编目（CIP）数据

物联网安全（原书第2版）/（美）布莱恩·罗素（Brian Russell），（美）德鲁·范·杜伦（Drew Van Duren）著；戴超等译 . —北京：机械工业出版社，2020.2（2021.6重印）
（网络空间安全技术丛书）
书名原文：Practical Internet of Things Security, Second Edition

ISBN 978-7-111-64785-0

I. 物… II. ①布… ②德… ③戴… III. ①互联网络 – 安全技术 ②智能技术 – 安全技术
IV. ①TP393.4 ②TP18

中国版本图书馆 CIP 数据核字（2020）第 030179 号

本书版权登记号：图字 01-2019-0967

Brian Russell, Drew Van Duren : *Practical Internet of Things Security, Second Edition* (ISBN: 978-1-78862-582-1).

Copyright © 2018 Packt Publishing. First published in the English language under the title "Practical Internet of Things Security, Second Edition".

All rights reserved.

Chinese simplified language edition published by China Machine Press.

Copyright © 2020 by China Machine Press.

本书中文简体字版由 Packt Publishing 授权机械工业出版社独家出版。未经出版者书面许可，不得以任何方式复制或抄袭本书内容。

物联网安全（原书第2版）

出版发行：机械工业出版社（北京市西城区百万庄大街 22 号 邮政编码：100037）

责任编辑：柯敬贤　　　　　　　　　　　　责任校对：李秋荣

印　　刷：北京建宏印刷有限公司　　　　　版　　次：2021 年 6 月第 1 版第 2 次印刷

开　　本：186mm×240mm　1/16　　　　　印　　张：16.5

书　　号：ISBN 978-7-111-64785-0　　　　定　　价：79.00 元

客服电话：（010）88361066　88379833　68326294　　投稿热线：（010）88379604
华章网站：www.hzbook.com　　　　　　　　　　　　　读者信箱：hzit@hzbook.com

版权所有·侵权必究
封底无防伪标均为盗版
本书法律顾问：北京大成律师事务所　韩光 / 邹晓东

译 者 序

这是我们翻译的第 3 本物联网安全书籍了。第 1 本是《黑客大曝光：工业控制系统安全》，已由机械工业出版社于 2017 年 9 月出版；第 2 本是《物联网渗透测试》，已由机械工业出版社于 2019 年 5 月出版。

《黑客大曝光：工业控制系统安全》一书主要介绍了针对工业控制系统开展威胁建模、渗透测试的方法与策略，常见的工业控制协议、工业控制设备与应用的攻击方法，以及工业控制系统安全相关标准与工业控制系统风险缓解策略。

《物联网渗透测试》一书则从固件、嵌入式 Web 应用、移动应用、硬件设备、无线等角度介绍了针对消费类物联网设备开展威胁建模与渗透测试的方法和策略，并介绍了如何开展安全防护的最佳实践。

这里谈一下我们对物联网的认识，我们认为物联网可以分为 to B 和 to C 两种类型。to B 类型的物联网主要是工业控制系统，如各类 SCADA、PLC、DCS 设备；to C 类型的物联网则主要指消费级物联网设备，如家用路由器、摄像头等设备。

那么基于上述认识，《黑客大曝光：工业控制系统安全》主要针对的是 to B 类型物联网的安全问题，《物联网渗透测试》主要针对的是 to C 类型物联网的安全问题。但是，这两本书是从渗透测试角度来考虑物联网安全问题的，尝试通过威胁建模发现物联网中存在的安全隐患。那么从物联网安全建设的角度如何保证物联网安全呢？我们认为读者可以从本书中找到答案。可以说这 3 本书各有侧重，形成了"分—分—总"的逻辑架构，我们希望读者不仅了解书中介绍的知识，而且通过这 3 本书能初步建立起关于物联网安全的知识体系。

同本书第 1 版相比，第 2 版从内容到结构均做了不同程度的调整。主要包括：进一步将物联网生态系统的各个组成部分进行了澄清（第 1 章）；全面介绍了安全开发生命周期（第 3 章），包括瀑布式开发、螺旋式开发、敏捷开发、DevOps 等；分别对物联网设备的安全设计、物联网安全运维生命周期进行了专题介绍（第 4 章、第 5 章）；增加了对雾计算相关内容的介绍（第 10 章）。

本书涉及内容较多，为方便读者理清全书脉络，基于对本书的理解，我们认为大致可以将本书分为四个部分。

- 第一部分：基本概念。包括第 1 章和第 2 章，介绍物联网的基本概念、面对的威胁，以及主要分析方法。

- 第二部分：物联网安全保障。包括第 3 ～ 5 章，分别从开发、设计、运维角度对如何保障物联网安全进行了介绍。

- 第三部分：密码学基础知识及其在物联网中的应用。包括第 6 章和第 7 章，首先对密码学的基础知识进行了介绍，然后介绍了物联网的身份标识与访问控制解决方案。

- 第四部分：专题要点。包括第 8 ～ 11 章，针对物联网特点，从隐私保护、合规性监管、云安全、安全事件响应与取证等人们较为关心的问题进行了专门的介绍。

最后感谢机械工业出版社的刘峰老师、朱劼老师在本书策划、翻译过程中提供的帮助，两位老师不仅出版经验丰富，并且对行业发展也具有独到的见解，在选题、翻译方面给予了我们很多指导。

当前 5G、大数据、区块链、人工智能等新技术方兴未艾，在众多技术中，我们认为：5G 是通信基础设施，为物联网的应用提供了更多的应用场景；大数据、区块链可以看作是应用；人工智能的作用则在于提高效率，锦上添花；物联网则是平台，只有和物联网结合起来，大数据也好、区块链也好、人工智能也好，才能火力全开，发挥出最大的作用。

同时，结合我国现实情况来看，智能制造是推动我国实体经济转型升级的重要抓手，而物联网又是推动智能制造发展的重要抓手，因此，保障物联网安全的意义重大。希望本书对物联网安全研究人员能够有所帮助。

读者在阅读过程中若遇到翻译错漏或技术问题，都欢迎来信交流，联系邮箱 iotpen-test@163.com。

戴超

2019 年 11 月

关于作者

Brian Russell 是网络安全公司 TrustThink 的创始人，主要致力于可信物联网解决方案的研发。他拥有 20 余年的信息安全从业经验，负责过多个领域复杂系统的安全工程项目，涉及密码现代化、密钥管理、无人机系统以及网联汽车安全等。他也是云安全联盟物联网工作组的联席主席，分别于 2015 年和 2016 年获云安全联盟最高奖项 Ron Knode Service Award。他还是圣迭戈大学网络安全运维与管理课程的兼职教授。

感谢所有在编写本书时给予我帮助的人们。感谢我的合作者 Drew Van Duren——和你共事非常愉快。感谢 Packt 出版社耐心等待交稿的编辑们。感谢我的家人——感谢你们对我的支持。还要感谢在云安全联盟物联网工作组共事多年的同事们，你们每个人都令我获益匪浅，使我对物联网安全的了解日益精进。

Drew Van Duren 拥有 20 余年的信息安全从业经验，致力于为商业和政府的信息系统提供安全保障，其中很多系统都涉及人身安全与国家安全。通过将系统安全设计同核心工程学科紧密结合，他在应用密码学设计、密钥管理、系统安全架构设计等领域积累了丰富的经验。Drew 还是两个密码测评实验室的技术负责人，这两个实验室是美国提供 FIPS 140-2 测评认证业务最大的实验室。此外，Drew 还为纽约市网联汽车部署试点项目提供安全咨询，同时是多家标准组织的成员，如 RTCA、SAE 以及 IEEE 1609 工作组。现在，Drew 是 IEEE P1920 标准委员会的成员，负责无人机网络安全架构的标准制定。

感谢在我的职业生涯中曾经给予我帮助的优秀导师们。感谢我的祖父 Glenn Foster，在我小的时候他就很注重培养我在科学与工程领域的好奇心。感谢 Brian Russell，和你共事的这些年我获益匪浅。最后，感谢我的父母 Toney 和 GloryLynn Van Duren，感谢他们在我成长的这些年给予我的无私关怀与支持。

关于审校人员

Aaron Guzman 是一名安全顾问，在美国怡安集团的网络安全解决方案部门负责车联网与物联网的测试工作。他具有丰富的公开演讲经验，在多次全球性的会议、培训、研讨会中做过主题演讲。他还是 OWASP 洛杉矶分部以及云安全联盟南加利福尼亚州分部的负责人。此外，Aaron 还是一名技术编辑，与人合作编著了《物联网渗透测试》一书，该书现已由 Packt 出版社出版（中文版已由机械工业出版社于 2019 年 5 月出版）。在近几年，Aaron 为很多物联网安全图书的撰写提供指导，同时负责 OWASP 组织的嵌入式应用安全项目。关注其 Twitter 账号 @scriptingxss 可了解 Aaron 的最新研究进展。

前　　言

当前，很少有人会对**物联网**（Internet of Things，IoT）在信息安全、功能安全和隐私保护方面的安全隐患提出质疑。鉴于物联网在产业界巨大的应用前景以及用户的多样性，在决定写作本书时我们面临的主要挑战和目标，是如何以一种尽可能实用而又与具体行业无关的方式识别并凝炼出物联网安全的核心概念。同样重要的是，在考虑到当前以及未来不断涌现的数量无法估计的物联网产品、系统和应用时，我们需要对现实应用及其背后的理论予以同样的重视。为此，本书囊括了部分信息安全（以及功能安全）的基础知识。我们按照够用的原则把这些内容纳入进来，是因为几乎所有重要的安全讨论和分析都会涉及这些基础知识。在本书介绍的安全主题中，有些适用于设备（终端），有些适用于设备间的通信连接，其他的则适用于有一定规模的组织机构。

本书的另一个目的在于把物联网相关的安全指导准则解释清楚，而不是完全照搬当前网络、主机、操作系统、软件等对象采用的大量现成的网络安全理论，尽管其中某些内容对于物联网安全依然能够发挥作用。本书在撰写时并未打算针对某一特定行业，或者专注于销售某款产品的公司，而是致力于筛选出实用的安全技术并结合物联网自身特点加以调整，同传统网络安全采用的技术相比，无论在显著特点还是细微差别方面，物联网安全技术都有所不同，而本书介绍的安全技术会将物联网的特点及其同传统网络安全的细微差别充分考虑在内。

当前，从传统制造业（例如家电、玩具、汽车等）到新兴的技术公司，联网设备与服务的研发销售速度惊人，并且增速仍在不断提高。但遗憾的是，并非所有联网设备与服务都是安全的，已经有安全研究人员毫不客气地指出了这一事实，他们对此深感忧虑。尽管这些安全研究人员的很多意见有理有据，但其中部分批评意见也确实表现出了些许傲慢。

然而有趣的是，有些传统行业的技术在高可信（high-assurance）的功能安全和容错设计方面还是很先进的。在产品和复杂系统的工程实现中，用到了大量机械、电气、工业、航空航天和控制工程等主干工程学科的知识与高可信的功能安全设计，从而使得这些产品和复杂系统具有非常高的功能安全性。而很多网络安全工程师对这些学科完全不了解，也意识不到这些学科领域中的知识对功能安全和容错设计的重要作用。

因此，在保障物联网安全的过程中，我们遇到了一个重大障碍，那就是在设计、部署所谓的"**信息物理系统**"（Cyber-Physical System，CPS）时，会涉及功能安全、功能实现以及信息安全等方面的学科知识，但是融汇各个学科开展协作的情况却非常糟糕。对于在信息物理系统中物理工程学科同数字工程学科的融合方式，大中专院校的课程设置以及企业工程部门也鲜有涉及。我们希望，无论是工程师、安全工程师，还是各类技术管理人员，都能够了解如何更好地开展协作以实现保障功能安全和信息安全的目标。

在受益于物联网的同时，我们还必须最大限度地阻止当前和未来物联网可能给我们带来的危害。要做到这一点，我们就需要采取适当的方式来保障物联网的信息安全与功能安全。我们期望读者能够从本书中有所收获，了解如何对物联网提供安全保障。

本书的读者对象

通过对本书的阅读，当读者所在机构接入物联网设备时，他们就知道如何来保障机构中数据的安全了。本书面向的读者对象主要为信息安全专业人士（包括渗透测试人员、安全架构师以及白帽黑客）。同时，业务分析人员和管理人员也能够从本书中获益。

本书内容

第1章介绍了物联网的基本概念，包括物联网的定义、功能、具体应用和实现等内容。

第2章介绍了物联网面对的各种威胁以及针对这些威胁的应对措施。

第3章主要聚焦于开发人员或者厂商对物联网设备进行安全设计与安全部署时可以采用的各种工程方法。

第4章介绍了部分工具和方法，利用这些工具和方法可以为企业级物联网实现的定制开发提供安全保障。

第5章介绍了物联网系统安全生命周期，关注于物联网系统运维层面，包括规划、部署、管理、监控与检测、修复以及处置等内容。

第6章对应用密码学的相关知识进行了介绍。

第7章深入介绍了物联网的身份标识与访问控制管理机制。

第8章研究了物联网隐私泄露的相关问题，可帮助读者了解如何缓解隐私泄露风险。

第9章介绍如何制定物联网的合规性程序。

第 10 章对物联网相关的云端安全概念进行了介绍。

第 11 章对物联网安全事件管理和取证进行了介绍。

本书所需的实验环境

为了完成书中的实验，建议读者安装 4.3 版本的 SecureITree 软件，并准备一台通用的台式或笔记本计算机，在 Windows、Mac 或 Linux 操作系统中部署好 Java 8 的运行环境。

 警告或者重要提示采用该标记进行指示。

 提示与小技巧采用该标记进行指示。

目　　录

第1章

勇敢的新世界

面对变革之风，有人砌围墙，有人转风车。

——中国谚语

尽管每一代人都对自己所处时代的技术进步深以为傲，认为同前人相比有过之而无不及，但是也总会有人忽视或者根本认识不到思想、创新、协作、竞争以及沟通在历史长河中所发挥的深远影响作用，这些人可能也并不少见，而恰恰正是思想、创新、协作、竞争以及沟通使得智能手机和无人机等新工具、新设备成为可能。事实上，虽然前人可能并未用过我们今天使用的工具，但是他们肯定设想过这些工具的出现。因为，科幻小说中已经多次出现过惊人的预测，无论是 Arthur C.Clarke 设想的地球轨道卫星，还是 E.E.Doc Smith 在经典科幻故事中提出的思想和行为的融合（这让我们想起了当前已经出现的新型脑机接口），都在今天成为现实。

虽然**物联网**（Internet of Things，IoT）是一个崭新的名词术语，但是当前以及未来物联网背后所蕴含的思想却并不是首次出现。作为工程领域中最伟大的先驱之一，尼古拉·特斯拉（Nikola Tesla）在 1926 年 Colliers 杂志的一次专访中提到：

"如果无线技术得以完美应用，那么整个地球就将变成一颗巨型大脑，实际上也就是说，所有事物都会成为真实而规律的整体中的一个粒子，而且相比于我们当前使用的电话，我们赖以实现的装备也会相当简单。人们在上衣口袋中就能装上这样一个。"

（来源：http://www.tfcbooks.com/tesla/1926-01-30.htm）

1950 年，英国科学家阿兰·图灵（Alan Turing）也提到：

"建议最好能够为机器提供所能买到的最好的传感器部件，并教会机器理解和使用英语。就好像教小孩子学说话一样。"

（来源：Computing Machinery and Intelligence. Mind 49: 433-460）

无须怀疑，在数字信号处理、通信、制造、传感器和控制理论方面取得的惊人进展，正在将我们以及前人的梦想一步步地变为现实。这些进展强有力地证明了思想、需求和愿望构成了一个生态系统，促使人们出于对幸福生活的向往、生存发展的需要，不断地创造出新的生产工具，提出新的解决方案。

我们必须认识到当前人类的意识和行为尚未达到乌托邦的思想境界，并且以后也不会，即便我们对人类的未来充满希望，但是仍需要在美丽的幻想与上述现实中间取得平衡。人类社会中，总会有犯罪：或公开，或隐蔽；总会有无辜的人卷入到阴谋陷阱、金融诈骗和敲诈勒索当中；总会有意外；总会有奸商和骗子去伤害他人，并从他人的痛苦中牟取利益。简言之，就像总会有窃贼破门而入搜刮财物一样，也总会有人出于同样的原因入侵并破坏信息设备和系统。你的损失就是他们的收益。更糟的是，对物联网而言，攻击者的意图可能会包括物理破坏甚至人身伤亡。今天，如果正确配置了心脏起搏器，那么一次按键就可能救人性命。同样，简单的一次按键也可以导致汽车刹车系统失效，或者，使伊朗的核研究设施陷入瘫痪。

物联网安全的重要性不言而喻，在深入了解物联网安全之前，我们首先需要了解以下内容：

- 物联网的定义
- 网络安全与物联网安全
- 物联网的现状
- 物联网生态系统
- 物联网的未来

1.1   物联网的定义

现在，我们首先来考虑一个问题，就是如何定义物联网，以及如何将物联网同当前由计算机组成的互联网区分开来。物联网当然不只是一个关于移动端到移动端（mobile-to-mobile）技术的新名词，其中还蕴含着诸多含义。目前，已经有很多机构提出了对物联网的定义，在本书中我们主要选用以下 3 种定义形式：

- 国际电信联盟（International Telecommunication Union，ITU）成员均认可将物联网定义为：

"信息社会的全球性基础设施，基于现有的以及不断演进的、可互操作的信息与通信技术，通过（物理和虚拟）设备的互联互通来提供更加高级的服务。"

- 电气与电子工程师协会（the Institute of Electrical and Electronics Engineer，IEEE）对小型物联网应用场景的描述是：

"物联网是指能够将唯一标识的'实物'（thing）连接到互联网的网络。这里的'实物'具有感知／执行能力，同时可能具备一定的可编程能力。利用该'实物'的唯一标识和感知能力，任意对象可以在任意时刻从任意位置采集相应'实物'的信息，并且可以改变'实物'的状态。"

- 电气与电子工程师协会对大型物联网应用场景的描述是：

"物联网构想了一种能够实现自我配置、可自适应的复杂网络，该网络采用标准通信协议建立实物与互联网之间的连接。连接互联网的实物在数字世界中具有物理或虚拟的表示形式、感知／执行能力、可编程特性以及唯一身份标识。表示形式包含了实物的身份标识、状态、位置等信息，也可以包含其他有关业务、社交乃至个人的信息。利用实物的唯一身份标识、数据采集与通信以及执行能力，实物可以对外提供服务，该过程中可以人工干预也可以不借助人工干预。可以通过智能接口调用服务，而且在考虑安全性的前提下，可以由任意对象在任意位置、任意时间发起调用。"

上述定义互为补充。同时也有所重叠，几乎囊括了所有能够设想出的、通过互联网或无线网络同其他实物在物理／逻辑层面建立连接的实物。读者无须在意定义之间的细微差别，物联网向商业团体、政府以及个人提供的服务才是物联网的价值所在，也是我们需要保障的内容。作为物联网安全从业人员，我们必须深刻了解这些服务的作用，并确保这些服务的可用性与安全性。

信息物理系统的定义

信息物理系统（Cyber-Physical System，CPS）是物联网的一个大型重叠子集。其涉及众多工程学科领域的交叉融合，其中每个学科领域都早已明确定义了学科范畴，包括了基础理论、学科传统、应用技术以及各个学科领域从业人员需掌握的相关课程。在信息物理系统中涉及的学科包括工程动力学、流体力学、热力学、控制理论、数字电路设计等等。那么，物联网与信息物理系统的区别在哪里呢？根据 IEEE 的定义，两者之间的主要区别在于信息物理系统并非一定要建立互联网之间的连接，其中信息物理系统由联网传感器、执行器和监测与控制系统组成。在同互联网隔离的情况下，信息物理系统依然可以实现其业务功能。从通信的角度来看，根据定义，物联网一般由连接到互联网的实物组成，并且通过应用聚合在一起，进而实现其业务功能。图 1-1 展示了信息物理系统、物联网以及互联网之间的关系。

换言之，只要信息物理系统与互联网建立连接，就可以将信息物理系统纳入到物联网当中，所以可以将物联网看作信息物理系统的一个超集。通常来说，在功能安全、信息安全、可用性和功能性等方面，信息物理系统均经过了严格设计。如果有企业想部署物联网系统，应当注意从信息物理系统严谨的设计当中吸取经验教训。如果读者想了解构建韧性信息物理系统的有关内容，可以借鉴**美国国家标准技术研究院**（National Institute of Standards and Technology，NIST）提出的信息物理系统框架（Framework for Cyber-Physical Systems，https://s3.amazonaws.com/nist-sgcps/cpspwg/files/pwgglobal/CPS_PWG_Framework_for_Cyber_Physical_Systems_Release_1_0Final.pdf）以及物联网赋能的智慧城市框架等相关内容（https://www.nist.gov/el/cyber-physical-systems）。

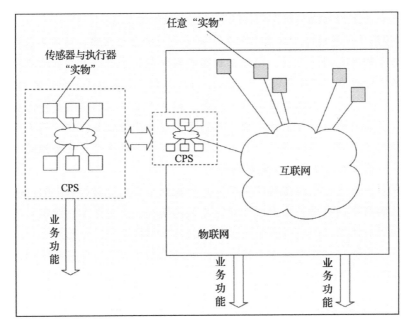

图 1-1　信息物理系统、物联网以及互联网之间的关系

> 需要注意的是，即使从技术上实现了与互联网的隔离，但几乎所有的信息物理系统仍会以某种方式建立与互联网之间的连接，用到的方式包括供应链、操作人员或者带外软件更新管理系统等。因此，针对物理隔离系统的安全研究也从未中断，同时研究结果不断表明即便采用了物理隔离，能够有效入侵隔离系统的方法也依然存在。

1.2　网络安全与物联网安全

　　与传统意义上的网络安全不同，物联网安全是网络安全与其他工程学科相融合的产物。相比于单纯的数据、服务器、网络基础架构和信息安全，物联网安全的内涵要更加丰富。而且，物联网安全还需要包括对联网物理系统状态的直接或分布式的监测和控制。如果读者喜欢使用"网络安全"这个名词的话，会发现对于硬件设备以及同硬件设备交互的现实物理世界的物理安全和信息安全隐患，网络安全通常并不关注。而正是通过网络对物理处理流程的数字化控制，使得物联网安全与传统安全有所区别，即物联网安全不再仅仅局限于包括机密性、完整性、不可否认性等基本信息安全保障原则，还需要包括对现实世界中收发信息的实体资源和设备的安全保障。换言之，物联网能够真实模拟现实世界中的操作，并且拥有实体部件。也正是因为物联网设备都是物理实体，所以大多数物联网设备都涉及系统的功能安全。因为如果这样的设备遭到攻击，就可能会危害到人身和财产安全，甚至导致人身伤亡。

因而，与联网设备和主机不同，孤立、静态的通用安全规则对于物联网相关的安全问题而言并不适用。因此，如果系统和复杂系统（system-of-system）用到了物联网设备，就需要专门定制适用的安全规则。现如今，只要配备了合适的电子接口，那么几乎所有实体设备都可以连接到互联网上。因此，物联网设备的安全性也会受到设备使用方式、设备控制或影响的物理流程或状态、设备所接入系统的敏感程度等诸多因素的影响。

信息物理系统在功能安全和信息安全设计方面通常和很多物联网系统存在交集，两个领域虽然之前沿着截然不同的路径不断发展，但是如今这两条路径出现了重叠。在本书的后续章节中，我们会对物联网安全中的功能安全进行更加深入的研究，但现在我们首先在这里简要说明一下功能安全和信息安全之间的区别，该区别由知名学者 Barry Boehm 博士指出，Axelrod W.C. 在美国马萨诸塞州 Artech 出版社于 2013 年出版的《 Engineering Safe and Secure Software Systems 》一书中对此进行了完整表述。Axelrod 在书中深刻而精准地指出了功能安全和信息安全两者之间的关系：

- **功能安全**：信息系统不会危害现实世界的安全。
- **信息安全**：现实世界不会危害信息系统的安全。

因此，相比于传统的网络、主机和网络安全，物联网和物联网安全显然要复杂得多。对于航空航天等关注功能安全的行业而言，经过多年的演进，它们已经找到了一套行之有效的功能安全设计方法并形成了相关标准，因为，如果飞机出现故障可能会对现实世界以及现实世界中的人员造成伤害。与汽车制造业类似，飞机中接入互联网的设备也在急速增多，所以当前飞机制造业在信息安全领域正在奋起直追。

1.3　物联网的现状

随着技术不断发展，摩尔定律正在快速地改变着世界，同时设备、社交网络乃至我们的身体、汽车和其他对象也正在变得互联互通起来，对这些内容我们听得耳朵都起茧子了。

然而，还可以用另一种方式审视物联网技术的进展，那就是当网络延伸到不仅仅是最后 1 公里或者最后 1 英寸，而是无形数字信号与有形物理实体的分界线处时，发生了什么。不管网络扩展到伺服电动机控制器、温度传感器、加速计、电灯、步进电动机、洗衣机监控器，还是心脏起搏器电池的电压监控器，其作用效果都是相同的：信源（information source）和信宿（information sink）大大方便了人们对现实和虚拟世界的监测和控制。对于物联网来说，无论是作为主体还是客体，其实都可以把现实物理世界看作数字信息世界的一个直连组件。

今天，物联网技术正在许多行业不断推广。例如，在欧洲，**物联网创新联盟**（Alliance for Internet of Things Innovation，AIOTI，参见链接 https://aioti.eu/）筹划了一系列试点项目，这组项目聚焦于展示物联网在现实世界中的应用案例。表 1-1 对试点项目进行了介绍，并展示了物联网对我们日常生活的渗透和潜在影响。物联网设备可不仅仅只是可以连接互联网的玩具。如今，物联网系统正在真实引领着人类社会的变革，并推动着商业生产力的发展。

表 1-1　AIOTI 试点项目及项目介绍

AIOTI 试点项目	介绍
老年智能家居环境	在降低老龄化人口护理成本的同时，物联网系统能够改善生活质量。项目中的物联网系统展示了物联网设备广泛部署后的作用，以及物联网对个人的影响
智慧农业与食品安全	物联网系统使得精准农业成为可能，并引入新的方法确保食品安全和粮食安全。新型自主技术的应用能够减少工作量同时提高产品质量
可穿戴设备	通过与可穿戴设备相集成，物联网系统成为日常生活中不可缺少的一部分，可穿戴设备包括服装、手表以及身体佩戴式设备等
智慧城市	物联网系统能够为市民提供多种智能服务，涉及的领域包括交通、能源、医疗、照明、供水和垃圾处理。随着老龄化社会的到来，人们将逐渐开始依赖这些服务，就像依赖供水、供电等公用事业服务一样
智能出行	物联网系统通过高效的交通管理、自动交通运输系统（例如，过桥过路费的收取）、UBI 车险（Usage Based Insurance）、网联汽车和自动驾驶汽车，改变了我们的出行方式
智慧水利	在确保供水以及供水安全的前提下，物联网系统能够提高水利管理的效率
智能制造	工业机器人和智能互联工厂等物联网系统提高了制造业的生产效率并改进了产品质量
智慧能源	物联网系统支持跨资产组合的能源优化，涉及的资产包括可再生发电厂、电网变电站、控制室、需求响应能源管理系统以及**电动汽车（EV）**充电桩
智能楼宇	通过加强对照明、舒适度、温湿度、空气质量、供水、养料、健身和能源使用的管理，物联网系统可以实现以住户生活质量为重点的楼宇管理

物联网对传统行业的变革影响巨大。而同样显而易见的是，当我们开始依赖物联网技术对传统行业的改造时，拒绝服务或者对服务加以篡改也会给这些行业带来巨大的影响。因此，在系统开发时，需要时刻将信息安全与韧性记在脑中。接下来，我们将开始对物联网生态系统的介绍，它们已经对我们的日常生活产生了深远影响。

1.3.1　基于物联网赋能的电网

电力、天然气等公共事业公司派员工挨家挨户抄表的日子正在快速远去。如今的住宅都会安装一套**分布式能源**（Distributed Energy Resource，DER）系统，它可以同配电网就电力需求与负荷数据进行通信。在配电网中，智能设备可以采集数据并对数据加以分析，进而识别出异常状态和不稳定的情况。然后，这些设备可以协同工作来找到解决措施，纠正不稳定性，同时避免电压骤降和断电所付出的高昂代价。

还有其他物联网技术正在重塑能源运营的业务流程，提高其现代化水平。例如，发生自然灾害后，运维人员就可以部署**无人机**（Unmanned Aerial System，UAS）勘查输电线路的损坏情况。随着世界各地航空管理部门陆续出台法规来规范无人机平台的使用，自主飞行会逐步放开，从而无人机将更加广泛地用于故障的快速识别与故障恢复。

随着电动汽车充电开始逐渐对电网形成压力，必须找到新型的分布式发电方法。在太阳能等清洁能源解决方案中，个人也可以参与发电，同时也可以同其他个人和公用事业单位进行能源交易。在这里，我们提出**微电网**（microgrid）的概念。它同时配备发电和配电系统，业主完全可以实现用电的自给自足。微电网控制系统不仅依赖从边缘设备（如太阳能电池板和风力涡轮发电机）获取的数据，还需要用到从其他互联网服务采集到的数据。控制系统可以通过 Web 服务获取到能源的实时价格，这样系统就可以确定发电、向公用事业公司采购或者销售能源的最佳时机。

如果将天气预报作为输入，同样的控制系统也可以用来预测太阳能电池板在某段时间的发电量。随着微电网模型的不断成熟，还涌现出了新型的社区微电网，比如位于纽约布鲁克林的 LO3 Energy 公司。LO3 Energy 公司实现了首个基于区块链的社区微电网（https://lo3energy.com/），社区居民彼此可以直接出售多余的太阳能，在 LO3 Energy 公司提出的解决方案中，可以将每户居民视作连接到大型物联网系统中的一个物联网节点。

1.3.2　交通运输系统的现代化

物联网已经给交通运输业带来了巨大改变，并且有望继续带来变革。德国博世（Bosch）和大陆集团（Continental）等公司已经先后投入巨资进行半自动驾驶辅助系统的开发，而梅赛德斯 – 奔驰（Mercedes-Benz）和奥迪（Audi）等公司则正在进行 Level 4[⊖]和 Level 5 级别的全自动驾驶汽车研制。这些车辆和系统都依赖于传感器，由传感器收集数据并将数据反馈给车内的**电子控制单元**（Electronic Control Unit，ECU）。借助遍布全球的试点项目，**网联汽车**（Connected Vehicle，CV）技术迅速成熟，其中最大的试点项目是纽约市网联汽车部署试点项目[⊖]，有多达 8 000 余辆汽车参与到该项目中来。通用汽车也采用网联汽车技术对部分车型进行改装。例如，2017 年款的凯迪拉克 CTS 就采用了**车辆到车辆**（Vehicle-to-Vehicle，V2V）通信技术，在 5.9GHz 频段上同道路中的同行车辆共享车辆位置、速度和交通情况。此外，借助 V2V 技术可以共享的车辆行驶数据还包括纬度、经度、航向角、车速、横向和纵向加速度、节气门位置、制动状态、转向角、前大灯状态、雨刮器状态、转向信号灯状态以及车辆长度和宽度。

智能交通系统（Intelligent Transportation System，ITS）的设计初衷是优化智慧城市的交通。举个例子，智能交通系统可以发送排队告警信息，让车辆和驾驶员知道当前路段是

⊖ L1 级：辅助驾驶，车辆对方向盘和加减速中的一项操作提供支持，人类驾驶员负责其他驾驶动作。L2 级：部分自动驾驶，车辆对方向盘和加减速中的多项操作提供支持，人类驾驶员负责其他驾驶动作。L3 级：条件自动驾驶，由车辆完成大部分驾驶操作，人类驾驶员需要集中注意力以备不时之需。L4 级：高度自动驾驶，由车辆完成所有驾驶操作，人类驾驶员不需要集中注意力，但限定道路和环境条件。L5 级：完全自动驾驶，由车辆完成所有驾驶操作，人类驾驶员不需要集中注意力，不限定道路和环境。——译者注
⊖ 本书作者是该项目的安全顾问。——译者注

否正在形成拥堵。然后，车辆导航系统可以针对拥堵路段迅速重新规划行驶路线，绕过拥堵路段，进而缓解拥堵状况。车辆通过建立同联网路侧设备的连接，可以为诸如此类的应用提供帮助，其中联网路侧设备也称为**路侧单元**（Roadside Unit，RSU）。采用**专用短程通信**（Dedicated Short Range Communication，DSRC）等通信协议，RSU 采集车辆生态系统中的数据并进行代理转发和传输，其中也包括同本地路侧设备（交通信号控制机、动态消息标志等）和**交通管理中心**（Traffic Management Center，TMCS）交互的数据。

1.3.3　智能制造

术语“工业 4.0”主要用于描述通过自动化和数据交换来赋能智慧工厂的信息物理系统。数据分析系统负责对传感器数据进行融合和处理，采用智能制造用例训练机器学习算法，其中涉及的用例包括远程监控、智能能耗管理、预测维护以及人机协作。利用这些用例提供的功能可以减少停机时间、优化业务流程并降低成本消耗。以俄亥俄州托莱多市的一家吉普牧马人 SUV 制造厂为例，该厂的组装线连接了超过 60 000 个物联网终端和 259 台机器人（来源：https://customers.microsoft.com/en-us/story/the-internet-of-things-transformsa-jeep-factory）。采用这种部署方式，工厂可以根据从实时传感器采集到的数据按照需求调整生产计划，从而提高生产的灵活性。这样做的益处就是在降低成本的同时提高企业利润。

“工业 4.0”也引领着机器人技术在制造业方面的应用。当前已经出现了多种类型的机器人平台，譬如能够对视频流进行实时捕捉和分析的视觉机器人，以及可在人类引导下完成任务的协作机器人。机器人系统依赖于运动传感器、加速度计、温度传感器、压力传感器和距离传感器等多种类型的传感器。同时，这些机器人平台可以整合计算机视觉能力，也可以通过复杂算法来实现导航和路径规划等功能。

1.3.4　遍布全球的智慧城市

在美国市场研究机构 Navigant Research（https://www.navigantresearch.com/news-and-views/navigant-research-identifies-355-smart-city-projects-in-221-cities-around-the-world）发布的《智慧城市动态跟踪 2018》报告中指出，2018 年，全球范围内超过 221 个城市至少实施了一项智慧城市项目。例如，美国芝加哥市启动实施了 Array of Things 项目，在市内的灯柱上安装了 500 多个多功能传感器。传感器对包括温度、气压、光线、振动、一氧化碳、二氧化氮、二氧化硫、臭氧、环境声强、行人和车辆交通状况以及地表温度等在内的信息进行测量（来源：https://arrayofthings.github.io/faq.html）。当前，智慧城市也正在逐步接受开放数据的理念，市民可以访问到物联网传感器收集的数据。例如，荷兰阿姆斯特丹的市民就可以查询到全市的所有开放数据项目。

智慧城市创新应用的其他实例还包括联网的 LED 路灯以及实现能源清洁高效利用的建筑。例如，美国圣迭戈市建设了**智慧城市开放式城市平台**（Smart City Open Urban

Platform，SCOUP），以跟踪和减少城市房地产投资开发过程中的温室气体排放（https://www.sandiego.gov/sustainability/smart-city）。

智慧城市是复杂物联网的一个实例，因为智慧城市需要整合复杂系统来实现众多功能。当前，已经涌现出了诸如"智慧城市安全保障"（https://securingsmartcities.org/）之类的组织，这些组织中的专家可以帮助城市管理者就安全技术的选型及技术实现提供指导。

1.3.5 跨行业协作的重要性

虽然本书的大部分内容致力于介绍物联网安全，但是前面提到的物联网在各行各业的应用实例已经清晰表明，全球范围内对跨学科安全工程师的需求在不断提高。除了某些大学开设的计算机科学、网络工程课程以及专业的安全认证培训（如SANS）之外，我们很难在学术课程中找到有关物联网安全的内容。大多数物联网安全从业人员在计算机科学和网络技能方面都具备很强的业务能力，但对核心工程课程涉及的物理安全和功能安全等领域却不甚精通。因此，物联网在信息物理融合方面面临着功能安全性与信息安全性在思考角度与解决方式等方面的冲突和难题：

- 每个人都需要对信息安全负责。
- 在信息领域同现实世界的交汇中存在严重的安全隐患，威胁着物联网和信息物理系统的安全。
- 大部分传统的核心工程学科很少会关注信息安全设计（尽管某些学科会关注功能安全性）。
- 很多信息安全工程师对核心工程学科（例如机械、化工、电气）并不了解，并且也不了解具备容错能力的功能安全设计。

由于物联网设备会同现实中设计制造出的实体对象建立连接，而由此带来的问题比其他任何难题都要复杂得多。物联网设备工程师可能擅长解决各种功能安全性问题，但是却并不了解设计决策可能给信息安全性带来的影响。同样，经验丰富的信息安全工程师可能也不了解设备在物理设计方面的细微差别，从而也就搞不清楚设备与现实世界的交互过程，更谈不上修复设备的安全缺陷了。换言之，核心工程学科通常关注于功能设计，即如何制造设备来完成人们希望实现的功能。而信息安全工程则需要切换视角，思考利用设备都可以实现哪些操作，以及用户会怎样采用最初的设计师从未设想过的方式来操作设备。恶意攻击者实施入侵的思路也正基于这一视角。制冷系统工程师以前只需要关心基本的热力学系统设计，从不会考虑采用加密的访问控制方案。而现在，智能冰箱的设计师则需要考虑这些内容，因为恶意攻击者会查找冰箱发送的非授权数据，或者尝试对其进行漏洞利用，进而以其为跳板拓展到家庭网络的其他节点上。

幸运的是，信息安全设计正在不断成熟，逐渐成为跨学科专业。我们认为，相比于对当前的信息安全工程师开展培训，让信息安全工程师了解各个物理工程学科，不如帮助各行各业的工程专家了解基本的信息安全原理，后者似乎更加高效一些。要提高物联网的信息安全水平，需要各个行业的核心工程学科（源自于学科课程设置）包含信息安全的相关原理与基本原则。否则，这些行业将永远无法有效应对新兴威胁。面对安全威胁，工程师要做出有效应对就需要在适当的时间采用有效的技术来缓解威胁，且实现代价最小（也就是说，最初的设计要具有一定的灵活性与前瞻性）。举个例子，热力学过程控制工程师在设计电厂时，需要掌握关于控制系统处理过程、功能安全冗余等内容在内的大量知识。如果他们对信息安全设计原理有所了解，那么就可以依据其他网络同电厂网络的连通情况，在对传感器、冗余状态估计逻辑或者冗余驱动器进行操作时处于更加有利的态势。另外，基于上述了解，工程师便于搞清楚某些状态变量和时序信息的敏感程度，从而利用网络、主机、应用、传感器和执行器的安全控制措施来保护这些信息。同时，工程师还可以更加准确地刻画出网络攻击同控制系统之间的交互，这些攻击行为可能导致系统超出气压和温度的耐受阈值进而引发爆炸。传统的网络信息安全工程师普遍不具备物理工程技术背景，因此并不了解这些设计决策背后的思考过程。

医疗器械和生物医药公司、汽车与飞机制造商、能源行业甚至游戏厂商和广大的消费品市场都会被物联网的浪潮波及。这些起初曾经彼此相互独立的行业，必须学会如何协作，来保护自己的设备和基础设施免遭网络攻击。遗憾的是，在这些行业中仍有一些人笃信，需要结合具体行业的特点对大部分信息安全防护措施进行专门的定制开发和部署。标准化组织通常也会支持这种思路。但是，这种孤立的、浅层次的防护方法并不明智而且较为短视。同时，这种思路还可能阻碍跨行业信息安全协作与学习，进而难以制定出通用的应对措施，而跨行业的协作交流对于改进安全态势极有帮助。

在物联网环境中，各类威胁机会均等，也就是说，针对某个行业的威胁同样会存在于其他行业之中。今天如果某套设备遭到了入侵，那么几乎所有其他行业中的相同设备也都面临着同样的威胁。医院的智能灯泡如果遭到入侵，就可能被利用对医疗器械发起各种攻击，窃取患者隐私。在某些情况下，由于供应链环节上存在交集，或者某一行业的物联网解决方案也可能为其他行业所采纳，所以各个行业之间均存在着联系。也正因为如此，各个行业都应该能够及时获取到工业控制系统遭受攻击的实时情报，并从攻击行为中吸取经验教训，结合自身情况加以调整。在现实世界的威胁中，漏洞无时不在，而对于物联网，漏洞的挖掘、分析、认知和分享还需要加以改进。切不可认为某一个行业、某一家政府机构、某一个标准组织独自就可以掌握所有的威胁情报和信息共享。安全是一个生态系统。

1.4　物联网生态系统

在物联网世界论坛提出的参考模型中，将物联网生态系统划分为了 7 个层次。这 7 个层次分别是：

- 物理设备与控制器

- 互联互通
- 消息传输协议
- 数据汇聚
- 数据抽象
- 应用
- 协作与处理

下面，我们将从这 7 个层次来介绍物联网生态系统的组成。

1.4.1 物理设备与控制器

物联网设备类型众多，专门为其中的某一类设备提出安全建议是一项较为困难的工作。然而，究其核心，物联网设备其实就是具备感知和通信能力的硬件设备。同时，某些物联网设备还具备执行、存储和处理能力。

1. 硬件

当前市面上主流的物联网开发板包括 Arduino、BeagleBoard、Pinocchio、Raspberry Pi 和 CubieBoard 等。这些开发板主要用于搭建物联网解决方案的原型系统。开发板中包含可以用作设备大脑的微控制器（MCU）、内存，还有很多用于数字信号和模拟信号传输的 GPIO（General Purpose Input/Output，**通用输入／输出**）引脚。同时开发板也可以与其他模块化板卡堆叠使用，进而实现通信功能，或者构建新的传感器、执行器，最终构建完成一套完整的物联网设备。

ARM、Intel、Broadcom、Atmel、Texas Instruments（TI）、Freescale 和 Microchip Technology 等公司的 MCU 产品都可以用于物联网开发。MCU 其实就是一块**集成电路**（Integrated Circuit，IC），其中包含处理器、**只读存储器**（Read Only Memory，ROM）和**随机访问存储器**（Random Access Memory，RAM）。在这些设备中内存资源经常是受限的。通常，通过为 MCU 添加完整的网络协议栈、接口以及无线或蜂窝移动通信信号收发器，制造商就可以将传统设备改造为物联网设备。所有这些工作最终构成了片上系统和小型子板（单片机）。

就物联网中所使用的传感器而言，其类型没有任何限制。举例来说，温度传感器、加速计、空气质量传感器、电位计、距离传感器、湿度传感器以及振动传感器等类型的传感器都可以用作物联网设备的传感器。这些传感器通常以硬连线的方式接入 MCU，实现本地处理、响应执行等功能，也可以用作其他系统的中继。

2. 实时操作系统

物联网设备通常采用**实时操作系统**（Real Time Operating System，RTOS）进行进程和内存管理，并为消息传输等通信服务提供支撑。对实时操作系统的选型应从产品所需的性能、安全和功能性等多方面进行考虑。当前可用的 RTOS 如表 1-2 所示。

表 1-2   实时操作系统

名称	描述
TinyOS	针对低功耗嵌入式系统进行了优化。框架中还包含了组件,为开发适用于特定应用的操作系统提供支撑。TinyOS 系统采用 NesC 语言编写,可以支持事件驱动的并发
Contiki	该系统支持 IP、UDP、TCP、HTTP 协议,同时支持 6loWPAN 与 CoAP 协议,专为低功耗系统设计,支持基于 802.15.4 协议的链路层加密
Mantis	该系统是针对无线传感器平台的嵌入式操作系统,包括内核、调度程序和网络协议堆栈。同时支持远程更新和远程登录。系统可以采用睡眠模式来节约能耗。详细内容可以参见 Sha、Carlson 等人撰写的论文《 *Mantis OS: An Embedded Multithreaded Operating System for Wireless Micro Sensor Platforms* 》,该论文可以通过 ACM Digital Library 数据库进行查询
Nano-RK	该系统专门为监视和环境监测应用进行了定制。系统支持节能运行模式,以及抢占式多任务处理,运行环境要求为 2KB RAM 和 18KB ROM
Lite-OS	该系统提供了可通过无线访问的 shell 以及远程调试功能,体积只有 10KB
FreeRTOS	该系统为通用 RTOS 系统。支持 TCP 协议组网和安全通信(TLS)。用户可以使用加密库,例如 FreeRTOS 中的 WolfSSL 库
SapphireOS	该系统支持 MESH 组网并具备设备发现功能。系统中包含 Python 工具集,以及采用 RESTful API 接口设计的服务器
BrilloOS	该系统运行需要 32MB ~ 64MB RAM,并针对消费级物联网设备与家用物联网设备进行了优化
uCLinux	该系统是一款嵌入式 Linux 操作系统,支持多种应用、库和工具
ARM Mbed OS	该系统中包含安全监督内核(uVisor),可以在带有**内存保护单元**(Memory Protection Unit, MPU)的 ARM Cortex M3、M4 和 M7 等 MCU 中创建隔离安全域。更多信息可以参看链接 https://www.mbed.com/en/technologies/security/uvisor/
RIOT OS	该系统在 8 位、16 位和 32 位平台上均可运行,支持 TCP/IP 协议栈,以及 6LoWPAN、IPv6、UDP 和 CoAP 协议。系统支持多线程,运行环境要求为 1.5KB RAM 和 5KB ROM
VxWorks	该系统包括两个版本(VxWorks 和 VxWorks+)。通过可选的安全配置选项,系统可以实现安全分区、安全引导、运行时安全保护、程序加载器和高级用户管理。系统还支持加密容器和安全组网
LynxOS	该系统支持 TCP/IP、IPv6 协议和蜂窝通信。同时还支持 802.11 Wi-Fi、ZigBee 和蓝牙协议。此外,系统还提供加密、访问控制、审计和账户管理等功能
Zephyr	该系统是专门为资源受限系统设计的开源操作系统。该开源项目聚焦于安全开发实践。系统中实现了超微内核和微内核,支持蓝牙、低功耗蓝牙和基于 802.15.4 的 6LoWPAN 协议
Windows 10 IoT	该系统支持 Bitlocker 加密和安全引导。系统包含 DeviceGuard 和 CredentialGuard 功能,还支持 WSUS(Windows Server Update Service)自动更新服务
QNX(Neutrino)	该系统通常用在车载信息娱乐系统当中,提供沙盒和细粒度访问控制等安全功能
Ubuntu Core	该系统是只读的根文件系统,应用均在安全沙盒中运行,同时会将应用更新(独立)同操作系统相隔离。在系统中,可将应用分为可信应用与不可信应用。系统还支持 UEFI(Unified Extensible Firmware Interface)方式的安全引导
OpenWRT	该系统是一款流行的开源操作系统,常用于无线路由器
GreenHills IntegrityOS	该系统是一款符合高可信要求的操作系统

虽然许多物联网设备尺寸在不断缩小，但是借助强大功能的 SoC 单元可以运行多种能够实现安全引导的操作系统，同时具有严格的访问控制、进程隔离、可信执行环境、内核分离、信息流控制等功能，另外还可以同安全加密架构相集成。功能安全攸关的物联网设备还需要采用符合行业标准的 RTOS。常用的行业标准规范包括：

- DO-178B：机载系统和设备合格审定中的软件考量
- IEC 61508：工业控制系统的功能安全
- ISO 62304：医疗器械软件
- SIL3/SIL4：交通运输和核系统的功能安全完整性等级

其他一些重要的安全属性同安全配置及安全敏感参数的存储有关。通常情况下，如果未向 RAM 提供备用电源或者也没有其他持久性存储设备，那么操作系统重启后配置设置就会丢失。因此，很多情况下会将配置文件保存在持久性存储设备中，需要时再从中提取出网络等各种配置信息，基于这些配置信息，设备就可以正常运行并进行通信。更加值得关注的是设备在重启时对存储于其中的 root 用户口令、其他账户口令以及密钥的处理方式。上面每种情况都可能存在一个或多个安全隐患，安全工程师对此要予以关注。

3. 网关

边缘设备和 Web 服务之间的端到端（end-to-end）连接主要通过一系列实体网关和云网关设备来实现，每台网关都会汇聚大量数据。Dell、Intel 等公司都在市场上推出了物联网网关设备。Systech 等公司还推出了多协议网关，采用多组天线和接收器，多协议网关可以将不同类型的物联网设备互连在一起。同时，各大厂商还推出了面向普通用户的消费级网关，也称为 Hub，用来为智能家居通信提供支持。三星公司推出的 SmartThings Hub 就是一个例子。

4. 物联网集成平台与解决方案

Xively、Thingspeak 等公司均提出了灵活的开发解决方案，用来将新兴的物联网设备集成到企业架构当中。在智慧城市领域，Accella 和 SCOPE 等平台都是基于云端的智慧城市开放平台和生态系统，借助上述平台可以将各种物联网系统集成到企业解决方案当中。

同时，这些平台也为物联网设备开发人员提供了 API 接口，开发人员可以利用 API 接口开发新的功能和服务。物联网开发人员已经开始越来越多地应用这些 API 接口，利用它们可以方便地将物联网设备集成到企业的 IT 环境当中。例如，如果要实现基于 HTTP 协议的通信，那么物联网设备就可以采用 ThingsPeak API。之后，机构还可以通过调用 API 从传感器中捕获数据、分析数据，继而对数据进行操作。与之类似，AllJoyn 是 AllSeen 联盟的一个开源项目。该项目主要聚焦于物联网设备之间的互操作性，也就是说，即使设备采用了不同传输机制，设备之间也可以进行互操作。随着物联网的不断成熟，不同的物联网组件、协议和 API 会不断地"黏合"在一起，进而共同构建起功能强大的企业级物联网系统。而这种趋势带来了这样一个问题：这些系统的安全性怎么样呢？

1.4.2 互联互通

物联网的互联互通已经比较成熟了，有很多通信和消息传输标准都可以被物联网系统采用。

1. 传输层协议

无论是 TCP 协议（Transmission Control Protocol，传输控制协议）还是 UDP 协议（User Datagram Protocol，用户数据报协议）在物联网系统中都有用武之地。举个例子，REST 就是基于 TCP 协议的，而且 MQTT 协议在设计之初也是用来同 TCP 协议配合使用的。但是，由于需要对时延、带宽受限的网络和设备提供支持，所以也可以从 TCP 协议转向采用 UDP 协议。例如，MQTT-SN 就是 MQTT 的定制版本，其采用 UDP 协议进行通信。其他如 CoAP 等协议也被设计为能够基于 UDP 协议工作。如果传输层严重依赖 UDP 协议，那么可以采用 DTLS 协议（Datagram Transport Layer Security，数据报传输层安全协议）等协议替换 TLS 协议（Transport Layer Security，传输层安全协议），从而确保 UDP 通信的安全。

2. 网络层协议

无论是 IPv4 协议还是 IPv6 协议，在众多物联网系统中均占有一席之地。而由于很多物联网设备运行在网络受限的环境当中，因此需要对协议栈进行定制，举个例子，物联网设备可以采用 6LoWPAN 协议（IPv6 over Low Power Wireless Personal Area Network，基于低功耗无线个域网的 IPv6 协议），进而在网络受限的环境中使用 IPv6 协议。而且，受各种因素所限，物联网设备无线连接到互联网的传输速率较低，而 6LoWPAN 协议的设计初衷也包括为数据传输速率较低的无线互联网连接提供支持，从而可以满足此类设备的需求。

除此之外，6LoWPAN 也可以基于 802.15.4 协议实现，即 LRWPAN 协议（Low Rate Wireless Personal Area Network，低速无线个域网络），作用是创建适配层为 IPv6 协议提供支持。在适配层可以对 IPv6 与 UDP 协议首部进行压缩，还可以实现数据分片，从而为不同用途的传感器提供支持，其中就包括用于楼宇自动化与安全保障的传感器。利用 6LoWPAN 协议，设计者既可以采用 IEEE 802.15.4 协议实现链路层加密，也可以采用 DTLS 等协议实现传输层加密。

3. 数据链路层和物理层协议

低功耗蓝牙（Bluetooth Low Energy，BLE）、ZWave 和 ZigBee 等射频（Radio Frequency，RF）协议可以用于物联网设备之间、物联网设备同网关之间的通信，然后这些设备再使用 LTE 或以太网等协议与云端通信。Tjensvold、Jan Magne 于 2007 年 9 月 18 日发表的论文（《Comparison of the IEEE 802.11, 802.15.1, 802.15.4, and 802.15.6 wireless standards》）对 802.11、802.15.1、802.15.4 和 802.15.6 等无线通信标准进行了比较。该论文的 URL 链接为

https://janmagnet.files.wordpress.com/2008/07/comparison-ieee-802-standards.pdf。

在能源行业中，主要采用 WirelessHART 标准和 Insteon 等**电力线通信**（Power Line Communication，PLC）技术进行设备间的通信。电力线通信报文直接通过已有的电力线进行路由转发，从而实现了对接电设备的控制与监控，读者可以参考链接 https://www.eetimes.com/document.asp?doc_id=1279014 进行了解。无论是家用场景还是行业用例，都可以采用电力线通信技术。

IEEE 802.15.4 协议

相对于 ZigBee、6LoWPAN、WirelessHART 以及 Thread 等物联网通信协议，IEEE 802.15.4 作为物理层和数据链路层协议其作用非常重要。IEEE 802.15.4 协议的设计初衷是用来实现点对点（point-to-point）或星形拓扑网络的通信，适用于低功耗或低速网络环境。采用 IEEE 802.15.4 协议的设备工作频率范围为 915MHz ～ 2.4GHz，数据传输速率最高可达 250kb/s，通信距离约为 10m。该协议物理层可以管理射频网络访问，MAC 层可以管理数据链路中数据帧的收发。

4. ZWave 协议

ZWave 协议支持网络中 3 种数据帧的传输，分别是单播、多播和广播。其中，单播通信（即直接通信）需要接收方予以确认，而多播和广播均不需要确认。采用 ZWave 协议的网络由控制端（controller）和被控端（slave）组成。当然，实际应用中也存在变化。例如，有些用例中就同时采用了主控制端和二级控制端。其中，主控制端主要负责网络中节点的添加 / 移除。ZWave 协议可以在 908.42MHz（北美）与 868.42MHz（欧洲）频率上运行，传输速度为 100kb/s，传输距离约为 30m。

5. 低功耗蓝牙

蓝牙 / 智能蓝牙（Bluetooth Smart）也被称为**低功耗蓝牙**，是蓝牙协议的改进版本，目的是延长电池寿命。智能蓝牙默认进入休眠模式，只在需要时才被唤醒，以实现省电的目的。两种协议的工作频率均为 2.4GHz。智能蓝牙采用了高速跳频技术，并且支持采用 AES 加密技术对通信内容进行加密。

6. 蜂窝移动通信

LTE 通常指的是 4G 蜂窝移动通信技术，也是物联网设备常用的通信方式。在典型的 LTE 网络中，诸如智能手机（也可以是物联网设备）之类的**用户设备**（User Equipment，UE）内置 USIM 卡，通过 USIM 卡实现认证信息的安全存储。而利用存储在 USIM 卡中的认证信息，可以向运营商的**鉴权中心**（Authentication Center，AuC）进行身份认证。使用时，需要向 USIM 卡（制造时）和鉴权中心（订阅时）分发对称预共享密钥，然后使用该对称密钥生成**接入安全管理实体**（Access Security Management Entity，ASME）。利用 ASME

再生成其他密钥，用于信令和用户通信的加密。

由于 5G 通信具有更高的吞吐量可以支持的连接数更多，因此在未来 5G 通信的应用场景下，物联网系统的部署方式会更加多样。物联网设备可以同云端直接建立连接，同时还可以加入集中控制器功能，来对部分基础设施中的地理位置分散的大量传感器 / 执行器提供支持。未来，随着功能更加强大的蜂窝移动通信的推广应用，云端将成为传感器数据、Web 服务交互以及大量企业应用接口的汇聚点。

除了之前讨论的通信协议外，物联网设备还用到其他诸多通信协议。表 1-3 是对这些协议的简单介绍。

表 1-3 物联网设备常用通信协议

通信协议	介绍
GPRS	所有的数据和信号均采用 GPRS 加密算法（GPRS Encryption Algorithm，GEA）加密，SIM 卡主要用于存储身份信息和密钥
GSM	基于时分多址（Time Division Multiple Access，TDMA）的蜂窝移动通信技术，SIM 卡用于存储身份信息和密钥
UMTS	信令和用户数据采用 128 位长度的密钥和 KASUMI 算法加密
CDMA	基于码分多址（Code Division Multiple Access，CDMA）的蜂窝移动通信技术，不使用 SIM 卡
远距离广域网（Long Range Wide Area Network，LoRaWAN）	支持的数据传输速率范围为 0.3Kbps ~ 50Kbps。LoRaWAN 网络在传输过程中用到了 3 种密钥，分别是：唯一的网络会话密钥、负责保证端到端安全的唯一应用会话密钥和针对具体设备的设备访问密钥
802.11	即 Wi-Fi，可应用于多种场景的标准无线技术
6LoWPAN	低功耗无线个人局域网（Personal Area Network，PAN），设计初衷是使用 LoWPAN 引导服务器向 6LoPAN 设备分发引导信息，以实现设备的自动入网。6LoWPAN 网络中包括认证服务器、支持可扩展认证协议（Extensible Authentication Protocol，EAP）等认证机制。用户也可以为引导服务器配置设备黑名单
ZigBee	ZigBee 在物理和 MAC 层采用 802.15.4 协议，ZigBee 网络可采用星型、树型和 MESH 等拓扑结构，ZigBee 协议可以提供密钥建立、密钥传输、数据帧保护和设备管理等安全服务
Thread	该协议在物理层和 MAC 层采用 802.15.4 协议。Thread 网络可支持多达 250 台设备的连接。协议采用 AES 加密算法保护网络传输。协议中还会用到口令认证密钥交换协议（Password Authenticated Key Exchange，PAKE）。新入网的节点使用 Commissioner 设备和 DTLS 协议创建密钥对，该密钥可用于网络参数的加密
SigFox	该协议采用超窄带（Ultra Narrow Band，UNB）通信技术，运行频率分别为 915MHz（美国）和 868MHz（欧洲）。设备采用私钥对消息进行签名。每台设备每天可以发送 140 条消息，SigFox 可以采用抗重放保护机制
近场通信（Near Field Communication，NFC）	该协议提供的安全保护机制较为有限，所以通常与其他协议结合使用。该协议主要用于短距离通信
Wave 1609	在网联汽车通信中普遍应用。该协议依赖 IEEE 1609.2 证书，借助证书实现属性标记

1.4.3 消息传输协议

MQTT 协议（Message Queuing Telemetry Transport，**消息队列遥测传输协议**）、CoAP 协议（Constrained Application Protocol，**受限应用协议**）、DDS 协议（Data Distribution Service，**数据分发协议**）、AMQP 协议（Advanced Message Queuing Protocol，**高级消息队列协议**）以及 XMPP 协议（Extensible Messaging and Presence Protocol，**可扩展消息处理现场协议**）都运行于底层通信协议之上，用于客户端和服务器端协商数据交换格式。很多物联网系统也采用 REST 架构实现高效通信。在本书撰写时，REST 架构和 MQTT 协议均是物联网系统的主流选择。

1. MQTT

MQTT 协议基于发布 / 订阅模型，其中客户端负责主题订阅，以及维护同消息代理（message broker）之间不间断的 TCP 连接。当新的消息发送给消息代理时，会在消息中包含主题，消息代理可以据此判断哪个客户端应当接收该消息。消息通过不间断的连接推送到客户端。基于 MQTT 协议的物联网架构如图 1-2 所示。

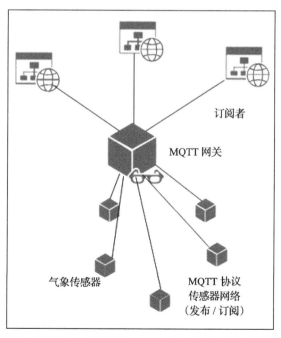

图 1-2　基于 MQTT 协议的物联网架构示意图

MQTT 模型可以支持多种应用场景，其中传感器发布数据，然后消息代理将数据传送给订阅系统，由其接收传感器数据或者做进一步处理。虽然 MQTT 协议主要适用于基于 TCP 协议的网络，而在无线传感器网络（Wireless Sensor Networks，WSN）中，则可以使用 MQTT-SN 协议，**MQTT-SN 协议**（MQTT For Sensor Networks，MQTT-SN）是对 MQTT 协议的优化，专门用于传感器网络。

对于很多采用电池供电方式的设备而言，其处理能力与存储资源均有限，MQTT-SN 协议对此专门进行了优化调整。采用 MQTT-SN 协议，基于 ZigBee 协议等类似无线协议的传感器和执行器也能够使用发布 / 订阅模型。

 如果想了解更多内容，可以查阅 IBM 公司 Stanford-Clark 与 Linh Truong 于 2013 年发表的论文《*MQTT For Sensor Networks protocol specification*》，Version 1.2。论文链接为 http://mqtt.org/new/wp-content/uploads/2009/06/MQTT-SN_spec_v1.2.pdf。

2. CoAP

CoAP 也是一种物联网消息传输协议，其基于 UDP 协议，主要针对资源受限联网设备（例如无线传感器网络节点）的应用场景而设计。CoAP 协议采用 DTLS 协议提供安全保护。CoAP 协议共有 4 种消息类型，很容易同 HTTP 的请求方式对应起来，这 4 种消息类型分别是 GET、POST、PUT 和 DELETE，基于 CoAP 协议的传感器网络架构如图 1-3 所示。

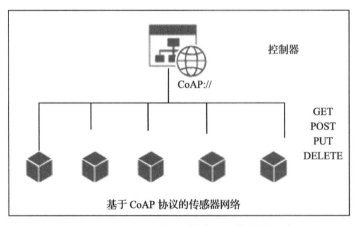

图 1-3　基于 CoAP 协议的传感器网络架构示意图

基于 CoAP 协议的设备在同 Web 服务器通信时采用特定的**统一资源标记符**（Uniform Resource Indicator，URI）进行命令处理。智能灯泡开关就是现实中采用 CoAP 协议一个实例，开关只需要发送一条命令，就可以操纵系统中的灯泡（改变状态或颜色）。

3. XMPP

XMPP 协议是一个基于**可扩展标记语言**（Extensible Markup Language，XML）的开放

式协议，主要用于实时通信。它由 Jabber **即时通信**（IM）协议演化而来。相关信息请查看 https://developer.ibm.com/tutorials/x-xmppintro/。

XMPP 支持基于 TCP 协议的 XML 消息传输，采用该协议，物联网开发人员可以高效地实现服务发现和动态实体发现等功能。

XMPP-IoT 协议是 XMPP 的一个改进版本。类似于人与人交流的场景，XMPP-IoT 协议通信过程从"添加好友"请求开始。想了解更多信息请查看链接 http://www.xmpp-iot.org/basics/being-friends/。

一旦"添加好友"请求通过，那么两台物联网设备就可以进行通信了，而无须考虑双方是否处于同一个域。基于 XMPP-IoT 协议的设备之间存在父子关系。XMPP-IoT 协议中的父节点可以制定信任策略，指示可以同哪些设备建立连接。而如果两台物联网设备之间的"添加好友"请求未得到通过，那么双方无法继续进行通信。

4. DDS

DDS 协议是数据分发协议，主要用于智能设备的集成。类似于 MQTT 协议，DDS 协议也基于发布 / 订阅模型，读者可以订阅感兴趣的主题，基于 DDS 协议的物联网架构示意图如图 1-4 所示。

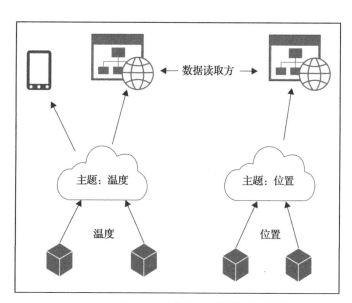

图 1-4　基于 DDS 协议的物联网架构示意图

由于无须在终端之间建立联系，因此 DDS 协议能够以匿名和自动化的形式进行通信。另外，DDS 协议还提供了**服务质量**（Quality of Service，QoS）保障机制。该协议的设计初衷是用来实现设备到设备（device-to-device）的通信，当前已在多个场景进行了部署，包括风力发电场、医学成像系统和资产追踪系统。

5. AMQP

AMQP 协议的设计初衷是提供一个队列系统以支持服务器到服务器（server-to-server）的通信。在物联网场景中，AMQP 也能够实现发布/订阅模型以及点对点的通信。采用 AMQP 协议的物联网终端可以监听到每条队列中的消息。如今，AMQP 已经在多个领域有所应用，例如在交通运输中，车辆遥测设备就采用了 AMQP 协议向分析系统提交数据，从而实现了准实时处理。

1.4.4 数据汇聚

从传感器采集的数据能够以原始数据的形式存储在边缘设备中，并在边缘数据库和云端存储中进行汇聚。数据可以采用多种存储格式，包括文本文件、电子表格、日志文件，当然也可以存储在关系型或非关系型数据库中。用户可以采用 REST、WebSockets、XML 和 JSON 等工具进行远程数据提取。在设计该层的安全架构时，需要考虑以下问题：如何验证数据来源、数据流中是否注入了恶意数据，以及数据在生命周期的某一时刻是否被篡改。

云服务提供商在其物联网服务中也会提供数据服务。例如，用户在 AWS 中可以对物联网设备进行配置，让物联网设备将数据转移至物联网专用网关。同时，用户也可以采用 Kinesis 或 Kinesis Firehose 等流数据处理平台将数据传输到 AWS 当中。例如，Kinesis Firehose 就可以用于大量流数据的采集和处理，还可以将数据转发到 AWS 基础设施的其他组件中进行存储和分析。

云服务提供商完成数据采集后，可以进一步制定数据的逻辑转发规则，在适当的情况下进行数据转发。数据发送后可以用于分析、存储，也可以与来自其他设备和系统的数据结合使用。对物联网数据的分析可以实现多种用途，从了解购物模式的趋势（例如，潮流动向），到设备的故障预测（预测性维护），都可以通过对物联网数据的分析得到，物联网数据处理流程如图 1-5 所示。

软件即服务（SaaS）提供商还可以为物联网提供分析服务。举个例子，在线客户关系管理（CRM）平台 Salesforce（https://www.salesforce.com/in/?ir=1）针对物联网提出了一套分析解决方案。Salesforce 利用 Apache 堆

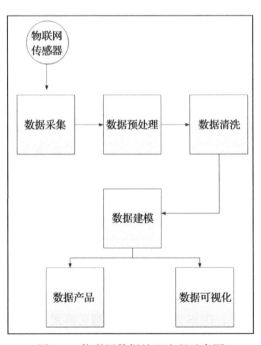

图 1-5　物联网数据处理流程示意图

栈将设备连接到云端,并对大量数据流进行分析。在 Salesforce 物联网云中,采用 Apache Cassandra 数据库进行数据存储,采用 Spark 引擎进行数据处理,采用 Storm 系统进行数据分析,采用 Kafka 系统进行消息传输。

另一个涉及物联网设备海量数据采集的实例是无人机,随着**小型无人机系统**(small Unmanned Aerial System,UAS)(或者说是 drone)的大量涌现,人们有了一个空中平台用来部署机载传感器采集各种数据。今天,价格低廉的无人机就可以实现三维地形测绘,无人机采集高分辨率图像以及与之相关的元数据(例如位置、影像信息),并将其传输到强大的后台系统来进行摄影测量处理与数字地形建模。这些数据集的处理非常耗费计算资源,而无人机受尺寸、重量和电量等因素的制约,难以直接处理这些数据。因此,上述数据的处理必须在后台系统和服务器中完成。而这类应用将持续增长,特别是当今世界各国都在努力将无人飞行器安全地集成到本国的国家空域系统当中,那时上面所描述的应用场景将会更多。

1.4.5　数据抽象

物联网设备会生成大量数据,这些数据会由分析系统捕获、聚合和处理。通常会在网络边缘对物联网采集的数据进行预处理,即在网络边缘部署初始过滤器,只将过滤后的数据传输给部署在雾中或云端的数据分析系统。

预处理过程还会对数据对象进行分类。分类依据数据的类型和敏感程度。此外还可以添加元数据,包括指示数据敏感程度、数据其他属性或数据采集来源的各种标签。举个例子,所有需要保证机密性的敏感数据都应该进行明确标记,说明该数据的机密性保护要求。在这个阶段,应当对数据和元数据进行数字签名。

接下来的过程是数据清洗与去重。在清洗过程中还需要完成错误数据的校正。然后将清洗后的数据导入数据模型,进而得到数据产品或者实现数据可视化。

数据生命周期中需要考虑的一个关键要素是对数据沿袭提供保障。数据沿袭(data lineage)的作用是对数据的来源以及随时间应用于该数据的转换和操作进行跟踪。数据沿袭工具可以采用可视化方式直观地展示系统中的数据流及其流向。目前市场上有许多数据沿袭工具。其中 Apache Falcon 是一款适用于物联网系统的开源数据沿袭工具。读者可以从 https://falcon.apache.org/ 了解更多关于 Apache Falcon 的内容。

1.4.6　应用

部署在云端或数据中心的应用可以帮助物联网系统实现报告生成和数据分析等功能。这些应用不仅普通消费者可以使用,同时也适用于工商业、医疗卫生或市政行业。应用也可以聚焦于管理功能,着重实现对物联网设备的控制、监控和配置,如下所示:
- 消费类物联网应用包括智能开关、智能灯泡、联网恒温器、车库门遥控开关、可穿戴设备、网联汽车和小型无人机系统(drones)。

- 商业物联网应用包括店铺传感器，作用是采集和分析购物行为数据，分析人员依据这些数据可以做出趋势预测、营销方案定制，还可以为消费者提供个性化体验。
- 工业物联网应用包括智能制造系统、工业机器人系统，还可用于故障发生前的预测分析以及运维操作的优化。工业物联网的应用还包括智能工业控制系统。
- 医疗物联网应用包括心脏起搏器、智能诊断工具等联网医疗器械，以及智慧医院等联网医疗设施。
- 市政物联网应用包括智能交通系统、智能泊车系统以及智能传感器系统，其中智能传感器系统既可用于采集环境信息也可用于采集其他信息。

企业级物联网系统的架构在各个行业中相对一致。企业级系统的架构师需要将边缘设备、网关、应用、传输、云服务、协议、数据分析和存储等各类解决方案集成在一起。

事实上也确实如此，有些企业可能会发现，他们要借助物联网实现的某些功能通常在其他行业才会用到，并且提供技术服务的厂商要么是新近才成立，要么之前也并不熟悉。在这里，我们假设有一家传统的全球 500 强公司，同时拥有自己的制造工厂和卖场。这家公司的业务主管正在考虑在未来部署智能制造系统，其中包括用于跟踪工业设备运行状况的传感器、执行各种生产制造任务的机器人，以及提供数据用以优化整个生产制造流程的传感器。而有些传感器甚至可能需要嵌入到他们生产制造的产品当中，才能实现某些新功能或者某些需要用户介入的功能。

同样是这家公司，还可能想着如何利用物联网为顾客提供更好的零售体验，例如，可以将智能广告牌同车载信息娱乐系统相集成，这样当顾客驾车路过一家零售商店时，就可以接收到为其精准投放的广告。

依然是这家公司，可能还需要具备物联网系统的管理能力，管理的对象可能涉及网联汽车和运输车辆车队、用于勘察关键基础设施的无人机系统、埋植于地下用于监测土壤质量的农业传感器，甚至还可能包括嵌入混凝土中监控施工现场养护工艺的传感器等物联网设备。

鉴于物联网应用的复杂性，为了保证物联网安全，并确保某台物联网设备不会被攻击者用作攻击企业中其他系统和应用的跳板，需要应对一系列挑战。对此，机构需要向安全架构师进行咨询，从全局视角来审视物联网的安全状况。而安全架构师也需要尽早深度参与到系统的设计过程当中，制定梳理安全要求，并在企业物联网系统的开发部署过程中严格遵循所制定的安全要求。

我们建议读者不要在项目完成后才考虑安全问题，因为这样做的代价太高了。企业安全架构师们通常要慎重选择基础设施和后台系统组件，选择出的基础设施和后台系统组件不仅要易于扩展，可以为物联网生成的海量数据提供支撑，还需要确保数据的安全性和可操作性。

图 1-6 展示了一个常见的企业级物联网系统的典型视图，体现了物联网设备动态、多样的特点。

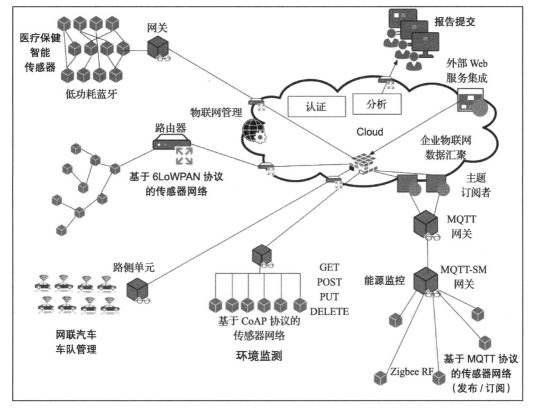

图 1-6　企业级物联网系统典型视图

在图 1-6 中可以看到，能源物联网同网联汽车路侧设备、医疗保健设备以及环境监测传感器一样都连接到了云端。这样的情形并不意外，正如之前所讨论的那样，物联网的主要特点就在于"万物皆可互联"。完全可以想象，医疗保健用的生物传感器不仅会连接到医院的监控与数据分析系统，同时还会向本地和远程的能源监控设备和系统传输耗电量数据。

"万物皆可互联"使得不同系统之间连接点的数量不断增加，与此同时，也扩大了企业的攻击面。因此，必须对物联网系统互联互通的情况全面评估，以了解系统所面临的威胁并找出适当的缓解措施。

1.4.7　协作与处理

数据处理和分析服务已经从物联网传感器捕获的大量数据中采集到了有价值的信息。随着物联网连接对象的持续扩展，系统设计者能够不断整合新的能力，从而更好地对结果和故障做出预测，并支持机器到机器（machine-to-machine）的自主协同。

1.5 物联网的未来

当前，由于物联网的发展创新，对象、系统和人之间的各种关联不断被发现，同时新的关联也在不断建立，人们不断梦想着拥有解决规模前所未有的问题的能力。若我们展开想象，物联网的未来将具有无限可能，未来可期。今天，我们所涉及的可能仅仅是九牛一毛。

计算机到设备（computer-to-device）和设备到设备（device-to-device）的物联网在今天和未来几年都将有惊人的增长，但是，未来物联网到底有多安全将取决于我们今天所做的工作。认知和自治方面的研究将帮助我们一窥未来物联网的发展。

1.5.1 自治系统

物联网连接层面已经开始普遍引入了自治。通过汽车和智能家居相集成的实例，我们已经看到了自治在消费领域中的作用。学术界和产业界新开展的研究工作也进一步推动着自治系统和自治能力的发展。无人机群可以在没有人工干预的情况下协同工作。设备也可以独立地处理解决与其他设备之间的事务。**自动驾驶汽车**（Self-Driving Vehicles，SDV）则可以通过协同在道路上形成车队。这些只是即将到来的自治时代的几个例子。

不同类型的自动驾驶交通工具（车辆、无人机、舰船等）从分布式传感器获取输入，这些传感器可能包括摄像头、激光雷达、雷达、**全球定位系统**（Global Positioning System，GPS），甚至还包括惯性测量装置。这些输入被传输到信息融合系统，然后交由导航、制导和任务子系统进行处理，这些子系统再与推进等其他平台的子系统相集成。系统中还可能用到规避感知、模式检测、对象识别、矢量定姿和碰撞预测等自治算法。

机器学习（Machine Learning，ML）也在自治系统中有着大量应用。通过大数据集训练机器学习算法，假以时日，算法就会不断学习进化。物联网机器学习的一个关键研究领域是使用对抗样本训练算法，识别出针对算法的恶意输入。举个例子，有研究表明，即便只对图像进行轻微改动，就可以"欺骗"机器学习模型，使模型对图像的实际内容误判。在机器学习过程中采用对抗样本，有助于帮助算法识别出恶意滥用的实例，并做出有效应对。

1.5.2 认知系统

10 多年前，杜克大学的研究人员演示了如何对一只机械臂进行认知控制，控制是通过嵌入在猴脑顶叶和额叶皮层的电极对神经控制信号进行翻译来实现的。研究人员将脑电信号转换成伺服电动机驱动器的输入。经过简单训练学会操作操纵杆后，该猴会根据机械臂的运动情况来调整对驱动电动机的操作意图，从而就可以利用这些输入实现对机械臂的控制。这项被称为脑机接口（Brain Computer Interface，BCI，或者 Brain Machine Interface，BMI）的技术，正在 Miguel Nocolelis 博士以及其他相关机构研究人员的不断努力下持续推进。在未来，存在运动障碍的人士有望通过在神经修复手术中应用这项技术来重获物理机能，仅仅通过他们的想法就可以操作可穿戴设备并控制机器人系统。研究成果还展示了脑对脑（brain-to-brain）之间的相互作用，这项技术有望通过小脑来解决分布式的认知问题。

　　通过对大脑感知（通过脑电图）信号进行数字转换，就可以通过数据总线、IP网络甚至互联网来传输认知数据。对物联网来说，关于认知的研究预示着未来某些智能设备将真正变得聪明起来，因为会有人脑或其他类型的大脑通过脑机接口对设备实施控制或接收信号。还可以向人脑提供来自千万公里之外传感器的馈送数据，将人脑打造成超意识形态。我们设想一下，假如有一名飞行员正在操控一架无人机，无人机就好像是飞行员身体的一部分一样，而飞行员并没有使用操纵杆。仅仅通过一条通信链路传输的思维信号（控制）和反馈信息（感觉）就可以完成所有特技飞行和飞行姿态调整。还可以设想一下，飞机采用皮托管测量飞行速度，随后飞行速度会以数字形式传输到飞行员的脑机接口，此时飞行员就会"感觉"到这个速度，就像风吹过他的皮肤。物联网的未来并不像它看上去那么遥远。

　　那么，这样的认知系统可能需要哪些类型的物联网安全呢，在这个系统中"实物"其实指的就是人脑和动态物理系统。用户应该如何向一台设备认证人脑，或者反过来，向人脑认证一台设备？脑机接口的数据完整性受到影响后会有什么后果？如果输出或输入信号遭到欺骗、破坏，或者时效性和可用性受到影响，又会导致什么后果呢？当想到未来的物联网系统会变成这个样子，以及它们对于人类意味着什么的时候，当前物联网看似巨大的重要优势就会显得格外渺小。威胁和风险也是如此。

1.6　本章小结

　　本章主要介绍了在物联网的帮助下，世界是如何向着更加美好的未来发展迈进的，还介绍了当前物联网在全球范围的多种应用，然后简要描述物联网的概念。

　　在第2章中，我们将会了解物联网系统所面临的威胁，以及我们可以采取哪些方法来规避并化解这些威胁。

第2章

漏洞、攻击及应对措施

在本章中，我们将会详细阐述针对物联网具体实现和部署的攻击方法，以及如何将攻击组织为攻击树，物联网信息物理系统又会如何提高威胁态势的复杂性等问题。然后系统地介绍物联网安全的保护措施。此外，通过分析物联网技术栈各个层次中典型的和特有的漏洞，对电子和物理威胁相互作用的新途径进行描述。在本章中，我们提出一种威胁建模的改进方法，进而向读者介绍如何构建出适合自身的物联网威胁模型并加以维护。

本章主要从以下方面对漏洞、攻击、应对措施以及相应的管理方法进行介绍：

- 威胁、漏洞和风险概述
- 攻击与应对措施概述
- 当前针对物联网的攻击手段
- 经验教训以及系统化方法的运用

2.1 威胁、漏洞和风险概述

在大量的学术讨论中，关于威胁、漏洞和风险的定义存在着相互冲突的地方。为了保证本章的实用性，在本节中我们首先回顾一下信息保障领域中对信息保障5大核心要求的定义。信息保障的这5大核心要求或者范畴代表了信息系统最高级别的保障。随后，将引入两个对于信息物理系统至关重要的核心要求。之后，我们将对物联网的威胁、漏洞和风险进行介绍。

2.1.1 信息保障的经典核心要求

信息保障（Information Assurance，IA）核心要求也是物联网安全的重要组成部分，要在不了解信息保障核心要求的情况下，讨论威胁、漏洞和风险实践方面的内容基本是不可能的。简单来说，信息保障的核心要求主要包括以下几点：

- **机密性**：保护敏感信息的安全，避免信息泄露。
- **完整性**：确保信息在未察觉的情况下不会遭到无意或恶意的篡改。
- **可认证性**：确保数据来自某个已知身份或终端（通常符合其身份认证信息）。
- **不可抵赖性**：确保某个个体或系统不能在操作之后否认该操作。
- **可用性**：确保在需要时信息或功能可用。

要满足信息安全目标并不意味着机构必须满足上面提到的所有核心保障要求。举个例子来说，并非所有数据都需要确保机密性。信息与数据的分类本身就是一个复杂的主题，并非所有信息都极为敏感或重要。为一个设备及设备中的应用和数据构建合适的威胁模型，需要机构确定单独数据元素和聚合数据的敏感程度。很多物联网数据集单独看来似乎没有问题，但将这些数据集汇聚在一起时却可能带来巨大的风险。无论是对于单独的数据元素还是更加复杂的信息类型，抑或是聚合数据，通过对数据分类和聚合后的约束做出清晰定义，将有助于向不同类型的数据提出机密性或完整性等具体的安全保障要求。

信息保障的 5 个核心要求也同样适用于物联网，因为物联网将信息同设备的运行环境、物理实体、信息、数据源、数据汇聚节点和网络环境糅合在了一起。然而，除了上述几项信息安全保障核心要求，我们还必须引入两条与物联网信息物理特性相关的安全保障要求，即韧性（resilience）和功能安全性（safety）。而韧性与功能安全性又关联紧密。

韧性在信息物理物联网中的定义同信息物理控制系统中的韧性定义有关：

"所谓韧性控制系统，指的是系统在受到干扰情况下，依然可以保持正常状态，以可接受的水平正常运行，其中干扰也包括非预期或恶意的威胁。"

（来源：Rieger, C.G.; Gertman, D. I.; McQueen, M. A. (May 2009), Resilient Control Systems: Next Generation Design Research, Catania, Italy: 2nd IEEE Conference on Human System Interaction）

信息物理物联网中的功能安全定义如下：

"遭受破坏时系统依然能够保持安全状态，同时不会导致人员伤亡或损失。"

（来源：http://www.merriam-webster.com/dictionary/safety）

信息保障的 5 大核心要求及韧性和功能安全性都对物联网提出了要求，这就需要同时保障其信息安全和功能安全，其中，我们采用故障树来分析功能安全隐患，采用攻击树来分析信息安全隐患。功能安全的设计决策和信息安全的控制措施共同构成了物联网安全的解决方案空间，在选取解决方案时，工程师必须同时明确以下几点：

- 采用故障树最佳实践，避免共模故障[⊖]（common mode failure）。

⊖ 共模故障是一种相依故障事件，指由特定的单一事件或起因导致若干设备或部件功能失效的故障。由于空间、环境、设计以及人为因素所造成的失误等，使得故障事件不再被认为是独立的事件；由于组成系统的各个部件之间的相互作用，所以在它们中间发生的部件故障不再被认为是相互独立的。对高可靠性的系统尤其是安全方面的系统进行评价时，由于这种相互作用十分复杂，导致共模故障的分析就十分困难，然而有时它对于系统可靠性的评价却至关重要。——译者注

- 部署适当的基于风险的信息安全控制措施，防范攻击者入侵系统，并防范对功能安全攸关的控制系统及受其影响的系统实施打击。

因此，在物联网中需要找到一种方法来将攻击树和故障树分析结合起来，识别并解决共模故障和攻击向量。无论是针对攻击树还是针对故障树的孤立分析，可能都不再足以应对当前的风险。

2.1.2 威胁

威胁和威胁源（或威胁发起方）的区分非常重要。每种威胁都对应于一个威胁发起方。举个例子，假如有个小偷潜入家中，此时可能更倾向于将小偷视为现实威胁，但更准确的是将小偷视为威胁发起方。正是威胁发起方出于各种恶意企图潜入了屋中，最主要的作案动机则是出于一己私欲而盗窃受害者值钱的东西。在这一场景中，威胁实际上指的是实施盗窃的可能性，或者更概括地来讲是**对潜在漏洞开展利用**的可能性。

威胁的类型有很多，既包括自然的，也包括人为的。龙卷风、洪水和飓风都可以被视为自然威胁，在这些情况下，地球气候是威胁发起方（在很多保险单中采取的专业术语是"不可抗力"）。

具体到物联网威胁，包括管理、应用、物联网设备收发数据的传感器以及控制数据所面临的所有威胁。另外，物联网设备也同样容易受到物理安全、硬件、软件质量、环境因素、供应链等威胁的影响，这些威胁在信息安全和功能安全领域都很常见。信息物理系统中的物联网设备（例如执行器、物理传感器）还面临着针对物理可靠性和韧性的威胁，这些威胁可不仅仅只包括针对计算平台的入侵和破坏。很多行业的物联网信息物理系统都会涉及多个工程学科，例如经典的控制理论、状态估计与控制系统，还有使用传感器、传感器反馈信息、控制器、过滤器和执行器来控制物理系统状态的理论。威胁还可能针对控制系统的数据传输功能、状态估计滤波器（例如 Kalman 滤波器），以及其他内部控制循环组件，这些对象遭受攻击后都会对现实世界造成直接影响。

2.1.3 漏洞

我们使用术语"漏洞"一词来指代系统或设备在设计、集成或运行时存在的缺陷。漏洞一直存在，我们每天都会发现不计其数的新漏洞。现在，很多在线数据库和 Web 站点会跟踪发布最新公开的漏洞。图 2-1 展示了之前我们提到的部分概念之间的关系。

漏洞可能是设备在物理防护（例如设备封装过程中的弱点，攻击者借此可以实现对设备硬件的篡改）、软件质量、配置、通信协议选择与实现的适用性等方面的缺陷。漏洞几乎涵盖了与设备有关的所有方面，从硬件的设计实现（例如，用户可以对 FPGA 或 EEPROM 部件进行篡改）到设备内部的物理架构和接口，再到操作系统或应用都可能存在漏洞。攻击者对这些漏洞隐患一清二楚。他们通常会挖掘原理最简单、代价最低或者利用起来最快的漏洞。恶意入侵在**暗网**中还催生出了一个以盈利为目的的市场。在暗网中，恶意攻击者根据**投资回报率**（Return On Investment，ROI）对漏洞利用工具进行评估、定价、销售以及采购。威胁指的只是漏洞利用的可能性，而漏洞指的则是威胁发起方可以开展漏洞利用的实际目标。

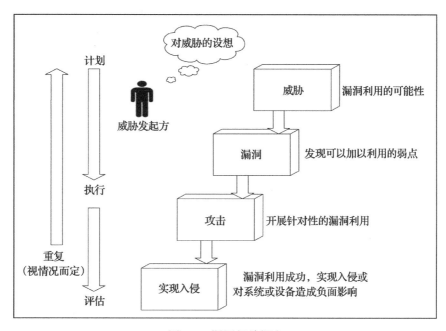

图 2-1　漏洞相关概念

2.1.4　风险

我们可以使用定性或定量的方法来进行风险评估。简单地说，风险就是指某人遭受损失的可能性。风险不同于漏洞，因为它依赖于某个特定事件、攻击或状态发生的概率，并且同攻击者的动机有很强的联系。风险还取决于孤立的原子级别入侵行为，或者一组攻击/入侵事件所能够造成的影响范围。漏洞不会直接造成影响，指的只是系统或设备自身固有的弱点。在攻击过程中，漏洞利用起来可能很容易，也可能很难，成功利用所造成的损失也不确定。

举例来说，假设某桌面操作系统在其进程隔离逻辑中存在很严重的漏洞，该漏洞可能会导致不可信的进程访问到另一个应用的内存空间。这个漏洞可能是可以利用的，而且肯定是一个缺陷，但是如果操作系统同互联网物理隔离，并且从未同不可信网络建立直接或间接的连接，那么这个漏洞的风险就很小甚至不会带来风险。另一方面，如果这个平台连接到了互联网上，而攻击者找到某种可行的方法注入了一段恶意 shell 代码，这段代码利用漏洞可以使得攻击者接管主机，那么就可能导致风险级别飙升。

我们建议用户通过威胁建模进行风险管理，这样有助于澄清以下内容：

- 入侵所带来的影响和需要为之付出的所有代价。
- 目标对于攻击者可能具有多大的价值。
- 预估攻击者的技术水平和可能的动机（基于威胁建模）。
- 系统或设备漏洞的先验知识（例如在漏洞公告中发布的漏洞信息，以及在威胁建模和渗透测试过程中发现的漏洞）。

风险管理的基础在于，针对当前已知并可能成为潜在利用目标（威胁）的漏洞类型谨慎采取适当的应对措施来缓解风险。当然，并不是所有漏洞都可以提前知晓，这些我们之前并不知道的漏洞，通常被称为零日漏洞。人们知道 Windows 操作系统中存在着某些操作系统漏洞，因此，我们可以精心选取并部署防病毒设备和网络监控设备，从而避免或者减少这些漏洞在互联网上的暴露。但是，即便采取了安全控制措施缓解风险，系统也不会固若金汤，依然可能会留下少量剩余风险，通常这些风险被称为残余风险（residual risk）。残余风险通常是可以接受的，或者也可以采取其他风险补偿机制来抵消，购买保险就是一个好办法。

2.2 攻击与应对措施概述

既然前面已经简要了解了威胁、漏洞和风险的相关内容，那么接下来我们将深入研究针对物联网的攻击类型和攻击手段，以及攻击手段如何组合来发起攻击。在本节中，我们还将介绍攻击树（以及故障树）的概念来展示并帮助读者了解现实世界中攻击的成因。我们希望这些内容能在各种威胁建模中得到广泛采纳和应用，其实现实中的威胁建模同本章后面介绍的威胁建模并没有什么不同。

2.2.1 常见的物联网攻击类型

本书中会涉及很多种类型的攻击，但是，下面列出的几种攻击对于物联网安全而言相对比较重要：

- 有线 / 无线扫描与映射攻击
- 协议攻击
- 窃听攻击（破坏机密性）
- 密码算法和密钥管理攻击
- 伪造欺骗（认证攻击）
- 操作系统与应用完整性攻击
- 拒绝服务攻击与干扰
- 物理安全攻击（例如，篡改、接口暴露等）
- 访问控制攻击（权限提升）

以上攻击只是现有攻击类型中的一小部分。在现实世界中，大部分攻击都需要结合特定的已知漏洞进行专门的定制开发。如果针对某个尚未公开的漏洞开发出了漏洞利用代码，那么通常称之为零日漏洞。在许多攻击中都会用到这样的漏洞，而且其中很多漏洞会流入市场进行交易并在各种零日漏洞交易网站上售卖（例如 TheRealDeal、AlphaBay 以及 Zerodium），攻击者只需从漏洞交易网站上采购所需漏洞即可实施攻击。所以，如果安全控制措施部署得当，那么无论是对于降低攻击者开展漏洞利用的可能性，还是降低漏洞利用成功后所造成的危害性都至关重要。图 2-2 展示了由攻击、漏洞和安全控制措施构成的生态系统。

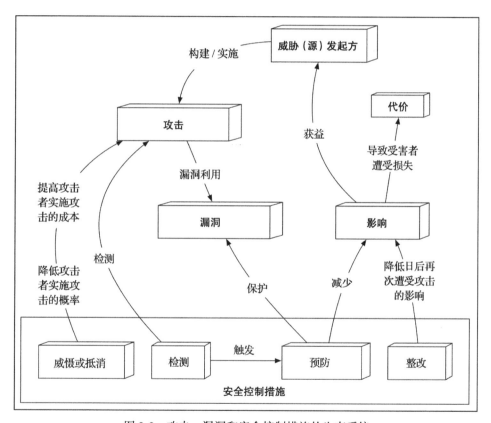

图 2-2　攻击、漏洞和安全控制措施的生态系统

针对物联网系统的攻击类型将随着时间的推移而不断增多，并且在某些情况下，我们估计也会像在不断演进的网络安全行业中所见到的那样，最终踏上利益驱使的老路。举例来说，当前恶意代码的演进趋势就让人闹心，有攻击者采用加密算法对受害者的个人硬盘数据进行加密。然后，攻击者以恢复解密数据为名进行敲诈索取赎金。这种恶意代码被称为勒索软件，而如果在物联网领域中出现勒索软件攻击更是令人瑟瑟发抖。设想一下，恶意攻击者针对现实中基础设施或医疗器械采用勒索软件实施攻击将会是怎样一幅场景。用

户接到通知,声称他的心脏起搏器已经不知不觉地遭受到了入侵,稍后受害人感受到的一次短暂而又非致命的震颤证明情况属实,然后攻击者命令受害者立刻向指定账户转账,否则就会存在遭受更加严重且很可能致命攻击的风险。再设想一下智能家居,(在业主正在度假时)攻击者打开了车库门,并且还可能执行其他操作以勒索赎金。在物联网领域中,对于这些类型的攻击我们必须认真对待,不能只是将其视为专家的痴人说梦而搁置起来。考虑到很多系统与设备可能会运行数年甚至数十年,因此安全行业的最大挑战就在于找出当前现有可用的方法来对抗未来的攻击。

2.2.2　攻击树

在安全行业中找出最新、危害最大的漏洞利用和攻击方法并不困难。我们通常在提及攻击向量和攻击面时不够明确或者说不够严谨。当谈到攻击向量和攻击面的具体内容时,通常都是以新闻报道或安全研究人员撰写的研究报告形式出现的,在研究报告中,安全研究人员才会提到现实网络环境中所发现的新零日漏洞,以及攻击者如何利用这些漏洞针对某个目标发起攻击。换言之,很多关于攻击向量和攻击面的探讨都非常随意。

无论是信息泄露,还是操纵设备造成物理破坏,抑或是用作跳板在设备所处内网进行拓展,针对设备或者应用哪怕成功发起一次攻击就可能为攻击者带来巨大收益。然而在现实中,单次攻击通常是一次有组织的攻击行动或者一组攻击步骤中的一部分,每次攻击都会首先采取多种方法(例如社会工程学、用户画像、扫描探测、互联网研究、加深系统了解)开展情报收集,然后从中精心选取攻击方法。每一项攻击步骤达成其预定攻击目标都有一定难度,需要付出一定代价,并且攻击成功也具有一定的概率。而利用攻击树则能够帮助我们对设备和系统的这些特性进行建模分析。

攻击树其实是一种示意图,可以用来展示资产或目标可能会遭受怎样的攻击。换言之,当需要真正了解系统的安全态势,而不仅仅是下意识地对最新攻击向量的轰动报道而惶恐不安时,就可以开始构建攻击树了。攻击树能够采用可视化的方式向用户机构展示漏洞,有助于交流沟通了解漏洞的实际情况。鉴于可能造成的影响,这些漏洞很可能会被攻击者利用而有所图。

攻击树的构建

如果读者之前没有从事过类似的工作,那么攻击树的构建似乎令人望而却步,不知从哪里下手。首先,我们需要一套能够用来构建攻击树模型并对其进行分析的工具。SecurITree就可以完成这项工作,这是一款由加拿大Amenaza("威胁"的西班牙文,公司网址为http://www.amenaza.com/)公司开发的基于能力的攻击树建模工具。下面,我们通过一个简单的实例来帮助读者了解攻击树的建模过程。

假设攻击者希望实现的最终目标是在**无人机系统**或者说是一架无人机的飞行期间对其进行重定向。图2-3展示了要实现该目标的攻击树的顶层攻击行动。

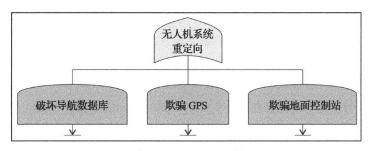

图 2-3　无人机攻击树

读者可能会注意到图中用到了两个常用的逻辑操作符，分别是"与（AND）"（平滑圆顶）和"或（OR）"（尖顶）。根节点命名为"**无人机系统重定向**"，代表了最终目标，它是由一个"或"操作组成的。这意味着该节点的任意一个子节点都可以实现该最终目标。在本例中，攻击者通过以下任何一种方式都可以实现无人机的重定向。

- **破坏导航数据库**：导航数据库用于定位指定位置的具体空间方位（经度、纬度，通常还有海拔）。在现实中，有很多方式可以入侵导航数据库，例如可以直接通过飞行器，可以通过地面控制站，甚至还可以在导航和测绘设备供应链（这对于载人航空飞行器同样适用，因为商用飞机机舱中的计算机也大量用到了导航数据库）中动手脚，这些方式都可能会对导航数据库造成破坏。

- **欺骗 GPS**：如果采用这种攻击方式，攻击者可以选择发起主动式基于射频的 GPS 攻击，在攻击过程中攻击者会生成并发送虚假的 GPS 授时数据，无人机则会将该数据解释成一个虚假定位。作为响应，无人机（如果处于自主飞行模式下）将在不知不觉中基于其接收到的虚假定位进行导航，并且按照攻击者恶意规划的路线飞行（请注意，在此假设无人机未使用机器视觉辅助导航系统或其他无源导航系统）。

- **欺骗地面控制站（GCS）**：如果选取该攻击方式，攻击者需要找到一种方式来欺骗无人机的合法操控人员，并且尝试向其发送恶意的路径规划命令。

现在，我们将攻击树稍微展开一点（如果节点底部带有指向一条水平线的小箭头，则代表该节点可展开）。在这里，我们展开"**破坏导航数据库**"这个目标节点，如图 2-4 所示。

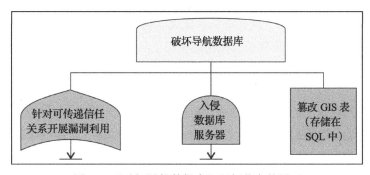

图 2-4　"破坏导航数据库"目标节点的展开

"**破坏导航数据库**"节点采用的是一个"与"操作符,因此,树中的每个子节点都必须得到满足才能实现该目标。在本例中,需要完成下列工作:

- 针对可传递信任关系开展漏洞利用,渗透进导航数据库的供应链
- 入侵导航数据库服务器
- 篡改导航数据库中**地理信息系统**(Geographic Information System,GIS)的表格(例如,告诉无人机其目的地位于东北方向100m处,而指示的高度低于其实际目的地的水平位置,那么无人机就可能会撞向地面或建筑物)。

其中,"针对可传递信任关系开展漏洞利用"和"入侵数据库服务器"两个节点都有子树。第3个节点"**篡改GIS表**"没有子树,称该节点为**叶子节点**。叶子节点代表模型中实际攻击向量的入口点,即攻击者的攻击行为,其父节点(与/或节点)表示特定的设备状态或系统状态,也可以表示攻击者通过其攻击行为可能实现的目标。

展开"针对可传递信任关系开展漏洞利用"节点的子树,可得到如图2-5所示的内容。

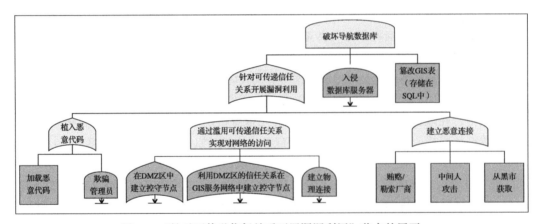

图2-5 "针对可传递信任关系开展漏洞利用"节点的展开

即便没有对每个节点进行深入研究,下面的结论也是显而易见的,那就是构建有效、实用的攻击树需要经过认真的思考。总的来说,攻击树的子树可能非常简单也可能非常复杂。一般情况下,子树越复杂,就越需要在脱离主树的情况下对其进行分析,这一过程称为"子树分析"。在实践中,严谨的攻击树建模需要各个子树所在领域中众多专家的通力协作才能完成。在这里,我们强烈建议将攻击树建模作为物联网系统(或设备)安全设计过程中的"标配"。

除了绘制树形图表之外,工具SecurITree还可以完成很多工作。例如,通过建立攻击指标,用户利用SecurITree还可以完成对每个攻击目标的建模,常用的指标如下所示:

- **攻击者的能力**。例如其技术实力、规避检测的能力、发起攻击所需要耗费的成本。
- **攻击行为与概率**。例如攻击如何实施以及攻击成功的可能性。

- **攻击对受害者的影响**（需要注意的是，当子树的影响汇聚到根节点时，最终的影响可能会非常巨大）。
- **攻击者的收益**（通过特定影响所获得）。即攻击所导致的影响。
- **可能对攻击者造成的损害**。指的是可能降低攻击者发起攻击意愿的因素。

在将这些数据输入工具之后，分析过程和报告提交才是真正有意思的地方。通过遍历攻击树中所有可能的路径，并基于定义每个攻击目标的逻辑操作符，使用 SecurITree 可以计算出所有的攻击向量（攻击场景）。对于每个攻击场景，又可以计算出发起攻击的总体成本、概率以及总体影响，然后根据用户选择的标准对计算结果进行排序。需要注意的是，哪怕只是中等规模的攻击树，也可能会得到成千上万甚至数十万种攻击场景，然而，并非所有的场景都值得关注也并非所有的场景都会出现（将攻击场景集合减少到只包含最重要攻击场景的过程称为约简）。

攻击场景生成之后，就可以开始生成报告了。举个例子，报告形式可以是一张（针对所分析的攻击场景）展示意愿和能力之间比率的图表，图表中曲线的斜率显示了所选攻击者画像的心理特征。这一指标非常有趣，举例来说，该指标说明的是在面对技术水平有限难以达成预期攻击目标的情况下，攻击者还有多大的意愿会继续发起攻击。在选择安全控制设备等缓解措施并对其进行优先级排序时，这些信息将会非常有用。也可以使用工具生成其他报告。例如，可以将一段时间内的累积风险看作一个函数，函数参数为计算出的攻击场景（依据每个场景的特点）数量，然后将累积风险采用图形化的方式加以展示。

SecurITree 工具还有很多其他有趣、实用的特性。关于该工具的使用我们主要提出以下几点建议：

- 可以将整个攻击树分割为多个单独的文件（子树），由每个子树领域中的专家（包括用户所在机构内部与外部的专家）来维护与之相关的内容。在某些情况下，只要攻击树的指标保持一致，即便开展攻击树建模的公司和行业不同，攻击树中的某些子树也会保持不变，并且可以在不同公司和行业间进行共享。
- 建议采用版本控制系统来管理攻击树和攻击子树，这样每当主版本变更，或者出现的新兴威胁可能影响用户物联网设备、系统安全的安全态势，或者设备、系统部署方式发生变化时，都可以实现对攻击树和攻击子树的更新。
- 创建并维护（还是建议采用版本控制系统进行版本管理）攻击者画像。随着时间的推移，攻击者画像也很可能发生变化，尤其是如果部署的防护措施新采集到了更有价值的敏感信息，那么攻击者画像肯定会出现变化。甚至用户所在公司的发展状况和财力都可能会对攻击者画像产生影响。

现实世界中的攻击可能会在攻击树中引入大量的反馈循环。通过对多套中间设备和系统（通常会将攻击过程中用到的中间设备和系统称为跳板）接连发起攻击入侵，有可能使得攻击者最终达成其攻击目标。这肯定不是读者所希望的。

然而要记住的是，物联网信息物理融合的特点，为根节点带来了新的攻击方式，以及可能远比数据泄露、拒绝服务等其他传统网络威胁还要严重的攻击目标。新的攻击目标可能会以对现实物理世界的交互与控制为目的，其形式可能是关闭电灯，也可能是停止心脏起搏器的运行。

为此，我们还需要介绍一下故障树的相关内容。

2.2.3　故障树和信息物理系统

在介绍攻击与应对措施的章节中讨论故障树看起来似乎不合时宜。到目前为止，攻击树对于物联网设计实现和部署方面的作用，大家应该很清楚了。显而易见，攻击树建模越精确，据此作出的决策就越到位。然而，仅仅采用攻击树建模是不够的，因为攻击树并不足以刻画出众多新型物联网系统所面临的风险。在第 1 章中，我们引入了**信息物理系统**的概念，信息物理系统是物联网的一个子集。同时，信息物理系统也是一个令人颇感棘手的领域，在这个领域中需要结合功能安全和信息安全两个工程学科领域的知识，共同提出解决方案才能够同时应对功能安全和信息安全风险。

功能安全和可靠性设计的主要建模工具称之为故障树（fault tree，或者 failure tree），作用是开展**故障树分析**（Fault Tree Analysis，FTA）。除了外形以外，故障树同攻击树还存在着相当大的区别。

故障树起源于 20 世纪 60 年代的贝尔实验室，当时贝尔实验室为美国空军提供技术支撑，帮助其解决在民兵 I 型弹道导弹项目中出现的可靠性故障。在当时，导弹系统尤其是其早期制导、导航和控制子系统设计经常出现故障⊖。从那时起，航空航天等领域（特别是民用飞机的设计与适航审定）开始采用故障树分析技术，时至今日，故障树分析技术已经用在了众多功能安全保障等级极高的行业当中。例如，在美国联邦航空管理局（Federal Aviation Administration，FAA）的安全要求中做出明确要求，飞机制造商必须在民用飞机适航审定中证明他们的设计故障率低于 1×10^{-9}（十亿分之一）。要实现如此低的故障率，很多飞机系统都会采用高度冗余（某些情况下需要 3 余度甚至 4 余度）的设计方式。风险管理的监管层面（例如美国联邦航空管理局的适航审定）也在很大程度上依赖于故障树分析。

1. 故障树和攻击树的区别

攻击树和故障树的主要区别在于用户如何进入攻击树或故障树以及如何开始遍历：

- 在精心策划的攻击行为中，会根据智能实体的意愿（做出决策驱动设备或系统进入某一状态，由此进入叶子节点）进入树中的叶子节点，而故障树建模并非依据于此。
- 基于经过所依赖中间节点的每个叶子节点的随机过程（故障率），对故障树进行遍历。

⊖　作者 Van Duren 的祖父，Arthur Glenn Foster 中校于 20 世纪 60 年代初在美国加州范登堡空军基地服役，负责全球范围内民兵和泰坦 II 型洲际弹道导弹的指挥和控制。他们的家族故事一直流传到了今天，加利福尼亚美丽的中央海岸见证了很多火箭的成功发射，但也见证过重大的失败。——作者注

- 故障树中的每个叶子节点完全独立（故障随机发生，且彼此相互独立）于树中的所有其他叶子节点。

举个例子，飞机制动系统出现自发性故障的概率就可以采用故障树进行描述。

在之前介绍的 SecurITree 工具中，通过为树中的叶子节点定义概率指标，读者也可以生成故障树。在指标对话框中，用户可以输入叶子节点对应事件／行为发生的概率（例如 1/100、1/10 000 等）。

2. 故障树分析与攻击树分析的融合

已经有文献对攻击树分析和故障树分析的融合方法进行了介绍，但是对于信息物理系统物联网而言，依然需要开展大量研究工作，以期找到新的高效的方法将攻击树分析与故障树分析融合起来。在意识到可能存在多种攻击样式的情况下，无论是功能安全还是信息安全工程师，为了找出系统的故障模式都需要一个过程。而在此过程中所面临的一个挑战是，在分析过程中会生成巨大的状态空间，同时，分析结果要有助于制定出最优的缓解措施，且缓解措施具有可操作性，这些工作都存在一定的难度。

在牢记这些挑战的前提下，当前如果要实现高等级的功能安全和信息安全保障，我们提出以下建议：

- 在功能安全攸关的物联网设备与系统的设计方法中，融入故障树分析（当前很多物联网实施人员可能并没有这样做）。
- 确保对现实中物联网设备的预期应用场景均进行了故障树分析。例如，如果某台设备的电源滤波器和供电模块发生故障，或者引发欠压状态，那么该设备的微控制器是会自动关闭，还是会在高风险的不稳定状态下继续工作呢？确保向处理器供电的供电阈值采用了标准设计，但是是否还设计了冗余电池备份，能够让设备在需要时继续正常运行呢？因为如果在功能安全攸关的医疗器械中没有备用电源，那么出现断电等事故时，这台医疗器械就很有可能导致人员伤亡。
- 在进行容错设计时（例如内置冗余等），请确保信息安全工程师也参与其中。信息安全工程师应该围绕物联网设备（或系统）的冗余、网关、通信协议、终端和其他主机、环境，以及入侵其中任一设备的多种可能途径等方面，对物联网设备（或系统）从信息安全角度开展威胁建模。
- 在安全工程师确定所要采取的安全控制措施时，需要进一步判断采取安全控制措施是否会对容错设计或者所需的基本功能和性能造成影响。这种情况是很有可能出现的，例如在时敏功能安全关闭／中断机制中就可能出现这样的问题。信息安全工程师可能想要开展流量探测，也可能想对数据总线或网络进行加密，但是由此引发的时延可能会导致功能安全攸关的功能响应迟缓，从排查事故隐患的角度来看，响应迟缓可能会对控制器的相位和频率造成影响。但是也存在相应的应对方法，例如可以采用另一条线路来传输时敏信息。

- 功能安全 / 信息安全融合过程中面临的最可怕威胁在于，攻击者明确以某个事关功能安全的功能为目标。例如，如果有微控制器能够对电压或温度阈值进行控制，避免线路过热熔断，那么攻击者就可能以其为目标实施攻击造成该微控制器瘫痪。同时攻击者也可以将控制器与传感器的冗余备份作为攻击目标，这样对上述目标同时发起攻击或者依次发起攻击时，将会导致故障率飙升。在这些情况下，功能安全和信息安全方面的专家就需要联起手来，共同思考以下问题：
  - 提出功能安全缓解措施，而不会对信息安全控制措施造成影响。
  - 提出信息安全缓解措施，而不会对功能安全控制措施造成影响。
  - 这些工作并非轻而易举，在某些情况下我们不得不做出妥协，这时就可能会在物理安全和信息安全两个领域留下残余风险，但是残余风险处于可以接受的水平。

2.2.4 针对信息物理系统的攻击实例剖析

为了展示物联网信息物理系统范畴中的攻击树场景，本节将会重点对交通运输领域中一次信息物理攻击实例进行介绍，这一实例虽然是假想的，但是可能导致灾难性后果。无须多言，很可能大部分读者对于 Stuxnet 蠕虫病毒已经很熟悉了，Stuxnet 蠕虫病毒以伊朗信息物理系统为目标，该信息物理系统的作用是将铀提炼至可裂变级别。Stuxnet 蠕虫病毒在对伊朗目标造成极大破坏的同时，却并未导致目标功能安全方面的问题，而是导致工业控制流程出现故障，从而造成铀材料精炼速率陷入停滞。不幸的是，Stuxnet 蠕虫病毒极可能是由某个国家开发传播的，而这仅仅只是拉开了针对信息物理系统实施攻击的序幕。要记住，下面提到的攻击场景都不简单，通常都需要国家层面上的资源支撑。

正如在第 1 章中所提到的，信息物理系统是由各种联网传感器、控制器和执行器组成的，它们共同组成了独立的或分布式的控制系统。由于航空行业长久以来由功能安全驱动，在容错设计上已经取得了惊人的进展，从诸多空难的根源分析中吸取到了众多经验教训。喷气式发动机的可靠性、机身结构的完整性、航空电子设备的韧性，以及液压和电传操纵系统的可靠性，这些都被看作是现代喷气式飞机设计制造中需要考量的要素。美国航空无线电技术委员会（RTCA）在其制定的标准 DO-178B 中提出了航空软件保障需求，就是对这些经验教训的印证。不管是软件的容错能力、额外的冗余能力、机械或电子设计特性，还是软件保障级别等功能安全方面的改善都已经将故障率降到了 1×10^{-9} 以下，这不得不说是现代功能安全设计上的一个奇迹。然而，在发展演进路径方面，需要将功能安全设计同信息安全设计加以区分。针对下面提到的攻击，功能安全设计中的控制措施仅能够提供一少部分保护。

下面提出的信息物理系统攻击实例，强调了在规划、执行以及开展攻击防护时各个工程学科的融合。虽然下面提到的攻击样式当前来看似乎不太可能发生，但在这里主要是为了突出系统交互的复杂性，攻击者也可能利用系统交互中的复杂性来达成其最终的攻击目的。攻击的顶层流程如下所示：

先决条件

- 攻击者拥有或者设法获取到了重要的机载航空电子设备系统的相关资料（注意，很多公司和国家均拥有大量相关方面的资料）。
  - 掌握了航空电子设备的软硬件及固件的详细信息后，攻击者针对目标飞行器的控制系统开发出了定制的漏洞利用工具。漏洞利用工具的交付形式为一款恶意代码，该恶意代码设计用来在飞机控制系统中自动执行，一旦加电即可开始初始化。
  - 攻击者随后入侵航空公司的地面运维网络。该网络中存放了航空公司从飞机制造商处下载的对航空电子设备的软件更新。运维人员从网络中将航空电子设备的更新补丁载入客机的**综合模块化航空电子设备**（Integrated Modular Avionics，IMA）系统。
    - ◇ 攻击者利用选取的漏洞利用工具，在物理或逻辑层面对飞行器的合法软件／固件二进制程序（来源于飞机制造商）进行篡改。当前主要由机务人员将其加载到机载航空电子设备的硬件中。
    - ◇ 上传软件更新。恶意代码开始运行，并释放漏洞利用代码对控制系统进行重新编程。漏洞利用代码实际上就是一段新的微控制器二进制程序，它能够在控制系统的内部循环过程中实现某些逻辑功能。具体来说，可以利用恶意代码重写控制系统中陷波滤波器的滤波逻辑。
    - ◇ 恶意的微控制器二进制代码会覆盖陷波滤波器的代码，解除系统对俯仰模式（向上／向下）的控制，而俯仰模式能够抑制飞行器的结构性固有频率和谐振频率（想象一下将机翼弯曲，然后放开，此时发现机翼会来回晃动片刻时间——这就是通常情况下想要抑制的固有频率）。原本应当由陷波滤波器来对简正频率加以抑制，但是此时陷波滤波器不再起作用，而是被一个相反的响应所替代，即对机翼结构弯曲模态（以固有频率或谐振频率）的激励。
    - ◇ 飞机起飞后不久，在航行过程中遭遇轻度湍流（请注意，未必一定是遭遇湍流这种情况）。湍流导致机翼出现自振，通常情况下自振会被控制系统的陷波过滤器所抑制。而振动会激励机翼的结构性固有频率，控制系统的激励响应则会增大振幅（翼尖上下剧烈振动），直到机翼出现灾难性的结构故障并解体。
    - ◇ 机翼结构解体最终导致飞机坠毁。攻击者达成其最终目标。

读到这里，读者可能已经引起注意，那么我们必须重申，这是一次发生可能性极低、而且极其复杂的攻击过程，想让一架飞机坠毁有很多更简单的方法。然而，结合攻击者的动机，以及控制系统的联网又为突控初始立足点提供了新的攻击向量，随着时间的推移针对信息物理系统的攻击会越来越有吸引力。令人忧心的是，除非我们之前已经讨论过的功能安全和信息安全之间跨学科的协作成为标准做法并不断加以完善，否则无论是针对交通运输系统还是智能家电，未来这样的攻击将越来越具有可操作性。

如前所述，有很多缓解措施可以用来防范针对飞机控制系统的攻击。例如，如果制造商采用加密算法对所有航空电子设备中的二进制程序进行签名，那么就可以实现端到端的完整性保护。而如果航空电子设备制造商仅仅采用**循环冗余校验码**（Cyclic Redundancy Check，CRC）进行保护，那么攻击者可能轻易就可以绕过校验（CRC 的设计初衷是为了检测偶发性故障引起的完整性错误，但是难以抵御精心构造的完整性攻击）。如果二进制程序都利用密码算法进行完整性保护，那么攻击者会发现，要在安装和系统加电过程中不引发完整性检查失败的前提下，对代码进行篡改会困难得多。遭受攻击的控制系统逻辑将更难被注入。在保证功能安全方面，通常使用 CRC 码就足够了，但在保证信息物理系统的信息安全方面，这样做还远远不够，如果可能的话，还是需要增强端到端的安全性。而只是通过加密网络连接（比如，采用 TLS 协议进行保护）来传输航空电子设备上的二进制更新程序，无法实现对二进制程序端到端的保护，也就是无法实现从制造商端到飞机端的保护。即便是采用了 TLS 协议的加密连接也无法满足端到端的保护需求，无法确保二进制程序在其分发供应链未被篡改。这个链条从飞机制造商或其供应商的编译和构建（依据原始的源代码）的位置一直延伸到航空电子设备中进行的软件加载、加电和自检的位置。

在实践中，冗余控制系统和独立数据总线的设计等功能安全控制措施就可以缓解某些信息安全威胁。在之前设想的攻击实例中，可以通过冗余控制器来抵御攻击，即采用合法的命令行输入覆盖掉恶意输入。然而，冗余组件在信息安全领域中并不是绝对保险的，对此我们需持慎重的态度，不能因为技术公司和政府部门的巧舌如簧而放弃正常合理的怀疑和顾虑。在特定的时间、资源和动机下，聪明的对手可能会找到方法来有意导致功能安全工程师口中所谓的共模故障。尽管容错设计原本是用来防止发生故障的，但是通过精心构造，甚至设计中的容错特性都可能转化为武器来引发故障。

2.3　当前针对物联网的攻击手段

研究人员针对很多消费级物联网设备的攻击方式开展了大量的研究分析工作，目的是改进当前物联网安全现状。这些攻击都曾引起广泛关注，并多次暴露出测试设备的安全隐患。负责任地讲，这类白帽黑客和灰帽黑客开展的测试是很有用的，因为它能够在漏洞利用大规模出现之前帮助制造商修复漏洞。

然而，这对于制造商来说通常是个喜忧参半的消息。很多制造商都在殚精竭虑地思考如何对安全研究人员提交的漏洞做出恰当的回应。有些厂家主动寻求安全研究社区的帮助。有些厂家发布漏洞赏金计划，鼓励安全研究人员挖掘并提交漏洞（并根据提交的漏洞获得奖励）。然而，还有一些厂家对提交的产品漏洞选择忽视，更恶劣的是，有些厂家试图起诉提交漏洞的安全研究人员。令人遗憾的是，正是由于一些所谓的安全研究人员从一开始就没有遵守负责任的漏洞披露原则，随意扩散漏洞，这才招致了部分厂家的愤怒。

2015 年，安全研究人员 Charlie Miller 和 Chris Valasek 对一辆 2014 年款的切诺基吉普车实施了攻击，这次攻击行动受到了广泛的关注。两位研究人员的发现在他们的报告《 *Remote Exploitation of an Unaltered Passenger Vehicle* 》中进行了完整的阐述。

来源：Chris. Remote Exploitation of an Unaltered Passenger Vehicle. Miller, Charlie, Valasek 10 August 2015。链接如下：http://illmatics.com/Remote%20Car%20Hacking.pdf。

他们的攻击实验是网联汽车漏洞挖掘工作中的一部分。后来两个人在美国加州圣地亚哥大学（University of San Diego，UCSD）继续开展相关的研究工作。针对吉普车的漏洞利用取决于很多条件，这些条件共同作用才使得研究人员达成目标，实现了对吉普车的远程控制。

汽车采用 CAN（Controller Area Network，**控制器局域网**）总线同**电子控制单元**（Electronic Control Unit，ECU）进行通信。ECU 的实例包括了众多涉及功能安全的组件，例如制动系统、动力转向系统。通常 CAN 总线未采取任何安全措施，所以无法确认总线中传输的消息是否来自于经过授权的数据源，也无法确认消息在抵达目的地之前是否未被篡改。这也就是说，对消息既无法进行认证也无法进行完整性校验。而对于安全从业人员来说，这种情况似乎不可思议。然而，对于实时控制系统的要求而言，总线中消息的时效性才最为关键，因为在这类系统中延迟不可接受。（想了解更多信息，请参阅 http://www.volkspage.net/technik/ssp/ssp/SSP_238.pdf。）

在 Miller 博士和 Valasek 针对吉普车实施远程漏洞利用的过程中，用到了基础设施和吉普车中单个子组件中的多个漏洞。首先，利用支持车辆远程通信的蜂窝网络，攻击者可以从任何地方进行设备到设备的直接通信。研究人员利用这一特性可以直接同汽车通信，甚至还可以开展网络探测，以期进一步发现潜在的受害者。

在建立与吉普车的通信之后，研究人员就可以开始利用系统中的其他安全漏洞了。其中一个例子是无线电设备内部的一项功能。该功能可以调用代码中的某个函数来执行任意数据。从这点入手，攻击者利用另一个漏洞就可以在系统中进行内网拓展，远程向 CAN 总线（CAN-HIS 和 CAN-C 总线）发送消息。在吉普车架构中，上述两种 CAN 总线都同无线电设备相连，通过一块芯片进行通信交互，而该芯片可以在未采取密码保护措施（例如数字签名）的情况下进行固件更新。最后的这个漏洞以及利用该漏洞导致的入侵表明，很多系统中存在的小瑕疵有时可能导致大问题。

 本书的技术审稿人 Aaron Guzman 对汽车安全进行了大量研究，在 Suburu 的 WRX STI 车型中发现了 8 个可利用的软件漏洞。这些漏洞均存在于移动应用同车载信息娱乐系统进行交互的地方。想了解更多信息，请访问 https://www.bankinfosecurity.com/exclusive-vulnerabilities-could-unlock-brand-new-subarus-a-9970。

攻击

我们在本章中讨论了攻击物联网系统的诸多动机和方法。现在，本节将介绍部分针对企业物联网系统的典型攻击。

1. 认证攻击

遗憾的是，弱口令和默认口令对于攻击者而言屡试不爽。例如2016年底出现的僵尸网络 Mirai，在构建过程中就利用了网络摄像头和家用路由器设备中的默认口令。当前，Mirai 代码已经开源，攻击者可以在其中添加新的认证漏洞或者应用漏洞，进而构建新的僵尸网络，或者为已完成构建的僵尸网络添加新的僵尸节点（https://www.wired.com/2016/12/botnet-broke-internet-isnt-going-away/）。

如果设备入网的认证过程较为薄弱，或者网络中的许多设备采用了相同的认证信息，那么都可能增强认证攻击的威力。

2. 分布式拒绝服务攻击

虽然 Mirai 的认证攻击实现起来相对简单，但是利用该漏洞却可以构建起一个由上百万台设备组成的僵尸网络，攻击者利用僵尸网络可以对互联网中的 DNS 服务器发起攻击。即便只是部分 DNS 服务器瘫痪也会导致许多大型互联网服务公司无法处理正常、合法的流量。攻击者也可以对开源的 Mirai 代码进行改动，在其中增加新的功能，即使物联网设备未采用默认口令，也能够入侵物联网设备。僵尸网络 Reaper（或 IoTroop）也暗中不断积蓄力量，其僵尸代码在一个又一个网络中不断传播（例如，通过利用路由器漏洞），最终达到足以实施大规模攻击。未来，僵尸网络可以被用来攻击互联网核心基础设施、公司等目标，攻击目标甚至还可能是政府机构，而这一切只取决于僵尸网络控制者的动机。

更多信息可以参看 https://krebsonsecurity.com/2017/10/reaper-calm-before-the-iot-security-storm/ 和 https://research.checkpoint.com/new-iot-botnet-storm-coming/。

3. 应用攻击

通过对应用终端实施攻击，攻击者可以入侵物联网设备，或者对通信连接开展漏洞利用。应用终端包括用于控制物联网设备的 Web 服务器和移动设备应用（例如 iOS 和 Android 等平台的应用）。运行在设备当中的应用代码也可被攻击者当作攻击目标。通过对应用开展模糊测试，可以找到入侵应用所在主机的路径，进而接管应用进程。另外，逆向分析等其他常用的攻击方式都可以用来挖掘漏洞，尤其是有些漏洞可能并不复杂但在实现过程中依然普遍存在，例如采用硬编码形式的密钥、口令以及二进制应用程序中的字符串。在多种形式的漏洞利用过程中，这些参数都会发挥作用。

4. 无线侦察与探测

市面上的大部分物联网设备都用到了无线通信协议，比如 ZigBee、ZWave、Bluetooth-

LE 以及 Wi-Fi 802.11。在以前拨号上网的时代，攻击者会通过电话交换网扫描探测调制解调器。与之类似，如今研究人员也成功地实现了物联网设备的扫描探测。以总部位于美国德克萨斯州奥斯汀市的 Praetorian 公司为例，该公司已经在一台低空飞行无人机上装备了定制的 ZigBee 协议扫描器，用来探测采用 ZigBee 协议的物联网设备，并识别出了设备所发送的数千条信标请求消息。就像攻击者常常使用 Nmap 等网络探测工具开展网络扫描来搜集关于网络中主机、子网、端口和协议的信息一样，针对物联网设备也可以采取类似的操作，即探测出那些可以执行打开车库门、锁上前门、开启 / 关闭电灯等操作的设备。通常在发起对目标设备的全面攻击之前，攻击者会首先开展无线侦察（https://fortune.com/2015/08/05/researchers-drone-discover-connected-devices-austin/）。

5. 安全协议攻击

很多安全协议可能在协议设计（规范）、实现甚至是配置阶段（在该阶段，用户可以设置多种不同的协议选项）引入漏洞，从而导致安全协议遭受攻击。例如，研究人员在测试基于 ZigBee 协议的消费级物联网设备与系统时发现，协议的设计初衷在于方便用户的安装部署与使用，但是却没有安全相关的配置选项，并且在设备配对流程的实现上也存在漏洞。这些漏洞使得第三方能够在 ZigBee 设备配对过程中，嗅探获取通信双方交换的网络密钥，进而获取 ZigBee 协议设备的控制权。了解所选协议的缺陷非常关键，因为只有这样才能确定在此基础上还需要采用哪些层次上的安全控制措施才能够保证系统安全（https://www.blackhat.com/docs/us-15/materials/us-15-Zillner-ZigBee-Exploited-The-Good-The-Bad-And-The-Ugly-wp.pdf）。

WPA2（用于 Wi-Fi 访问保护）加密协议的应用也非常广泛，几乎每台家用和企业级无线路由器都会内置该协议。2017 年底，安全研究员 Mathy Vanhoef 发现该协议容易遭到一类称之为密钥重装的攻击（key reinstallation attack），在这种类型的攻击中，攻击者能够强制设备（在该场景中，完全符合标准的协议规范）复用加密密钥（参见 https://www.krackattacks.com）。考虑到 802.11 协议在现实中的普遍应用，数百万台设备都需要进行漏洞修复，而直到今天，仍有许多设备存在该漏洞。攻击者可以利用该攻击对受害者的流量进行解密，甚至还可以向网络中注入恶意流量。

6. 物理安全攻击

物理安全是一个物联网厂商经常会忽视的问题，厂商熟悉的是设备、电器和工具，而这些对象之前往往不会成为漏洞利用的目标。但是，在物理安全攻击中，攻击者会拆卸掉主机、嵌入式设备或其他类型物联网计算平台的外壳，对设备进行物理解剖分析，从而接触到处理器、内存和其他敏感元器件。如果攻击者能够接入某个暴露在外的接口（例如 JTAG 接口），那么攻击者就可以轻而易举地访问到内存、敏感密钥信息、口令、配置信息以及很多其他的敏感参数。如今，很多的安全设备都采用了各种保护机制来应对物理安全攻击。厂商还可以采用各种证据篡改控制措施、篡改响应机制（例如内存自动擦除）等技术，保护设备不被物理解剖分析。智能卡芯片、**硬件安全模块**（Hardware Security Module，HSM）等其他多种密码学模块都采用了类似的保护措施来保护密码变量（即设备中的身份标识信息和数据）免遭入侵。

2.4　经验教训以及系统化方法的运用

有些物联网系统实现起来非常复杂，涉及了诸多的技术层面。每个技术层面都可能给整个物联网系统带来新的漏洞。本书之前讨论的对航空公司的攻击设想以及现实世界中对汽车的攻击，都能够帮助读者了解如果要阻止动机明确的攻击者达成其攻击目标，修复系统中各个组件的漏洞非常关键。由于物联网同时涉及现实世界中的功能安全设计以及电子信息世界中的信息安全设计，所以物联网安全更加令人忧心忡忡。我们在前面已经提到，当前需要信息安全学科和其他工程学科之间的密切协作，系统设计人员才能将安全方案构建到产品的底层组件之中，这样如果有攻击尝试移除、破坏物联网信息物理系统中功能安全控制措施或者试图降低其有效性，才能够有效地加以防范。

物联网中有意思的一个地方在于，如果有第三方组件或接口稍后会添加到物联网部署方案当中，那么一定要慎重选择。这方面的例子在汽车制造业中较为普遍，比如那些插入汽车 ODB-II 端口的设备。研究表明，至少存在一个设备在特定环境下可以实现对汽车的控制。安全架构师必须了解，系统安全需要作为一个整体来看待，其安全强度取决于链条中最薄弱的一环，当有用户安装新的设备时，可能导致攻击面比原先预想的要大得多。

安全社区（security community）也认识到了很多研发人员完全不了解系统中的信息安全设计。由于在软件工程领域中普遍缺乏针对信息安全的培训，也不具备信息安全意识，因此这一观点基本上没错。究其原因，还在于软件开发人员、信息安全人员等各类工程师之间存在文化壁垒，即思维方式存在差异。无论是**监控和数据采集系统**（Supervisory Control and Data Acquisition，SCADA）、网联汽车还是智能冰箱，产品工程师从来没有担心过会有攻击者试图获取目标设备的远程访问权限。然而，产品工程师们无忧无虑的日子一去不复返了。

除了普遍缺乏安全意识，另一个值得关注的问题是**标准化组织**（Standards Organization，SO）决策过程中的不透明性和复杂性。并非所有标准化组织都会邀请专业对口的安全从业者加入到委员会中，或者专门开展外部同行评审，尤其是在协议的早期制定过程中更是如此。对于 802.11 协议的 WPA2 密钥重装攻击而言，有研究人员指出上述教训（在本例中，指的是 IEEE）正是导致该攻击出现的重要原因（请参阅 https://blog.cryptographyengineering.com/2017/10/16/falling-through-the-kracks/）。

上述讨论的关键结论在于，从物联网最初适用的标准，到物联网设备与系统的设计、研发，再到最终的部署，均需要对其安全状况进行系统地评估。这也就意味着，无论是负责研发专用物联网设备的 OEM/ODM 厂商，还是忙于集成物联网系统的企业架构师，物联网安全都同样重要。

威胁建模为我们提供了一套对物联网系统或系统设计进行安全评估的系统方法。接下来，我们将展示如何有针对性地构建威胁模型并加以运用。威胁建模有助于用户全面、透彻地了解系统中的各方角色、入口点和资产。同时，威胁建模还能够对系统面临的威胁进行细致描述。需要注意的是，威胁建模同攻击树／故障树的建模密切相关。在开展全面威胁建模过程中也应当开展攻击树／故障树的建模。

针对物联网系统的威胁建模

Adam Shostack 编著的《*Threat Modeling: Designing for Security*》一书对于威胁建模极富参考价值。

微软也提出了一套周详的威胁建模方法，该方法采用多个步骤来确定新建系统所引入威胁的严重程度。

需要注意的是，威胁建模其实就是一次识别威胁和威胁源的演练。而前文所述的攻击树建模则主要聚焦于攻击者，其目的在于展示漏洞利用之间的细微差别。在本例中将遵循的威胁建模流程如图 2-6 所示。

为了说明威胁建模的具体流程，下面将以智能泊车系统为例，介绍如何对智能泊车系统开展威胁评估。我们可以将智能泊车系统看作是物联网系统的一个典型应用，因为该系统涉及了在高威胁环境中部署物联网系统所需考虑的所有要素（如果可以的话，有人就是会对泊车收费系统实施欺骗，然后欢声笑语地扬长而去）。智能泊车系统包含了多个终端，这些终端会采集数据，并将数据发送给后台架构进行处理。同时该系统会对数据

1. 资产识别
2. 物联网系统架构概况构建
3. 物联网系统分解
4. 威胁识别
5. 威胁建档
6. 威胁评级

图 2-6　威胁建模流程

进行分析，来帮助决策者进行趋势分析，通过关联传感器数据从而实时发现违规停车人员，并向智能手机应用开放 API 接口以向定制功能提供支持，例如实时查询停车位状态和付费情况。很多物联网系统在架构上都会采用类似的组件和接口。

本例中所介绍的智能泊车系统和现实生活中的智能泊车解决方案也有所区别。出于演示的目的，此处的示例系统包含了一组更为丰富的功能：

- **面向用户的服务**：用户可以确定附近停车位的空闲状态和收费情况。
- **灵活的支付方式**：系统能够接受多种支付方式，包括信用卡、现金／硬币以及移动支付方式（例如 Apple Pay 和 Google 钱包）。
- **执法授权**：可以监测针对某个停车位所购买的停车时限，并能够判断授权何时到期，可以感知车辆停放何时超出了所购买的停车时限，并将该违规行为上报给泊车执法部门。

- **趋势分析**：能够对停车的历史数据进行采集并分析，并为泊车管理人员提供趋势分析报告。
- **需求响应式定价**：可以基于空闲车位的供需状况来改变定价。

想了解更多内容，参看链接 https://www.cisco.com/c/dam/en_us/solutions/industries/docs/parking_aag_final.pdf。

考虑到系统的设计初衷是向客户收取泊车费用，当出现未付费行为时及时告知执法人员，并基于当前停车位的需求情况设置合理的定价。系统的安全目标应该包括以下内容：

- 确保系统采集到的所有数据的完整性。
- 确保系统中敏感数据的机密性。
- 确保系统整体以及各单个组件的可用性。

在智能泊车系统中，敏感数据通常包括支付数据和可能泄露隐私信息的数据，例如，拍摄车牌信息的影像记录就属于可能泄露隐私信息的数据。

第1步：资产识别

将系统中的资产形成文档，可以帮助用户清楚地了解系统中的保护对象。资产指的是攻击者感兴趣的东西。对于智能泊车解决方案来说，典型资产如表 2-1 所示。需要注意的是，出于节省空间的目的，此处对资产列表进行了些许简化。

表 2-1   资产列表

编号	资产	介绍
1	传感器数据	传感器数据就是遥感勘测信号，用于指示某个停车位当前处于空闲还是占用状态。每个传感器都可以生成传感器数据，传感器通常部署在停车场中的适当位置。传感器数据通过 ZigBee 协议传输到传感器网关。传输到传感器网关之后，当前数据会与其他传感器数据一起通过 Wi-Fi 网络传输到与云端相连的路由器当中。然后，应用对传感器数据进行处理，同时也会将数据传送至数据库中进行原始存储
2	视频影像流	网络摄像头拍摄得到视频影像流，并将该数据传输到无线路由器
3	支付数据	支付数据由智能手机或自助服务终端传输到支付处理系统。在传输过程中，通常会对支付数据进行标记
4	车位传感器	通常会在停车位地面或者上方安装车辆传感器，以确定该停车位何时闲置或占用。传感器采用 ZigBee 协议与传感器网关进行通信
5	传感器网关	汇聚位于某一地理区域中所有采用 ZigBee 协议传输的传感器数据。网关通过 Wi-Fi 网络与后台处理系统进行通信
6	网络摄像头	对停车位进行视频监控，用于识别系统违规用户。数据通过 Wi-Fi 网络发送到后台处理系统
7	泊车应用	处理来自传感器的数据，并通过智能手机应用和自助服务终端向用户发送泊车和支付信息
8	分析系统	直接从摄像头和传感器网关采集数据
9	自助服务终端	部署于停车场当中，与车位传感器和传感器网关进行通信
10	通信基础设施	为整个系统以及系统中各处接口的通信提供支撑

第 2 步：系统架构概况构建

该步骤不仅可以帮助分析人员了解物联网系统预期实现的功能，也会为了解攻击者可能以何种方式误用系统奠定坚实的基础。在威胁建模中，系统架构概况构建这一步骤又可划分为以下 3 个子步骤：

1）将预期功能形成文档。

2）绘制架构图，对物联网系统进行详细刻画。在这一过程中，需要建立架构的信任边界。信任边界应该阐明角色之间的信任关系，并说明信任关系的指向。

3）识别物联网系统中所用到的技术。

在将系统功能形成文档的过程中，我们建议用户最好通过创建一系列用例的方式来对系统功能进行说明，如表 2-2 所示。

表 2-2　系统功能用例

用例 1：用户为占用停车位的时长付费	
前置条件	用户在智能手机中已经安装了泊车应用 用户将使用泊车应用进行交易的支付功能设置为可用
用例	用户打开智能手机中的泊车应用 智能手机与泊车应用进行通信并收集应用数据，应用向用户实时提供附近空闲停车位的位置和收费信息 用户驶往停车位 用户使用泊车应用为停车位支付费用
后置条件	用户根据车辆的停放时长支付费用
用例 2：泊车执法人员收到未付费违规事件的通报	
前置条件	某次泊车交易中车辆停放时间已经超出所分配的时长，而车辆依然停放在停车位上
用例	泊车应用（后台）记录泊车的起始时间 网络摄像头拍摄车辆在停车位停放的视频影像 泊车应用将车辆在停车位停放的视频同泊车交易的起始时间和停放时间关联起来 停放时间超时后，系统对视频进行标记以方便确认 网络摄像头提供证据，证明车辆依然在停车位上停放 泊车应用向执法应用发送通报 执法人员收到短信通报后，派人为车辆开出违章罚单
后置条件	泊车执法人员已经为违规车辆开出罚单

系统的架构图详细地展示了系统组件、组件间的交互以及交互过程中所用到的协议。智能泊车解决方案架构如图 2-7 所示。

在逻辑架构图绘制完成之后，重要的就是识别和分析物联网系统所采用的具体技术。其中包括了解终端设备的底层细节并形成文档，譬如处理器类型和操作系统版本等信息。

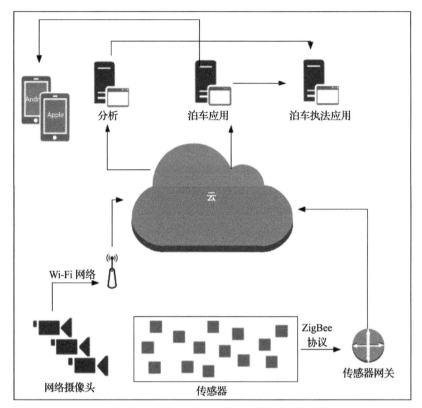

图 2-7   智能泊车解决方案架构图

当漏洞被挖掘出来之后，在了解漏洞的具体类型时，终端的底层细节就派上用场了，同时这些底层细节也有助于制定补丁管理和固件更新的流程。分析人员还需要了解每台物联网设备所采用的架构更新协议，并将其形成文档，特别是如果系统和机构在传输数据时所采用的加密措施存在缺陷，那么这些信息就更应当了解清楚。技术／平台及其细节介绍如表 2-3 所示。

表 2-3   技术／平台及其介绍

技术／平台	介绍
通信协议：ZigBee 协议	用于传感器和传感器网关间通信的中距射频协议
通信协议：802.11 Wi-Fi 协议	用于网络摄像头和无线（Wi-Fi 协议）路由器间通信的射频协议
基于 ZigBee 协议的智能泊车传感器	工作频段为 2.4GHz，传输距离 100m，基于 ZigBee 协议的应答器，处理器型号为 ARM Cortex M0，电池寿命为 3 年，也可以采用磁敏和光学检测传感器
无线传感器网关	工作频段为 2.4GHz，传输距离 100m，物理接口包括 RS-232 接口、USB 接口、以太网接口，采用 ZigBee 协议进行通信，可同时连接多达 500 个传感器节点
无线（基于 Wi-Fi 协议）路由器	工作频段为 2.4GHz，采用 Wi-Fi 协议，户外传输距离 100m 以上

第3步：物联网系统分解

在这一步骤中，我们将聚焦于数据在系统中的整个生命周期。只有了解了数据在系统中的生命周期，我们才能够找出那些在安全架构中必须加以解决的漏洞或弱点。首先，分析人员必须找出数据在系统中的入口点并记入文档。这些位置通常是传感器、网关或计算资源的控制管理设备。

然后，从入口点开始跟踪数据流，并记录下系统中同数据有交互的各种组件，这一点非常重要。随后，识别出攻击者视角的高价值目标（这些目标可能是攻击树的中间节点也可能是顶层节点）——它们可能是系统中的数据汇聚的位置或者数据存储的位置，也可能是具有较高价值的传感器，这些传感器需要重点保护以保证系统的整体完整性。在这项工作完成后，我们就得到了一张详细的物联网系统攻击面（从数据敏感性和系统运行的角度）示意图，如图 2-8 所示。

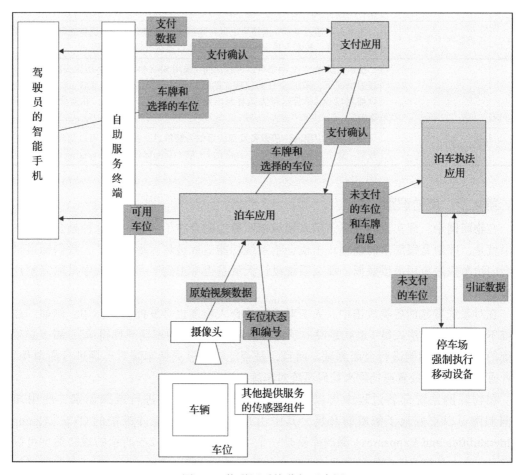

图 2-8　物联网系统分解示意图

对数据流进行了全面分析之后，用户就可以着手编制节点清单了，列出进入系统的各种物理入口点，以及数据流经的中间与内部网关。同时，还可以识别出信任边界。在识别与系统相关的整体威胁的过程中，入口点和信任边界对信息安全的影响很大，如表 2-4 所示。

表 2-4　入口点

编号	入口点	描述
1	泊车管理应用	泊车管理应用提供 Web 服务，由该 Web 服务来接收通过公开 API 传入的 REST 请求。在该服务的前方部署 Web 应用防火墙可以过滤未经授权的流量
2	智能手机应用	智能手机应用通过 API 与泊车管理应用建立连接。只要下载智能手机应用，任何人都可以访问系统。智能手机应用是定制开发的，并且通过了安全验证测试。应用和泊车管理系统之间的通信链路采用 TLS 协议加以保护
3	自助服务终端	自助服务终端自身功能较为完备，通过 API 连接到泊车管理应用。所有能够物理访问自助服务终端的人员，也都能够访问应用系统
4	传感器网关管理账户	技术人员通过 Wi-Fi 网络可以远程连接（采用 SSH 协议）到传感器网关的管理账户。同时，技术人员也可以直接通过串口连接进行物理访问
5	网络摄像头	技术人员通过 IP 网络可以远程访问（采用 SSH 协议）网络摄像头的 root 账户。理想情况下，采用 SSH 协议建立的连接是基于证书（PEM 文件）的，但是也可以使用口令（尽管这种方式容易出现常见的口令管理漏洞，并遭受字典攻击等影响）
6	执法应用	通过执法应用向注册设备发送的短信告警信息，执法人员可以访问执行应用的数据。这个过程中会用到 Google 的 GCM（Google Cloud Messaging）等服务

第 4 步：威胁识别

在物联网中，现实世界和电子信息领域很明显地融合在了一起。而这种融合所带来的后果就是，即便是很简单的物理攻击也会给系统功能造成破坏。举个例子，我们知道摄像头会向泊车执法应用提供数据，那么系统设计人员是否考虑到了在摄像头中采取完整性保护措施呢？

在对系统发起的各类攻击中，人工对系统的介入程度也会发挥重要作用。例如，如果系统不涉及泊车执法人员（也就是说，系统自动为超时停放的车辆开具罚单），那么必须对系统的车牌读取功能进行全面测试。而且，是否能够通过更换车牌对车辆进行简单伪装，或者通过在车牌上放置遮挡物来妨碍系统对车牌的读取呢？

在物联网系统部署过程中可以采用著名的 STRIDE 模型进行威胁识别。使用知名的漏洞库可以更好地了解威胁环境，其中由 MITRE 公司建立并维护的 CVE（Common Vulnerabilities and Exposures）漏洞库就是一个不错的选择。表 2-5 所示的威胁类型可以用来指引安全人员挖掘特定物联网系统所蕴含的特有风险（需要注意的是，对于某些物联网系统的实现和部署开展攻击树／故障树建模同样这也是一个很好的时机）。

表 2-5   物联网威胁类型

威胁类型	物联网分析
身份欺骗	分析系统中是否存在同设备身份欺骗有关的威胁，以及攻击者是否具备对设备之间自动信任关系进行漏洞利用的能力。 如果有认证协议用于在物联网设备之间以及其他设备与应用之间建立安全通信链路，那么需要仔细分析该认证协议。 分析向每台物联网设备分发身份标识和认证信息的过程，确保系统中采用了适当的程序控制措施，防止在系统中引入流氓设备或者将认证信息泄露给攻击者
数据篡改	分析整个物联网系统中的数据传输路径，识别系统中可能出现敏感数据篡改的目标位置，这些位置包括了数据采集、处理、传输以及存储的地方。 认真分析完整性保护机制和配置，确保系统能够有效应对数据篡改。 判断数据在安全传输（例如，采用 SSL/TLS 协议传输）过程中是否存在中间人攻击场景，采用证书绑定技术是否有助于缓解这些威胁
否认抵赖	分析物联网系统中发送关键数据的节点。 这些节点可能是提供各种分析数据的传感器集合。重要的是要能够将数据回溯到某个数据源，并且确保其确实是对应数据的来源。 分析联网系统是否存在攻击者添加流氓节点的漏洞，流氓节点的作用在于发送不良数据。攻击者可能会通过添加流氓节点来尝试扰乱上游工艺或者破坏系统的运行状态。 确保攻击者无法滥用物联网系统的功能（例如，禁止或者不允许非法操作）。 应当将状态变更和时序变化（例如，中断消息序列）考虑在内
信息泄露	分析整个物联网系统的数据传输路径，包括后台处理系统。 确保所有处理敏感信息的设备均经过了身份认证，并采用了适当的加密控制措施防止信息泄露。 找出联网系统中的数据存储节点，并且确保对存储的数据采用了加密控制措施。 分析物联网系统应用场景，判断物联网设备是否存在盗抢的可能，并且确保已经采取了密钥归零等适当的控制手段，对敏感信息加以保护
拒绝服务	建立物联网系统同业务目标之间的映射，确保采取了适当的**业务连续性**（Continuity of Operation，COOP）计划。 分析系统中每个节点的吞吐量，并确保该吞吐量足以抵挡一定量级的**拒绝服务**（Denial of Service，DoS）攻击。 分析消息传输基础架构（例如数据总线）、数据结构，判断是否存在对物联网组件中变量和 API 使用不当的情况，进而确定是否存在漏洞可能导致流氓节点淹没合法节点的通信流量
权限提升	分析物联网系统中各物联网设备提供的管理功能。在某些情况下，只需要经过一级认证就可以对设备细节进行配置。而在某些情况下，系统还可能存在不同的管理员账户。 在物联网节点中，查看管理员权限与用户权限的隔离是否存在漏洞。 为了对系统设计适当的认证控制措施，分析物联网节点使用的认证方法，判断其中是否存在漏洞
物理安防措施绕过	分析各物联网设备采用的物理防护机制，针对识别出的缺陷尽可能制定出缓解措施。对于部署在开放空间或者远程地点并且可能无人值守的物联网部署方案，这一点非常重要。采取物理安防措施也是必要的，例如可以采取证据篡改控制措施（或信号指示）或者篡改响应机制（将设备中的敏感参数自动销毁）
社会工程学攻击	针对防范社会工程学攻击对员工进行培训，定期分析监控针对资产的可疑操作
供应链问题	了解构成物联网设备和系统的各项技术与组件，跟踪关注同这些技术与组件有关的漏洞进展

对于为物联网系统提供支撑的其他组件,可以采用 STRIDE 模型进行分析,结果如表 2-6 所示。

表 2-6　智能泊车威胁矩阵

类型	示例	安全控制
欺骗	通过访问用户账户,窃贼向合法用户收取停车费用	认证
篡改	通过对后台智能泊车应用进行未授权访问,窃贼实现免费泊车	认证 完整性
否认	通过声称系统发生功能故障,窃贼实现免费泊车	不可抵赖性 完整性
信息泄露	通过入侵智能泊车应用后台,恶意攻击者获取到用户的财务信息	认证 机密性
拒绝服务	通过实施 DoS 攻击,恶意攻击者瘫痪智能泊车系统	可用性
权限提升	通过在后台服务器植入 rootkit 恶意软件,恶意攻击者破坏智能泊车系统的正常运行	授权

第 5 步:威胁建档

这一步主要将智能泊车系统面临的威胁形成文档,如表 2-7 所示。

表 2-7　威胁记录

威胁描述 #1	**通过访问用户账户,窃贼向合法用户收取停车费用**
威胁目标	合法用户账户的认证信息
攻击技术	社会工程学、网络钓鱼、数据库入侵、中间人攻击(包括针对密码协议的攻击)
应对措施	在登录可以访问支付信息的账户时,采用多因子认证
威胁描述 #2	**通过对后台智能泊车应用进行未授权访问,窃贼实现免费泊车**
威胁目标	泊车应用
攻击技术	应用漏洞利用、Web 服务器入侵
应对措施	在泊车应用 Web 服务器的前方部署 Web 应用防火墙;对通过 API 传入的应用输入进行验证
威胁描述 #3	**通过声称系统发生功能故障,窃贼实现免费泊车**
威胁目标	泊车服务人员或管理人员
攻击技术	社会工程学
应对措施	对系统中捕获到的所有传感器数据和摄像头视频数据采取完整性保护

第 6 步:威胁评级

对以上威胁发生的概率和造成的影响进行评估,有助于针对各种威胁选择出适当类型和等级的控制措施(及其相应的实现成本)来缓解威胁。如果遇到更高风险级别的威胁,那么可能需要更大规模的投入才能够予以缓解。在这一步中,用户也可以采用传统的威胁评级方法,包括微软的 DREAD 模型。

DREAD 模型针对每种风险等级均会提出一些基本的问题，然后为各个具体威胁中暴露出来的风险打分（1 ～ 10）：

- **潜在危害**：一次成功的攻击可能导致的破坏程度。
- **可重现性**：要对攻击进行重现的难度有多大？
- **可利用性**：技术水平不一的攻击者开展漏洞利用发起攻击的难度有多大？
- **受影响用户**：一次成功的攻击能够影响多大比例的用户／利益相关方？
- **发现难度**：攻击会被轻易发现吗？

对智能泊车系统进行威胁评级的实例如表 2-8 所示。

表 2-8　威胁风险评级通过访问用户账户，窃贼向合法用户收取停车费用

威胁风险评级：

项目	描述	各项评分
潜在危害	破坏仅限于单个用户账户	3
可重现性	除非用户数据库遭到大规模入侵，否则攻击并不是很容易重现	4
可利用性	普通攻击者就可以开展漏洞利用发起攻击	8
受影响用户	在大多数场景中为单个用户	2
发现难度	由于攻击中也可能涉及非技术性工作，所以该威胁很容易发现	9
	总分	5.2

对于负责为物联网系统设计安全控制措施的安全架构师而言，应当持续开展威胁建模，直至完成对所有威胁的评级。在评级完成之后，下一步工作是基于各种威胁的等级（总分）进行比较。这种做法有助于在安全架构中对安全控制措施进行优先级排序，优先级越高，说明相应安全控制措施的实现越紧迫。

2.5　本章小结

本章通过展示在机构中如何对物联网系统的威胁态势进行定义、描述和建模，分析了物联网的漏洞、攻击和应对措施。如果信息安全（在某些情况下可能包括功能安全）风险了解透彻，那么下一步就可以着手进行安全架构的设计开发了，即设计整个企业当中的系统和设备并部署合适的安全应对措施。

在第 3 章中，我们将对物联网设备的安全开发方法展开讨论。

第 3 章

物联网设备的安全开发方法

基于物联网万物互联互通的特点，新功能新应用不断出现，物联网系统也在不断演进发展。例如，自动驾驶摆渡车很快会被用于智慧城市周边乘客的运送，其依靠环境和交通数据流进行安全运营并做出调度决策。

制造工厂已经在逐渐应用**协作机器人**（collaborative robots，cobot）来开展生产加工，希望进一步提高效率并改进性能。工业控制系统也可以拿到新的数据源，以便通过云端连接做出更好的决策。

这些新提出的工程项目复杂度较高，同时需要建立同互联网之间的连接，因此在设计时必须考虑到功能安全性和韧性，同时确保项目中敏感信息的机密性和完整性。

本章中介绍的过程和方法可用于开发兼具功能安全性、信息安全性和韧性的物联网系统。所涉及的主题主要包括：

- **安全开发生命周期**（Secure Development Life Cycle，SDLC）
- 非功能性需求的处理
- 软件透明性的需求

3.1 安全开发生命周期

在开发生命周期中如何处理安全问题，通常也反映了行业及行业中传统或专用的开发方法如何看待安全问题。对于某些类型的产品而言，例如飞机或汽车，由于其供应链的复杂性和相互依赖性，并且其产品拥有确定的中期交付和最终交付日期，不适合完全采用敏捷开发方法进行开发。

不管怎样，在许多情况下，开发团队在选择开发方法时确实也拥有一定的自由度。本节对常见的开发方法进行了逐一介绍，并对在这些方法中如何严格落实信息安全保护措施提供了指导。

在选择开发方法时，如果从一开始就将安全性纳入考虑范围，意味着需要在信息安全、功能安全和隐私要求等方面考虑周全，同时在物联网设备或系统的开发和更新过程中，对信息安全、功能安全和隐私要求的保护要有迹可循。这里所说的系统，指的是为业务功能提供支撑的物联网设备、应用和服务的集合。

对于开发工作，多种模板化开发方法已被提出。以微软公司提出的**安全开发生命周期**（参考链接为 https://www.microsoft.com/en-us/securityengineering/sdl/）为例，其中包含了多个阶段，分别是培训、需求、设计、实施、验证、发布和响应。

但是，无论选择哪种安全开发生命周期，首先都需要确定所采用的开发方法。当前流行的开发方法包括**瀑布式开发**、**螺旋式开发**、**敏捷开发**和 DevOps。在这里我们将对各种方法分别进行讨论。

3.1.1　瀑布式开发

数 10 年来，瀑布式开发已经广泛用于大型、复杂系统的开发。瀑布式开发项目可能需要耗时数年才能够完成，需要投入大量的时间和成本进行需求分析和需求推导，进而根据这些需求进行软件设计。

瀑布式开发是一个经典的自上而下、里程碑驱动的开发过程。它通常包括需求、设计、实施、验证和维护等阶段，如图 3-1 所示。

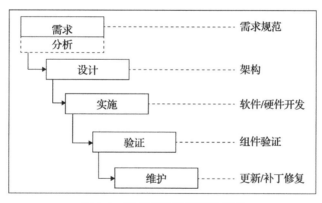

图 3-1　瀑布式开发流程示意图

开发团队需要经历上述所有阶段，并且每一阶段的工作都必须在下一个阶段工作开始之前完成。开发团队在某一个阶段中花费数年时间的情况并不少见，因此可能需要耗费大量时间，才能开始在现实环境中部署生产代码。

瀑布式的开发项目需要通过一系列关卡式评审（gate review）。在进入到下一阶段之前，通过评审可以确保利益相关方和用户满意项目的当前进展状态。常见的关卡式评审包括：

- **系统需求评审**（System Requirements Review，SRR）

- **初步设计评审**（Preliminary Design Review，PDR）
- **关键设计评审**（Critical Design Review，CDR）

 对于政府项目，在需求和设计评审中对系统安全方面的需求和设计需要重点关注。通常，安全需求需要针对具体系统量身定制，并在系统需求评审（SRR）期间提出或审查，以确保同客户保持一致。设计评审中应包括对安全设计的详细审查，这在很大程度上依据系统需求评审期间协商确定的安全需求。

1. 需求

最初，需求是根据产品来指定的，通常会包含在各种类型的规范说明当中：

- 系统级需求在**系统需求规范**（System Requirements Specification，SyRS）中描述。
- **软件需求规范**（Software Requirements Specification，SRS）描述软件的用例，以及相关的功能性和非功能性需求。
- 接口需求在**接口需求规范**（Interface Requirements Specification，IRS）中规定。
- 硬件需求在硬件功能或硬件需求规范中规定。

需求推导过程的作用在于推导得出从系统级到组件的各项需求。

在瀑布式开发项目中，随着时间的推移安全工程师依据开发生命周期逐阶段开展工作。首先要完成的工作是安全需求分析。正如每款产品都需要实现所要求的功能一样，产品也需要满足所要求的安全需求。

工程师可以通过多种资源来确定安全需求。可供参考的内容包括**安全技术实施指南**（Security Technical Implementation Guide，STIG）、安全合规需求和系统威胁模型。

提出并跟踪安全需求的一个有用工具是**安全需求跟踪矩阵**（Security Requirements Traceability Matrix，SRTM）。工程师利用 SRTM 矩阵将安全需求映射到产品组件的实现方式，并找出安全需求的验证方法，进而跟踪验证状态。

顾名思义，安全需求跟踪矩阵可以用来实现安全需求的闭环跟踪，还可以用作安全测试计划和过程文档的输入。

 创建的基线 SRTM 矩阵中应包含一组元安全需求集，集合中的安全需求可用于指导系统开发。然后，项目团队可以将该 SRTM 作为起点，再根据系统进一步设计提出适合自身的安全需求。

2. 设计

将所有需求形成文档后，就可以开始系统设计了。因为需求负责驱动具体的设计决策。通常情况下，系统会被分解成多个可管理的单元，例如**计算机软件配置项**（Computer

Software Configuration Item，CSCI）。而计算机软件配置项则会将功能需求和安全需求分配给硬件和软件设计。

设计过程会生成一套文档，包含了对系统架构的描述，例如**软件设计文档**（Software Design Document，SDD）、**硬件设计文档**（Hardware Design Document，HDD）和**系统设计文档**（System Design Document，SDD）。每份文档均已定稿并通过关卡式评审后，团队即可进入实施阶段。

设计阶段是安全团队介入开发生命周期的一个非常好的时机，有助于推动安全测试计划和过程的成熟，从而保障系统的安全运行，就像专门开展的测试工作一样。

3. 实施

实施阶段的工作包括根据设计文档对实际产品的开发、制造和集成。当需要对需求和设计进行调整时，需要提出**工程变更申请**（Engineering Change Proposal，ECP），然后再返回至实施阶段。

为了满足安全需求，开发人员必须与安全工程师在软件开发、硬件配置等方面开展协作。安全工程师可以通过发布安全开发指南来为开发人员提供帮助，还可以通过配置**持续集成**（Continuous Integration，CI）工具帮助开发人员查找软件中的漏洞。

安全工程师应当定期对代码进行静态分析或者动态分析，并将静态分析工具和动态分析工具的结果反馈到开发过程。

安全工程师还负责对功能的驱动程序或模拟器开展测试。举个例子，安全工程师可以实现一套模拟器，仿真设备之间安全连接（如 TLS）的建立过程与身份认证过程，从而让开发人员相信每台设备在运行时都满足了预先制定的安全需求。

 模拟器对于物联网设备和系统的开发人员来说是一个非常好的工具。本书作者参与了网联汽车**安全凭据管理系统**（Security Credential Management System，SCMS）的概念验证工作，其所在团队实现了一套可以安装在网联汽车中的**车载设备**（On-Board Equipment，OBE）模拟器。该 OBE 模拟器在开发时参考了某些加密规范，为开发团队测试每次系统新版本发布后的接口提供了又一种方法。在对 SCMS 系统的引导和注册功能开展测试的过程中，模拟器发挥了非常重要的作用。

4. 验证

验证是对已实现产品或系统开展评估确保其符合预期设计的过程。通常，验证过程也伴随着确认（validation），确认是审查相关系统是否满足一个或多个利益相关方需求的过程。

根据开发过程中系统的类型，验证工作可能涉及许多不同的测试事件。例如，某些类型的产品可能需要进行大量的环境测试，以确保产品能够在恶劣条件下（如在太空或沙漠中）正常运行。

有些安全产品可能还需要通过独立实验室的测试，例如，取得 CC 认证（Common Criteria，**信息技术安全性评估通用标准**），对于密码模块而言，则需要取得 FIPS 140-2 认证（Federal Information Processing Standards，**联邦信息处理标准**）。

安全验证和确认应依据于安全测试计划和程序文件中列出的测试项，并且应在安全需求跟踪矩阵中定义安全需求并进行跟踪。无论是正面（positive）测试[○]还是负面（negative）测试，均应当充分加以测试，以验证功能安全性需求是否得到了满足。

当发现问题时，应编写**差异报告**（Discrepancy Report，DR）。在系统更新，或者新版本发布期间，开发团队应跟踪这些差异报告直至消除差异。从 DOORS 等正式的配置管理工具到 Atlassian 套件中的 Jira 等敏捷开发工具，都可以用来对差异报告进行跟踪。

考虑到安全威胁的整体性和动态性，以及新兴风险的不断涌现，经典的瀑布式开发设计方法显然已经难以满足安全需求。当前，新兴攻击样式及其应对措施令人应接不暇，对开发方法的响应速度提出了更高的要求。

这也就是说，只有用户的设备或系统是完全封闭的，瀑布式安全设计才可能在某些方面满足其现实需求，而完全封闭这一要求明显与物联网的初衷相悖。

3.1.2 螺旋式开发

Barry Boehm 博士在 20 世纪 80 年代中期提出了螺旋式开发模型，该模型依靠其过程生成器（process generator）的核心属性，在风险管理方面取得了更好的成效。从一组确定的需求开始螺旋式开发模型需要经过多次连续迭代，也就是建立**操作原型**（concept of operations，CONOPS），提出需求（在**螺旋式开发**实际开始之前），继而进行产品开发、测试、验证 / 确认，最后完成产品发布。

螺旋式开发模型最初的设计初衷就是用于软件开发。在该模型中每次迭代需要完成以下工作：

- 评估或重新评估项目成功实施的条件对于利益相关方的意义与影响
- 确定是否有其他方法可以确保项目实施成功
- 评估所选方法带来的风险
- 获得利益相关方的批准同意

相对于瀑布式开发所需的前期投资与敏捷开发的速度，螺旋式开发在两者之间取得了平衡。采用螺旋式开发模型的项目在第一次螺旋开发周期中会形成一组初始能力，在后续的螺旋开发周期中则会不断完成新增能力的开发和部署。

这对开发团队的能力提出了一定要求，如果开发团队采用了螺旋式开发模型，那么他们不仅需在当前螺旋开发周期进行开发实现，还需对下一螺旋开发周期进行设计规划，同

[○] 正面测试和负面测试是设计时的两个非常重要的划分。简单来说，正面测试就是测试系统是否完成了其所应该完成的操作，而负面测试就是测试系统是否不执行其不应该完成的操作。——译者注

时还需要运维先前螺旋开发周期中已部署的软件。

　　基于螺旋式开发模型的软件开发项目仍然会遵循部分瀑布式开发流程，例如关卡式评审。在每次螺旋式开发周期中评审至少要完成一次，包括系统需求评审、初步设计评审和关键设计评审。

　　与瀑布式开发项目一样，文档在螺旋式开发过程中的作用也很关键。需求规范、设计文档、安全规划、测试计划和程序文件等文档都需要在项目开发期间制定并更新。

　　螺旋式开发方法仍然要求提前提出并知晓所有高级需求，同时在**操作原型**文档中也要有所反映。然而，这都是从开发（涉及架构开发、实现等内容）视角来看需要完成的工作。

　　螺旋式开发模型可以通过连续迭代（每次迭代过程中均会生成原型系统）改进安全性设计，直到最终产品交付，螺旋式开发流程如图 3-2 所示。

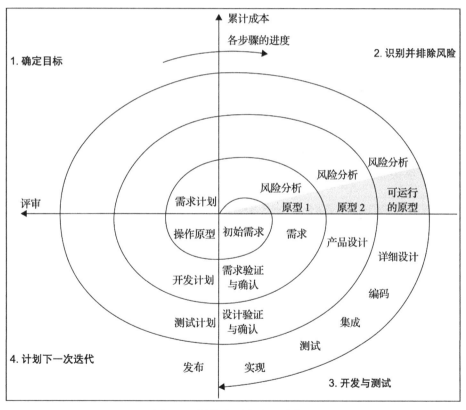

图 3-2　螺旋式开发流程示意图

　　验证和确认在螺旋式开发模型中也发挥着重要作用。就像采用瀑布式开发模型的项目一样，应当创建安全需求跟踪矩阵，帮助安全工程师跟踪安全需求直到需求实现。

　　开发人员还应编制安全测试计划和程序文件，并在每次螺旋式开发周期中进行更新，以查证是否包含了强制性的安全需求。同时，我们建议针对每次后续的螺旋式开发周期结束后的软件版本开展渗透测试。

3.1.3　敏捷开发

在过去的几年中，**敏捷开发**已经转移了软件开发团队的关注焦点。与以往花费数年时间提出需求不同，在敏捷开发中，开发人员与**产品负责人**（Product Owner，PO）合作，共同定义产品需求列表[⊖]（backlog）中的用户故事[⊜]，并对其进行优先级排序。

敏捷开发有许多风格，例如可以采用 Scrum[⊜]、**极限编程**®（XP）和 Kanban。每种开发风格都有自己的特点，但总的来说，所有敏捷开发项目都较为重视以下内容：

- 个体和交互胜过流程和工具
- 可用的软件胜过完备的文档
- 客户协作胜过合同谈判
- 响应变化胜过遵循计划

对个体和交互胜过流程和工具的聚焦使得工程师远离了繁重的文档编制工作，而倾向于在一起花时间讨论用户故事并估算故事点^⑥。

产品负责人同 Scrum 团队合作，引入新的用户故事，整理产品需求列表，对用户故事进行优先级排序，继而将其分配给每次迭代周期（sprint）。

团队的开发速度是通过计算团队在每次迭代周期开发完成的故事点数来衡量的。当团队一起协同工作时能取得更高的工作效率，开发速度也就会自然而然地提高。

考虑到能够快速地完成诸多功能的设计、开发和现场部署等工作，许多物联网产品和

⊖　产品需求列表指根据初始需求分解出的任务列表，包括功能性和非功能性任务，由产品负责人为产品需求列表中的任务确定优先级别，当开发团队开始某个任务的时候，再精确定义和分解这个任务。——译者注

⊜　用户故事是从用户的角度来描述用户希望得到的功能。一个好的用户故事包括三个要素：
1. 角色：谁要使用这个功能。
2. 活动：需要完成什么样的功能或目标。
3. 商业价值：为什么需要这个功能，可以带来什么样的价值。——译者注

⊜　Scrum 是一个用于开发和维护复杂产品的框架，是一个增量的、迭代的开发过程。在这个框架中，整个开发过程由若干个短的迭代周期组成，一个短的迭代周期称为一个 Sprint，每个 Sprint 的建议长度是 2 到 4 周（互联网产品研发可以使用 1 周的 Sprint）。Scrum 团队总是先开发对客户具有较高价值的需求。在 Sprint 中，Scrum 团队从产品 Backlog 中挑选最高优先级的需求进行开发。挑选的需求在 Sprint 计划会议上经过讨论、分析和估算得到相应的任务列表，我们称它为 Sprint backlog。在每个迭代结束时，Scrum 团队将递交潜在可交付的产品增量。Scrum 起源于软件开发项目，但它同样适用于所有复杂或是创新类的项目。

⑭　极限编程（ExtremeProgramming，简称 XP）是由 KentBeck 在 1996 年提出的，是敏捷软件开发中可能最富有成效的几种方法之一。同其他敏捷方法学、极限编程和传统方法学的本质不同在于它更强调可适应性而不是可预测性。——译者注

⑮　故事点是一个度量单位，用于表示完成一个产品需求项或者其他任何工作所需的所有工作量的估算结果。——译者注

系统均采用敏捷方法进行开发。

敏捷开发中的安全

在《敏捷宣言》中定义了许多准则，然而在将敏捷开发同安全设计方法结合的过程中，部分准则在实现上存在困难，例如有条准则要求开发人员尽可能频繁地交付软件，这也就意味着需要频繁地通过关卡式评审等方式来保证交付软件的安全，而这种做法显然不现实。对于产品而言，通常需要满足很多安全需求，要在有限的开发周期内满足所有这些需求，确实也比较困难。

同样，对安全性的聚焦也会降低在敏捷开发中功能性用户故事的开发速度。

当思考如何处理安全需求时，很显然，同样也需要对其他**非功能性需求**（Non-Functional Requirement，NFR）予以关注，这些需求包括可靠性、性能、可扩展性、易用性、可移植性和有效性。有些人认为这些非功能性需求应该被作为约束条件处理，首先加入到完成的定义当中，最终放到各个用户故事中来实现。

然而，当开发团队需要处理成百上千项安全需求时，将所有的安全（以及非功能性）需求转换为约束条件的做法其可扩展性并不理想。

数年前，微软提出了一套在敏捷开发中处理安全需求的方法（https://www.microsoft.com/en-us/securityengineering/sdl/）。在处理过程中引入了需求分类这一概念，以此来减轻开发团队在每次迭代周期的负担。

微软在该解决方法中将安全需求归为 3 种类型，分别是"一次"（One-Time）型需求、"每次 Sprint"（Every-Sprint）型需求和"大量"（Bucket）型需求。

"一次"型需求指的是需要在项目架构与策略的安全启动与部署过程中满足的需求，其中也包括其他在项目开始时就必须满足的需求，如：

- 制定在整个开发过程中必须遵循的编码指南
- 为第三方组件 / 库制定许可软件列表
- 建立自动化机制实现安全需求的验证
- 对管理工具套件进行安全配置
- 建立同行评审和结对编程机制
- 制定产品 / 系统的文档编制指南

"每次 Sprint"型需求指的是需要在每次迭代周期中完成的需求。还需要在迭代周期中估算各项需求所需的时间，如：

- 在并入基线前对代码进行同行评审查找漏洞。
- 确保在持续集成（CI）环境中采用静态代码分析工具对代码进行分析。

"大量"型需求指的是项目生命周期中实现和满足的需求。把这些需求放置在"需求桶"中，开发团队可以在必要时导入迭代周期规划中。例如，在规划完成迭代周期的用户故事之后，团队加快开发速度，或者之前难找的安全人员已经到位的时候都可以考虑导入需求。

有些功能性安全需求也需要添加到需求列表当中。例如，同设备网关建立安全的 TLS 连接就是物联网设备功能性安全需求的一个实例。在需求梳理会议中，产品负责人将这些需求添加到产品的需求列表中并根据优先级排序。

读者可以将这些功能性安全需求转换为用户故事，并且将它们添加到产品的需求列表中。部分功能性安全用户故事示例如下所示：

- 作为用户，希望确保对用户物联网设备或云端服务的所有访问口令都具有一定强度（例如，在复杂性、长度、组合等方面均提出了要求）。
- 作为用户，希望能够跟踪物联网设备的授权使用（例如通过授权跟踪）。
- 作为用户，希望物联网设备中存储的所有数据均进行了加密。
- 作为用户，希望通过物联网设备传输的所有数据均进行了加密。
- 作为用户，希望存储在用户物联网设备中的关键信息均得到了安全保护，避免信息泄露或者遭受非授权访问。
- 作为用户，希望确保所有不必要的软件和服务均会被禁用并从物联网设备中卸载。
- 作为用户，希望确保物联网设备只会采集必要的数据。
- 作为用户，希望确保自己能够对物联网设备的认证信息进行更新。

安全用户故事的其他示例可以参看 SAFECode 文档《Practical Security Stories and Security Tasks for Agile Development Environments》，链接为 http://safecode.org/publication/SAFECode_Agile_Dev_Security0712.pdf。

读者可能会注意到文档中提到的用户故事相对通用。例如，我们并没有在用户故事中对实现细节做出详细说明。

为了与敏捷开发保持一致，开发团队会在迭代计划会议中就每个用户故事展开讨论，并根据对故事的共识将故事分解为任务。正是在这一过程中，也就是开发团队均在的情况下，向用户故事添加详细细节，而不是由最早提出用户故事的个人来添加。

需要注意的是，产品的需求列表中也应当包括聚焦于硬件安全的用户故事，例如：

- 作为安全和 QA 工程师，希望对 UART 接口采取口令保护。
- 作为安全和 QA 工程师，希望在产品启动前禁用 JTAG 接口。
- 作为安全和 QA 工程师，希望在物联网设备封装中实现响应机制篡改。

和我们已经讨论过的其他开发方法一样，在敏捷开发中也需要开展安全测试。安全测试的自动化是一个关键目标，并且在持续集成环境中有许多工具可以用来提交报告，报告的内容为每次构建过程中发现的漏洞。

安全工程师在敏捷开发中扮演布道者的角色，通过与开发人员协作编写安全编码标准，引入结对编程技术，并为代码评审提供支持，推动着代码的安全开发。

3.1.4 DevOps

DevOps 将开发、质量保障和生产等过程结合了起来。这需要系统工程师、开发人员、测试人员、系统管理员和产品负责人之间的稳定协作，由敏捷专家（Scrum Master）组织并聚焦，以便将小型功能组件快速部署到用户社区。

快速和一致的 **DevOps 部署**流水线要求软件开发团队对其测试和生产环境进行审查和更新，以便更好地与 DevOps 方法保持一致。举个例子，基础设施开发团队现在正在摆脱传统的补丁管理工作，除了帮助终端用户卸载虚拟机和容器，还会在需要时对其进行重新部署。

采用 DevOps 方法的机构以基础设施为代码，系统管理员转身成为开发人员，通过配置文件和脚本，就可以将应用和微服务部署到生产环境中的**虚拟机**（VM）和容器当中。

Puppet、Chef、Ansible、nScale 等很多基础设施工具都支持自动化部署，但它们的实现必须经过仔细的架构设计和规划。一套功能强大的 DevOps 方法可以实现对开发人员和系统管理员的交叉培训，有助于形成跨学科协作的氛围。

DevOps 的一个关键在于开发人员是否能够理解生产环境中出现的各种情况。当软件开发人员预先对代码进行监测时，DevOps 才能够发挥出最佳效果，从而对产品的各种非功能性需求（例如，可扩展性、可用性、易用性）进行估量，并作为需求反馈到系统中。

DevOps 工程师可以接收从现场反馈的软件度量指标。通常，这些指标既推动着各利益相关方提出原本未预料到的产品需求列表，也有助于编写**缺陷报告**（Defect Report，DR）。这些都是可以帮助产品改进的重要反馈机制。开发和运维的结合正是提供了这样一套框架，实现对现场已部署软件质量的快速反馈。

所有这些原则也可以应用于网络安全领域。使用 DevSecOps，安全的利益相关方也能够参与到软件的开发、质量管理和部署工作中来。软件监测持续反馈的数据、跨领域的协作以及对自动化的关注都可以使安全从业者从中受益。DevOps 的这些特点与**信息安全持续监控**（Information Security Continuous Monitoring，ISCM）的概念非常契合。

图 3-3 展示了 DevSecOps 流程的工作流。安全需求的来源各不相同，但是包括了安全技术实施指南（STIG）以及 NIST SP 800-53 系列标准中定义的需求。测试工作主要聚焦于单元测试、合规性检测以及静态 / 动态分析，这些也都是信息安全持续监控工作中的一部分。

其中，自动化是关键，可以通过配置管理工具、安排部署和开发部署脚本来实现自动化。随着设计的演进和开发的进行，开发人员可以采用 Confluence 等团队协作系统对系统文档进行实时管理。

在基于虚拟化测试基础架构和镜像环境实现的质量保障 / 测试验收（QA/Staging）环境中，有助于实现持续部署，且持续部署也能够从中受益。信息安全持续监控计划聚焦于对系统态势的持续监控，以确保了解风险状况，并且该系统的授权管理人员可以根据该风险权衡再三后再做出决策。

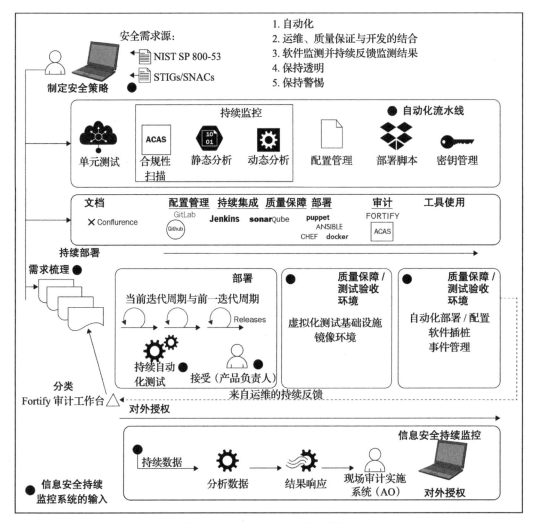

图 3-3　DevSecOps 流程示意图

　　与敏捷开发一样，采用 DevSecOps 方法需要在各家的机构与方案中，对流程进行重新设计。如果美国国防部的某些项目希望采用 DevSecOps 方法，那么应当重点将项目目标转换为以下内容：

- **自动化**：自动化的目标是实现少量功能的持续部署。开发团队可以使用 Puppet、Chef 和 Ansible 等工具进行脚本和配置文件的自动化部署。开发团队还可以开展自动化安全测试，同时要确保这些测试的反馈传回到产品需求列表当中。
- **运维、质量保障与开发的结合**：DevOps 在一定程度上受到了云计算发展趋势的启发。云端托管使得虚拟机实例的启动和删除更加容易，并且需要对软件基线的变更做出响应。开发人员应当花些时间与软件的最终用户在一起，尽可能了解运维环境，并使用 Ravello 等虚拟测试床尽早发现部署过程中的问题。

- **软件监测并持续反馈监测结果**：寻找在软件生命周期中获取数据的方法。在需求列表中引入验收标准或用户故事，有助于开发团队开展代码监测，以便在代码运行时接收度量信息。当需要创建新的需求列表故事时，可以将这些指标作为输入。建立安全缺陷监控体系，实现对软件安全状态的感知。
- **保持透明**：编写安全文档，采用 Confluence 等工具实时更新文档，并向所有利益相关方提供访问权限，这其中也包括安全测评人员。
- **保持警惕**：每个人都要承担起安全责任。尽管用户也需要聘请经验丰富的安全专家来领导安全工作，但每个人都应当具备有一定的知识储备，可以通过代码审查和安全扫描查找出部分基本的安全隐患。其中还需要特别留意非本单位开发团队开发的代码。在 DevOps 环境中如果要加快代码发布，那么常常会在项目中使用开源工具。但是，所有工具在使用前均应由安全人员进行评估，同时应维护一个代码仓库存放审批过的开源组件，以方便快速使用。

安全设计最佳方法的选择和优化是一个值得投入的过程。产品的生命周期会影响到以下方面：

- 我们所选择的用于制定和管理安全需求的方法
- 设计过程中所提出安全需求的满足程度
- 应对市场变化（和漏洞）的方式

瀑布式开发、螺旋式开发、敏捷开发和 DevOps 方法各有优劣。采用敏捷开发方法，可以微小增量的方式在物联网产品或系统的设计中逐步进行安全构建。

无论用户团队选择哪种方法，都要让安全工程师成为开发人员的好伙伴和合作者。

3.2　非功能性需求的处理

非功能性需求主要涉及与系统功能无直接关联的系统特性。SEBOK 是由 INCOSE（系统工程国际委员会）和 IEEE 计算机协会共同维护的系统工程知识体系（https://www.sebokwiki.org/wiki/Non-Functional_Requirements_(glossary)），在该体系中将非功能性需求定义为：

> 系统所需要的质量属性或特征，它对系统应该是什么样子做出了定义。

非功能性需求包括信息安全特性、性能、可用性、韧性、功能安全特性、可靠性、可信程度、可扩展性、可持续性、可移植性以及互操作性。

根据物联网系统设计运行的环境（C.Warren Axelrod 的《*Engineering Safe and Secure Software Systems*》，Artech House 出版社），物联网系统需要具备的非功能性需求也存在区别。举个例子，相较用于娱乐功能的商业系统，为关键基础设施系统提供管理功能的物联网系统在功能安全性、信息安全性和性能方面也会有更多的需求。

3.2.1　信息安全

对于安全工程师来说，将安全需求称为非功能性需求听起来可能有些颠覆认知，但从传统系统工程意义上来说，安全需求确实算是非功能性需求。需求管理与需求采集、随后的需求分析与需求分解，以及再到系统设计的反馈过程有关。在很多情况下，这需要将当初提出的需求转变为更加适合具体系统的需求。

在处理同安全有关的非功能性需求时，找到安全需求的来源是一个主要目标。而其中安全需求的一个来源就是威胁建模。

1. 威胁建模

在第 2 章中，我们对智能泊车系统进行了威胁建模。在这里，我们将更多地讨论威胁建模过程，并介绍可用于对用户特有系统进行威胁建模的工具。

针对面向产品和系统攻击可以采取的最佳防御就是从一开始设计时就考虑安全性。但并非所有系统都是相同的，而且它们也未必都面临着相同的威胁。针对用户系统所面临的特有威胁，设计团队必须进行相应的知识储备。一切工作从对系统的威胁建模开始。

威胁模型的输出可以帮助用户提取到安全需求 / 用户故事，然后再将这些安全需求 / 用户故事纳入到产品的需求列表当中，并随着系统功能的逐渐完善跟踪需求列表当中各项内容的完成情况。

在开展威胁建模时，需要一定的初期投入，但是，同看到自己的产品或机构在新闻中被公开批评、在社交媒体上遭受指责，或者因严重疏忽而被行政监管部门处以罚款所可能导致重大损失相比，威胁建模的先期投入简直微不足道。

在第 2 章中，我们已经对威胁建模过程进行了深入介绍，同时也对攻击树等与之相关的分析工具进行了分析。

除此之外，还有许多威胁建模方法可供选择。读者在这里可以了解这些方法，并确定适合自己机构的流程：

- SAFECode 公司提出的战术威胁建模（Tactical Threat Modeling）：https://safecode.org/wp-content/uploads/2017/05/SAFECode_TM_Whitepaper.pdf
- 卡内基梅隆大学提出的 OCTAVE Allegro 风险评估模型：https://resources.sei.cmu.edu/library/asset-view.cfm?assetID=8419
- OWASP 提出的威胁建模备忘清单：https://www.owasp.org/index.php/Threat_Modeling_Cheat_Sheet
- Microsoft 公司设计开发的威胁建模工具（Threat Modelling Tool）：https://docs.microsoft.com/zh-cn/azure/security/develop/threat-modeling-tool-getting-started

无论读者所在团队选择哪种方法，出发点都是为了更好地了解产品中的组件、接口与数据流。而采用数据流图并创建用户产品的架构概况图，有助于读者加强上述了解。

在制作这些图表时，读者还可以采用开源工具。例如，Microsoft 和 OWASP 都提供了威胁建模工具。OWASP 自己的威胁建模工具叫作 Threat Dragon，在撰写本书的时候，Threat Dragon 刚推出了预发布版本，其中提供了部分实用的功能，可以帮助读者着手开始威胁建模工作。

接下来，我们将对 Threat Dragon 的功能进行介绍。读者可以从 github 下载到 Threat Dragon 的可执行程序或源代码，链接为 https://github.com/mike-goodwin/owasp-threat-dragon-desktop/releases。

在该工具的启动页面中，用户可以定义自己的威胁建模项目。可以在启动页面中输入项目的标题、负责人 / 审阅人，还可以对系统进行描述。然后，可以创建一张或多张数据流图，记录下产品的接口和数据流，然后就可以开始识别其面对的威胁了。

图 3-4 展示了 OWASP Threat Dragon 的启动页面。

图 3-4　OWASP Threat Dragon 启动页面

读者的数据流图中应当包含由系统处理的数据。我们举一个简单的物联网系统的例子，比方说智能灯泡，我们可以绘制出一张智能灯泡的数据流图，在图中智能灯泡连接到了设备 Hub 和智能手机应用。

然后，我们可以将流向智能灯泡的数据流标记为配置命令和配对请求。同时，将来自智能灯泡的数据流标记为设备状态消息。

读者还可以记录下同数据流关联的安全属性，例如，在工具中可以定义数据源是否经过了身份认证，以及数据流是否采用了加密方式进行保护。

图 3-5 展示了采用 Threat Dragon 创建的数据流图。

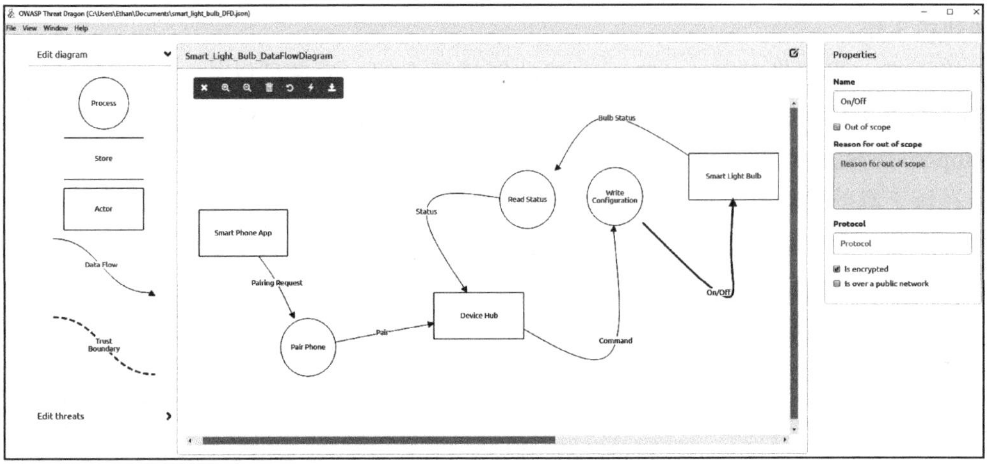

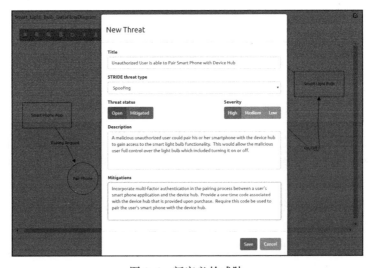

图 3-5　采用 Threat Dragon 创建的数据流图

针对系统建立了文档之后,用户就可以开始确定威胁了。同时,用户还可以将这些威胁同威胁发起方或者数据流关联起来。我们建议用户多花些时间进行威胁定义,这一过程中可能会用到系统化的方法。为了搞清楚特定产品可能面临的不同威胁,在第 2 章中介绍的 STRIDE 模型提供了一个框架,Threat Dragon 使用 STRIDE 模型对用户定义的威胁进行了分类。

在图 3-6 中,读者会看到一个新定义的威胁,即"**未授权的用户能够将智能手机与设备 Hub 配对**",该威胁可以归到 STRIDE 模型中的**欺骗**类别当中。

图 3-6　新定义的威胁

如图所示，用户可以将威胁的**严重性**评定为**高、中**或**低** 3 个级别，因为后面涉及风险的优先级排序，所以威胁评级非常重要。用户还需要说明威胁处于**可利用**（Open）的状态还是**已缓解**（Mitigated）的状态，同时可以对威胁进行细节描述。如果用户已经找到了威胁缓解方法，可以在此详细说明。

接着，用户可以继续输入系统所面临的威胁。使用该工具可以对用户的威胁进行分类与优先级排序，并考虑可以采取的缓解措施。用户自定义的缓解措施可以作为产品安全需求列表的初始内容。

依据用户故事 / 安全需求的优先级，在开发过程中可以将其分配到各个迭代周期当中，并随着开发进度对用户故事进行闭环跟踪。

2. 安全需求的其他来源

与安全有关的非功能性需求还有很多来源。对于物联网，读者可以多用些时间看看过去几年中发布的很多最佳实践指导文件。发布这些文件的机构包括**云安全联盟**（Cloud Security Alliance，CSA）、**EnISA**、**工业互联网联盟**（Industrial Internet Consortium，IIC）、**美国保险商实验室**（Underwriters Laboratory，2900 系列）和**物联网安全基金会**（IoT Security Foundation，IoTSF）。

3.2.2 功能安全

我们提到物联网系统中的功能安全，意思是确保系统不会对周边的现实世界造成危害。正如第 1 章中所讨论的，Boehm 通过对功能安全和信息安全定义的区分，对此进行了清晰的说明。

功能安全工程师的目标在于降低或者消除物联网产品或系统故障所带来的风险。功能安全工程师可以采用多种工具和方法来对系统所面临的危险进行分析。

为了说明运行环境在物联网产品功能安全方面的作用，我们可以以协作机器人系统为例进行说明。功能安全控制措施不仅需要内嵌于机器人平台当中，还需要在机器人的运行环境当中提供安全保障。

在运行环境中，会运用近距离传感器、视觉传感器和运动传感器来识别一个人是否与机器人保持了足够的安全距离，只有在与机器人保持了足够的安全距离的情况下，机器人才能够满负荷运转。一旦有人进入了内部区域，机器人就可能会降低功率或完全停止运行。

功能安全系统需要对数据进行分析，计算出机器人的运行轨迹、速度和力量，以确定其是否能够安全运行，以及以何种功率运行。当前有研究团队对疼痛阈值计算等因素开展了持续的研究，这方面的研究可以帮助机器人系统了解如果机器人和人类发生碰撞（在人体的特定位置）会造成多大的疼痛感，如果超过疼痛阈值，则需要改变运行状态。

1. 危害分析

Axelrod 在其《 Engineering Safe and Secure Software Systems 》一书中对危害分析作了

很好的介绍。在该书中，他讨论了 3 种常用的危害分析方法：

- **危险与可操作性分析**（HAZard and OPerability study，HAZOP）
- **故障树分析**
- **故障模式与影响分析**（Failure Modes and Effects Analysis，FMEA）

（1）危险与可操作性分析（HAZOP）

美国产品质量研究协会（Product Quality Research Institute，PQRI）将 HAZOP 定义为一种识别系统潜在危险，以及找出不合格产品成因的方法。他们从系统设计、物理和运行环境以及运行和程序控制措施等方面对开展 HAZOP 分析的方法进行了介绍。

读者通过以下链接可以查阅产品质量研究协会制作的关于开展 HAZOP 分析的入门教程，链接如下：http://pqri.org/wp-content/uploads/2015/08/pdf/HAZOP_Training_Guide.pdf。

（2）故障树分析

我们在第 2 章中已经对贝尔实验室提出的故障树进行了介绍。**美国质量协会**（American Society for Quality，ASQ）将故障树分析描述为一种演绎过程，可以用来确定软硬件故障以及人为错误的各种组合形式，这些组合可能导致系统级的故障。

读者可以访问以下链接了解更多信息：http://asq.org/quality-progress/2002/03/problem-solving/what-is-a-fault-tree-analysis.html。

故障树分析有助于确定系统故障的成因。

（3）故障模式与影响分析（FMEA）

故障模式与影响分析为开发人员提供了一种结构化的方法，用于在故障事件发生之前识别出故障对系统的潜在影响。这一点与**根源分析方法**（Root Cause Analysis，RCA）不同，因为根源分析方法是在事件发生后进行的。

在故障模式与影响分析过程中，可以将特定功能发生故障的潜在影响、故障原因以及故障检测方法形成文档。通过下面的链接，读者可以查阅针对物联网产品厂商的故障模式与影响分析快速指南：https://www.isixsigma.com/tools-templates/fmea/fmea-quick-guide/。

3.2.3 韧性

MITRE 针对网络韧性定义了一套目的、目标和技术，这些内容同样可以应用于物联网产品和系统。在 MITRE 公司对网络安全的阐述中，将网络韧性的目标定义为预测、抵御、恢复和演进。这意味着在有限的能力范围内，网络要能够承受住一定程度的攻击和持续打击。更多内容，读者可以访问 http://pqri.org/wp-content/uploads/2015/08/pdf/HAZOP_Training_Guide.pdf。

消费级物联网产品通常并不具备预测和抵御攻击的能力。但是，随着这些产品不断地集成到承担关键任务的基础设施中，新的方法被提出来增强产品基线中的韧性。为了提高设备或系统韧性，用户可以采用蜜罐等欺骗工具，也可以提高组件的多样性（例如，防止供应链中存在漏洞）。

通过分析对安全事件进行监控为攻击预测奠定了基础，并且在服务基线中加入冗余设计也为持续可用性提供支撑，即使遭受了攻击也能够在一定程度上确保服务不被中断。

3.3　软件透明性需求

软件透明性能够帮助开发团队深入了解其产品中的组件。

在本书撰写之时，为增强软件透明性已经付出了诸多努力，例如**美国国家电信和信息管理局**（National Telecommunications and Information Administration，NTIA）采用建立**软件使用清单**（Software Bill of Material，SBOM）的方式来提高软件透明性。但是也有人认为，物联网产品的软件使用清单只是优秀开发过程中的衍生产品。

透明性还为软件供应链提供了一个宝贵的工具，有助于用户了解产品中用到的第三方库，进而帮助用户了解重要的安全知识。

举个例子，2014 年出现的 OpenSSL "心脏滴血" 漏洞（HeartBleed）给全球范围内的主机带来了灾难性的影响，互联网中的大部分 Web 服务器可能都遭受到了该漏洞的攻击。而许多公司甚至都不知道他们的服务器存在着遭受 "心脏滴血" 漏洞攻击的风险，究其原因，就是因为这些公司无法在其所依赖的终端系统中对软件供应链进行溯源与跟踪。

因此，物联网安全设计机构的作用还应当包括跟踪开源和其他第三方库的安全漏洞信息，并确保将漏洞映射到机构中部署的特定设备和系统。而借助软件透明性则有利于完成这一工作。

3.3.1　自动化的安全分析

由于物联网设备与系统面临的威胁十分复杂，所以对于物联网开发人员而言，要做到时刻了解最新的攻击手法并采用推荐做法来部署安全产品是一件挺困难的事。值得庆幸的是，在自动化分析过程中加入了智能分析功能的新型物联网自动化安全分析工具即将上市。

以色列安全初创公司 VDOO 就开发出了这样一款工具。他们的固件安全分析工具能够识别出物联网固件的安全漏洞和设计缺陷，并依据业界领先的最佳实践提出安全控制措施部署建议。

本书作者同 VDOO 公司的高级安全架构师 Leo Dorrendorf 就自动化安全分析在物联网开发过程中所能够发挥的作用进行了探讨：

　　1. 为什么产品厂商应该将自动化安全分析工具的运用作为安全开发生命周期中的一个组成部分？

　　　　自动化的安全分析工具可以采用可视化的方式帮助厂商了解到产品的即时安全状态。扫描固件后会生成 1 份差距分析报告，架构师和工程师在**安全开发生命周期**（SDL）的设计和实现阶段都会用到该报告。

同手工开展渗透测试和质量管理不同，自动化工具可以很容易地集成到持续开发过程当中，从而在安全开发生命周期的验证阶段提供帮助。只有采用自动化方式，才能够在短时间内开展数百次测试。大型公司需要覆盖的产品范围更广，因此开展自动化的安全分析非常必要。

2. 采用固件安全分析工具可以识别哪些类型的漏洞？

在某些场景下，固件安全分析工具可以发现深层次的设计问题。例如，在某次简单的自动化检测过程中，可能会发现设备中的所有软件均以 root 用户身份运行，这就表明了该设备缺乏底层的授权控制措施和安全控制措施。

自动化工具通常能够识别出可能导致远程攻击者接管设备的漏洞，例如配置不当的身份认证或者开放的网络端口。自动化测试还暴露出部分安全隐患，这些安全隐患使得攻击者能够以本地访问权限劫持设备，例如认证信息未予保护、存储数据未加密，或者物理接口未加以保护。

扫描工具还可以发现未及时更新的软件，如果将这些信息同来自公共漏洞数据库的数据相结合，就可以发现供应链中由第三方软件引入到产品当中的固件漏洞。

最后，自动化工具可以发现某些在安全方面非常糟糕的做法，而这些糟糕的做法可能会带来潜在的漏洞。举例来说，缺少日志记录和审计措施或者对其配置错误，以及使用了不安全的函数调用和 shell 命令等做法都可能会导致常见漏洞。

同手工逆向分析不同，自动扫描器无法发现未知的攻击，但是对于新场景下的已知漏洞，检测起来还是挺拿手的。

3. 自动化的安全分析工具是否可以用来指导设计安全（security-by-design）工作？

自动化分析工具的作用不仅仅局限于扫描固件二进制文件。当工具构建于形式化的安全模型之上时，模型中的知识可以采用结构化的方式表示，同时也便于对模型中的知识进行查询。而围绕安全模型可以构建知识库或网站接口。通过使用搜索和查询，可以根据相关的用例和威胁模型对安全模型进行调整。从而在软件开发生命周期中的设计阶段对设计与安全架构提供必要的指导。

如果能够在软件开发生命周期的验证阶段集成自动扫描器，也有助于确保产品设计和实现的安全性，并尽可能暴露出可能存在的漏洞。根据需要，用户也可以反复扫描，例如在产品初次发布之前、产品改动和更新之后都可以开展扫描。

3.3.2 研究团体的参与

不是只有开发 / 测试团队才可以进行物联网安全功能与安全状态的验证和确认。也有很多物联网安全研究社区能够对物联网产品和服务开展独立测试，他们经常与厂商联系，讨论分析研究过程中发现的漏洞。

我们建议厂商建立沟通渠道，为研究人员向厂商通报漏洞提供便利，并与安全社区采取合作。厂商应当表明态度，乐于接受这些安全研究人员的研究成果。同时，厂商还应当制定出一套负责任的漏洞披露流程，从而使得研究人员有章可循、有法可依，这时，厂商就会发现自己找到了一个藏龙卧虎、资源丰富的"金矿"，可以帮助自己来为产品提供安全保障。

另一种方法是采用**漏洞赏金**（bug bounties）方式。厂商可以发布漏洞赏金，对挖掘出产品漏洞的研究人员予以奖励。这里需要特别指出的是，在运用漏洞赏金方式时，厂商必须非常具体地说明参与规则，说明可以对产品的哪些方面开展测试或者可以在哪些范围开展测试。

由于物联网也涉及硬件，因此协调起来具有一定的难度，但也有一些机构为物联网漏洞赏金的发布提供了帮助。BugCrowd 就是这样一个组织，既可以私下发布也可以公开发布漏洞赏金项目。

3.4　本章小结

本章中主要探讨了物联网产品的开发方法，包括瀑布式开发方法、螺旋式开发方法、敏捷开发方法和 DevOps 开发方法，并分析了定义和跟踪安全需求的方式，以及如何在产品的设计阶段融入安全性考虑。

随后，我们讨论了非功能性需求，包括信息安全、功能安全和韧性，并提出了验证和确认过程中对软件透明性和自动化的需求。

在第 4 章中，我们将讨论物联网系统开发人员保障系统安全时所面临的挑战，以及物联网系统的安全设计目标。

第 4 章

物联网设备的安全设计

MPI 集团[译注]2017 年的一项调查发现，只有 47% 的物联网厂商在构想或设计阶段考虑到了安全问题，21% 的厂商在生产阶段才会开始考虑安全问题，18% 的厂商直到**质量管理**（QA）阶段才考虑安全问题。而剩下的厂商会在产品的营销阶段考虑安全问题。

读者可以通过以下链接了解详细的调查结果：https://www.bdo.com/getattachment/9adeb668-5c54-47b7-9108-08ad37fe6fd3/attachment.aspx。

报告中的数据有力地支撑了我们在新闻中看到的观点。Mirai 等僵尸网络的扩散是由于有些产品连最低安全控制措施都不采用。然而，在项目一开始就考虑安全问题也确实具有一定的难度。开发人员必须克服部署安全产品和系统时可能会遇到的挑战。

在本章中，我们主要讨论物联网设备的安全设计方法，将围绕以下问题展开讨论：
- 开发人员在保障物联网系统安全时所面临的挑战
- 安全物联网系统的设计目标

4.1 物联网安全开发所面临的挑战

在这里，我们主要关注物联网系统的概念。这里所说的物联网系统不仅包括机构中集成的各类物联网产品和支撑服务，还包括开发人员零售的物联网产品。

物联网产品开发人员很少将单个设备推向市场，往往还会在产品中提供移动应用接口、云服务接口、对等设备接口和数据服务接口。通常情况下，物联网产品开发人员在设备运行期间（例如通过订阅服务）负责设备的维护。

因此，我们可以将物联网产品看作规模更大的系统或者当前系统中的一个组件。这时，产品开发人员应该采用系统工程的思维方式来理解系统中多个组件交互带来的风险。

物联网开发人员不仅需要满足市场需求，还需要时刻了解掌握快速变化的技术，确保产品安全，同时在成本上也要保持竞争力。这并不是一件容易的事，即使对于安全预算充

⊖ 该集团的业务主要为出版、培训及市场营销。——译者注

足并且拥有多年风险管理经验的机构也是如此。而对于最近才开始在其产品和系统中增加联网功能的开发团队来说，这是一项工作量颇大的任务。

开发人员面临着诸多挑战，对此他们必须做出战略性规划，分析如何应对这些挑战。

4.1.1　加快上市速度带来的影响

通常情况下，安全性会被视作一种约束而非业务驱动因素。拿到风险投资的初创企业往往急于将产品功能推向市场，以避免在市场中失去先发优势，导致"起个大早，赶个晚集"。即使是那些正在为其产品增加联网功能的成熟公司，也必须考虑如何在产品中快速地添加新功能。长远来看，这种仅仅关注产品上市速度的做法迟早是会付出代价的。

前期不仅仅需要投入时间找出安全需求并加以定义，而且还要将所有安全需求纳入产品基线，这些工作还是非常耗时的。而在这里，我们建议用户投入时间和精力了解自己面临的威胁，并对能够缓解这些威胁的安全需求进行优先级排序。

完成安全需求的优先级排序后，则应聚焦于将高优先级的防御措施集成到用户系统当中，同时将安全需求分布到随后的多个迭代周期当中，从而降低对用户开发速度的影响。

OWASP 发布的物联网 Top 10 漏洞等资源可以帮助读者用来确定威胁和需求的优先级。通过以下链接可以查看 OWASP 发布的物联网 Top 10 漏洞信息：https://www.owasp.org/images/7/71/Internet_of_Things_Top_Ten_2014-OWASP.pdf。

4.1.2　联网设备面临着纷至沓来的攻击

在充满威胁的环境中，只要联网设备中存在哪怕一个漏洞，攻击者就可以迅速入侵这台设备。即使安全措施已经就位，也可以利用漏洞轻易地乘虚而入。开发团队可能已经在软件中引入了缓冲区溢出漏洞，也可能没有将加密密钥存储在硬件当中，还可能为用户账户分配了不必要的高权限，又或者没有采用加密签名来保护固件，这些做法都为攻击者提供了可乘之机。

本章描述的安全过程可以帮助开发团队找到正确的方式识别出针对产品的具体威胁。发现威胁后，工程师就可以找到相应的安全控制措施，并对其进行优先级排序，最终减少威胁。

同时，开发人员应该采用自动化的安全分析工具来评估产品固件的安全性，并找出必须修复的漏洞，所采用的方法在第 3 章中已经进行了讨论。

 独立的安全研究人员也给物联网行业做出了极为重要的贡献。这些研究人员可能会同用户所在机构取得联系，分享他们在用户设备和系统中发现漏洞的详细信息。我们建议给予这些研究人员足够的尊重，并认识到这些研究人员会将用户的利益放在心上。而独立安全研究人员也应该遵循负责任的漏洞披露流程，在用户完成漏洞修复步骤并发布补丁之前，严禁安全研究人员擅自公开用户漏洞。

4.1.3 物联网设备给用户隐私带来了新的威胁

物联网开发人员必须始终将如何才能确保敏感信息的安全放在心上。鉴于物联网系统的特点,针对物联网系统的敏感信息保护需要考虑其特殊性,开发人员必须了解这一点,才能够采取措施避免隐私泄露带给用户的影响。而且,第三方数据泄露还可能带来法律问题,例如未经授权即对设备进行定位跟踪。

由于实现了"万物皆可互联",且本身自带信息共享功能,物联网设备和系统的**隐私泄漏**隐患更为严重。

以联网语音助手为例,该语音助手能够与第三方厂商共享转录信息,同时第三方厂商还负责对响应语音命令和语音查询的机器学习算法进行优化。那么,都有哪些好的方法可以擦除转录数据中的个人身份信息和敏感信息呢?

通过建立设备身份信息同用户身份信息之间的联系,可能带来与物联网设备和系统有关的**匿名性问题**。在这里,智能电表就是一个很好的例子。由于公用事业机构出于数据分析等目的会同第三方共享智能电表信息,所以必须在提交数据之前清除数据中的个人身份信息。通过这种方式实现数据的匿名化,这样其他获取到数据的第三方也就无法建立数据同业主之间的关联。

定位跟踪问题也同物联网设备和系统有关。最近出现的一个例子并不涉及安全漏洞,实际上是由物联网产品的固有功能导致的。智能手机应用 Strava 的设计初衷是成为运动员的社交网络。当用户注册 Strava 服务时,该应用就会从用户的可穿戴设备中提取 GPS 数据,然后创建一张记录用户位置信息和移动路径的热力图。

然而,美国联合冲突分析研究所(Institute for United Conflict Analysts)的分析师 Nathan Ruser 发现了 Strava 应用中存在的安全隐患,他注意到在该应用中可以看到美国军事基地的敏感信息。将 GPS 数据聚合起来后,会显示出特定的秘密地点存在大量的人类活动。

之所以出现这样的问题,是因为陆军用户在上传他们自己的数据时,没有从**作战安全**(Operational Security,OPSEC)角度考虑上传数据的影响。

4.1.4 物联网产品与系统可能遭受物理入侵

路侧单元通常与网联汽车和交通管理中心连接,部署在道路两边未采取物理保护措施的位置。这就意味着,攻击者可以随意拿走这些设备,并对其开展漏洞分析。

只要在一台设备中发现可能导致敏感信息泄露的漏洞,那么就可以利用这些敏感信息来入侵并操纵大量同类设备。举个例子,如果某个型号的设备均采用了相同的默认口令,那么只要获取到一台设备的默认口令,那么也就知道了其他同型号设备的口令。

消费级物联网产品厂商则面临着更大的挑战。因为消费级物联网产品无须定制,可以直接进行成品采购。攻击者只需要就近到卖场中采购设备,然后花时间开展漏洞挖掘就行了。常见的漏洞包括测试接口未采取保护措施，或者云服务接口中的漏洞。

无论采用哪种方式，攻击者都可以基于研究成果构造出漏洞利用工具，进而获取到目标设备的访问权限。

 硬件方面的安全知识专业程度高，市场需求旺盛。虽然用户也可以采取一系列步骤进行硬件保护，例如禁用调试接口，或者增加对调试接口的身份认证，在设备中采用**防篡改**（Anti-Tamper，AT）保护机制，增加硬件安全模块，用户也可以考虑采用发布漏洞赏金计划等众测方式来收集漏洞。通过发布漏洞赏金计划，用户可以从安全社区中接收到针对自身设备或系统的漏洞报告。BugCrowd 等机构就专门从事物联网设备以及传统软件系统的评估工作。

4.1.5 经验丰富的安全工程师一将难求

同硬件方面的安全专业人士一样，通用的网络安全专业人士也很难吸引和保留。许多传统的制造业厂商普遍都以增加产品的联网能力为重点，因此通常缺乏对产品及其相关接口进行安全改造所需的安全设计能力。

用户需要安全人员具备以下能力：

- 能够明确定义出安全物联网系统／设备的愿景，并能够将该愿景转化为战略方法。
- 确定适用的行业规范，并进而制定出在合规过程中需要满足的系统需求。
- 对系统／设备进行威胁建模，并完成风险管理流程。
- 采用安全开发过程并进行调整，与开发团队协同开展流程宣贯。
- 对开发团队开展安全意识／培训。
- 将系统安全需求转化为系统／产品的安全设计。
- 开展安全测试，包括整个开发生命周期中重要的自动化测试。

自动化的安全测试优点突出，能够快速发现代码中的缺陷。但是自动化也是有代价的。通常，具备一定开发能力的安全工程师会负责自动化的实现，因为在开展自动化测试的过程中需要用到安全工具的 API。但是这些员工的薪酬要求往往也比较高，并且，找出这样一个满足上述要求的人员也是一件颇有难度的事情。

假设用户预算充足，可以考虑配备一支团队，团队成员的技术能力相互补充，通过协作来弥补安全系统／产品开发的差距。

4.2 安全设计的目标

对于物联网系统（或者任何其他系统）而言，不存在通用的安全设计。部分在威胁环境运行的 IT 系统需要离线运行，并与任何其他网络物理隔离。但即便这样，系统也面临着多种攻击方法的威胁，如社会工程学攻击和内部威胁。

没有一个系统是百分之百安全的。但是，我们可以为一个安全、可用、有韧性的系统制定安全保障目标，除了铁了心非要死磕的攻击者之外，实现上述目标的系统可以抵御大多数攻击者发起的攻击。

在这里我们提出了其中部分目标，并介绍在用户物联网系统中实现这些目标的方法。我们建议读者根据自身情况针对每个目标加以调整，以适应自身特有的系统需求和威胁状况。

4.2.1   设计能够抵御自动化攻击的物联网系统

如果读者研究过最近几年主要的僵尸网络变种，就会发现这些僵尸网络大行其道的原因主要是缺乏适用于物联网设备的网络防护机制。

举个例子，僵尸网络 Bashlight 利用默认用户名和口令，入侵了上百万台物联网设备。Mirai 和 Remaiten 则是主要搜索开启 telnet 服务的设备，然后对识别出的设备开展字典攻击。Darlloz 在传播时利用的则是一个 PHP 漏洞。

僵尸网络也在不断地进化，这样当原来主要的感染途径失效时，它们又会利用新的感染途径搜索存在常见漏洞的设备，而这些常见漏洞从一开始就不应该出现。

网络安全的目标主要在于提高攻击系统的难度。虽然攻击者可能会对某些系统采取较为极端的攻击手法，但大多数物联网系统只需遵循安全实践就能够使部分技术水平不高的攻击者无计可施，同时让僵尸网络脚本无功而返，这些安全实践包括：

- 清除后门。不要将口令和密钥硬编码到设备当中，默认口令和密钥首次使用后应立即更新。
- 禁用已知易受攻击的服务，如 telnet、FTP 和 TFTP。
- 对所有通信内容均进行加密。
- 在软件开发过程中遵循安全的软件最佳实践，例如采用软件保障成熟度模型 OpenSAMM。
- 集成日志记录功能，以实现对已知僵尸网络 C2（Command and Control，C2C）服务器关联端口的监控。

4.2.2   设计能够保证连接点安全的物联网系统

从本质上说，物联网系统包含了根据网络类型用于同各类设备通信的很多连接点。而物联网系统较为复杂，这就要求安全工程师制定出纵深防御策略，从而缓解与这些连接点关联的威胁。

纵深防御的理念旨在消除或减少单点漏洞，因为单点漏洞可能导致安全故障和入侵隐患。这就需要在整个生态系统和技术堆栈中采取分层防御措施，这是因为攻击者也会从多个层次上发起攻击，例如：

- 针对硬件的物理层攻击。
- 针对无线协议的链路层攻击。
- 网络层攻击。
- 针对固件、后台进程、移动应用等对象的应用层攻击。

图 4-1 是一套具有代表性的物联网系统架构示意图，其中采用了包括蜂窝移动通信、Wi-Fi、蓝牙、ZigBee/Z-Wave 和卫星通信等方式在内的通信方式。如图所示，该系统中不仅包括了物联网设备本身，还包括了应用服务器、外部数据源、云服务提供商、移动设备和应用以及其他多种服务。

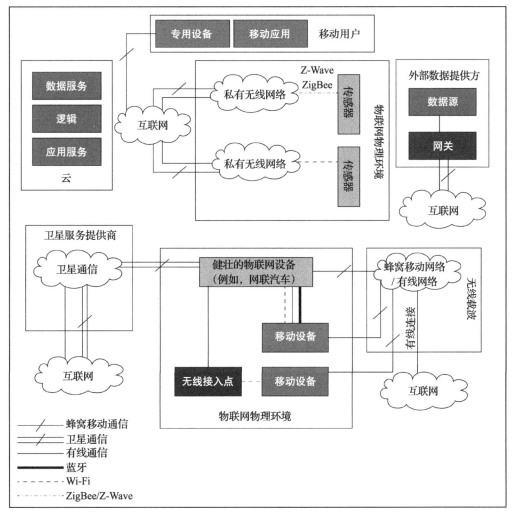

图 4-1　物联网系统架构示意图

对于这样复杂的系统来说，确保连接点的安全至关重要。技术栈中的每一层（物理层、链路层、网络层和应用层）当中都存在威胁，而每个同互联网的连接均是攻击者获取访问权的机会。

在这样的场景下，用户的物联网系统也可能会用到来自第三方提供商的数据，那么这时就需要考虑如果这些第三方提供商遭到了入侵，尤其是在无人知道它们遭到入侵的情况下，可能会导致什么样的后果。这里提到的第三方提供商不仅限于外部数据源提供商，还包括支持卫星通信网络、蜂窝移动通信网络和云基础设施的通信服务提供商。所以，用户最好始终假设自己的系统在一个已遭受入侵的环境中运行。

保护该物联网系统或其他物联网系统安全的纵深防御方法包含许多技术层面上的安全控制措施。在设计纵深防御体系时可能会用到它们，在下面的章节中，我们将对其中部分主要的安全控制措施进行讨论。这些安全控制措施足以抵御大多数针对物联网设备及其支撑系统的攻击类型。

但是，也并非任一安全控制措施都适用于所有的物联网系统。所选取的控制措施是否合适、有效，还取决于用户试图缓解的具体威胁类型。

4.2.3 设计能够保障机密性与完整性的物联网系统

安全设计的其中一个目标必然是确保物联网系统内信息的机密性。此外，保护对象还包括在系统中传输的数据，以及存储在系统组件中的数据。同时，还需要确保物联网设备更新补丁的完整性。

1. 采用密码技术确保数据在存储与传输过程中的安全

由于在多个位置都可以部署安全控制措施，所以设计者必须考虑以下问题，在所有应用数据（即在屏蔽应用协议的情况下）端到端的通信过程中是否需要采取安全通信方式？中间系统是否能够访问到数据（即采取点到点的保护措施）？以及是否只需要对存储在设备中的数据（内部存储）加以保护，还是也需要对存储在其他位置的数据加以保护？

通常，安全 API（Application Programming Interface，应用程序编程接口）会被封装为基础加密库，可以在各种管理、网络或数据应用的二进制文件中调用，既可以静态链接，也可以在运行时动态链接，这取决于库函数调用方的需求及其在软件栈中所处的位置。此外，还可以将基础加密库嵌入到安全芯片当中。

开发人员可以调用安全 API（和二进制文件）来实现加密、认证等功能，并保护应用数据（存储中和传输中）以及网络数据的完整性。

在为物联网产品选择安全库函数时，库文件的尺寸规模通常是一个需要考虑的问题。许多设备成本低，存储或处理能力严重受限，从而限制了可以用于安全加密处理的资源。

通过采用 AES-NI 等技术（Intel 处理器也采用了该技术），有些加密库在设计时会用到底层的硬件加速。如果能够实现硬件加速的话，可以缩短处理器处理周期、降低内存消耗，同时提高针对应用或网络数据的加密速度。

当前市场上有多种安全加密库，它们的开发语言各不相同。有些是免费的，有些则需要购买商业许可。其中部分常用的加密库如下所示：

- mbedTLS（之前为 PolarSSL）
- BouncyCastle
- OpenSSL
- WolfCrypt（wolfSSL）
- Libgcrypt
- Crypto++

在不进行端到端加密的情况下，用户也可以确保数据的完整性和真实性。比如，如果中间系统和应用只需要检查或提取非机密数据，不会破坏端到端安全关系（保证端到端的数据源身份认证并保护完整性），那么对于这部分用例，就无须进行端到端加密。

应用级加密也可以做到这一点。采用了 TLS 和 IPSec 等协议的安全组网库文件就可以确保数据的保密性与完整性。

针对上述加密库提供的加密功能，我们将在第 6 章进行更加深入的讨论，其中包括之前提到的例子。

2. 增强数据生命周期的可视性，保护数据免遭非法操纵

大多数物联网系统的产品都是数据，而系统操作人员必须确信数据准确无误才能够将其用于决策或自动化控制。数据流并不简单。通常情况下，数据流很复杂，由多个专有和第三方数据源的数据汇聚而成，同时会对不同位置上的元数据做出标记，并不断进行精简和变形。

为了保护数据，系统设计者首先必须知道系统中所采集和管理的数据类型。定义数据类别（例如敏感数据或者非敏感数据）有助于确定需采取的保护等级。

也可以在系统中应用数据沿袭工具，以便操作人员能够掌握一段时间内数据的流向。当操作人员需要确保物联网系统内用于做出决策（无论是人工方式还是自动化方式）的数据是合法的，并且未被未经授权的人员或组件篡改时，这一点非常有用。

常用的数据沿袭工具包括 Apache Falcon 和 Lineage。

3. 实现安全 OTA

物联网产品不可避免地需要进行更新。固件更新的目的可能是添加对新功能的支持，也可能是在产品开发完成后修复其中发现的漏洞。对于未经授权或者已经加以篡改的固件而言，如果设备自身无法限制上述固件的加载和使用，那么攻击者就可能操纵固件映像，进而将恶意代码直接加载到设备当中。

物联网产品开发人员只允许用户加载经过验证的安全软件。采用加密控制措施对固件映像计算散列值和数字签名就可以完成这一要求。与签名证书关联的公钥会被加载到设备

上的安全加密存储装置当中，用于验证固件签名。

用户一定要留意固件的整个开发生命周期，因为如果数字签名服务器遭受入侵，又或者颁发证书的**认证中心**（CA）遭受入侵，那么攻击者就有可能伪造固件更新通过设备的认证检查。

在硬件中，还需要对设备中用于映像（根）验证的密钥加以保护，从而阻止对信任锚的篡改。如果将私钥存储在未予保护的闪存当中，可能导致整个物联网生态系统都遭受入侵。

4.2.4　设计功能安全的物联网系统

信息物理系统将电子信息领域和现实物理世界融合在了一起。考虑到许多物联网设备的信息物理特性，某些类型的设备漏洞甚至可能会危及人身安全。

举个例子，如果有人通过某个开放的、低功耗的无线接口入侵了心脏起搏器，那么可能就会执行明显的恶意操作。同样，如果有攻击者通过 CAN 总线的 OBD2 接口入侵了现代汽车的**电子控制单元**，那么攻击者就可能通过 CAN 总线向关系人身安全的电子控制单元发送恶意消息，例如向负责汽车制动功能的电子控制单元发送刹车指令。

对于所有已部署的物联网系统均应开展功能安全影响评估。而在医疗领域，还应开展进一步的健康影响评估。

以智能门锁厂商为例，如果它们将损坏的固件上传到了自己的产品中，那么就可能导致数百人的门锁变成"砖头"。这一操作原本可能并没有恶意，然而，固件一旦损坏，可能导致人们被锁在自家或 Airbnb 出租公寓的门外束手无策。而且，我们已经看到了有国家背景的攻击团队对物联网系统（例如石油和天然气管道等系统）实施攻击可能会导致的后果。

下面我们来思考一下恶意操作对物联网系统功能安全可能造成的影响。即使没有人试图入侵用户使用的系统，这也是一个很好的练习，因为一个简单的故障就可能带来严重的问题。对功能安全影响评估应至少回答以下问题：

- 考虑到设备在设计时的预期用途，如果设备完全停止工作（例如，拒绝服务），会带来何种危害？
- 如果设备本身对功能安全不会产生多大影响，但是否存在功能安全攸关的设备或服务依赖于该设备？
- 如何将设备故障造成的潜在危害最小化，或者避免可能出现的危害？
- 其他人认为事关功能安全或者可能造成人身伤害的安全隐患有哪些？
- 是否还有其他类似或相关的部署被认为与功能安全有关，或者已经造成了人身伤害？

采用故障树分析方法进行功能安全影响评估，不仅需要分析设备或系统出现故障所导致的直接影响，还需要分析设备漏洞和入侵可能导致的各种故障或不当行为。例如，无人值守的智能恒温器是否会出现故障或者遭到攻击者的恶意操作，而超出温度阈值的上下限？如果该恒温器自动且具有韧性的温度切断功能保护不善，就可能导致严重的功能安全风险。

另一个例子是网联汽车生态系统中的联网**路侧设备**（Roadside Equipment，RSE）。考虑到 RSE 会与交通信号控制器、后端基础设施、网联汽车和其他系统建立连接，那么从功能安全的角度来看，遭到不同程度入侵的 RSE 会带来哪些危害呢？

入侵路边的 RSE 又会带来哪些类型的本地安全问题呢？是否真的会造成人身伤亡呢？例如，如果读取到错误的限速警告，那么驾驶员对接下来的路况是否会准备不足？或者，如果 RSE 能够调用交通信号控制器中非功能安全相关的服务，那么是否仅仅只是中断和影响信号灯路口周边的交通通行状况呢？

在制定风险缓解措施时，对先前问题的回答应当在更广泛的风险管理讨论中有所体现。对此，应当采取技术缓解措施并制定相关策略，将功能安全风险和信息安全风险降低到可接受的水平。

4.2.5　设计采用硬件保护措施的物联网系统

采用安全组件和防篡改措施等硬件保护机制可以为物联网系统提供保护，抵御逆向分析和未授权访问。

1. 在物联网系统中采用安全硬件组件

可以在物联网系统中实现的最有效的安全控制措施之一是采用安全硬件。例如，借助 ARM TrustZone 技术，**片上系统**（system on chip，SoC）开发人员可以在平台中创建安全环境与非安全环境，从而帮助开发人员阻断不安全组件和攻击者对安全资源的访问。

安全驱动程序运行在可信环境中精简的微内核之上，通过 API 提供的一组有限命令实现可信环境和不可信环境之间的交互。

ARM TrustZone 等技术可为物联网部署提供了诸多安全服务：

- **设备认证**。采用硬件可信根来度量可信软件的完整性。
- **可信执行环境**。将可信运行环境与不可信运行环境相隔离，确保可信组件不会受到已入侵组件的影响。
- **安全引导**。仅引导经过完整性验证和认证的可信固件。
- **安全无线传输**（OTA）。确保通过无线传输的固件的完整性。
- **安全内存保护**。防止内存内容遭受篡改。
- **安全密钥存储**。在硬件中存储加密密钥。

举个例子，三星 Artik 芯片是一款采用 ARM TrustZone 技术开发的**模块系统**（System-on-Module，SoM）。三星公司在其物联网产品线集成了 Artik SoM。除了所介绍的服务之外，Artik 还提供安全的 JTAG 接口，需要口令才能访问这些接口。

系统开发人员应当强制要求所有物联网产品均采用其在 SoC/SoM 中嵌入的安全硬件。开发人员也可以将加密操作剥离出来部署到专用的加密加速器当中，以加快运算速度。

专用的安全协处理器还包括 NXP A710X、Atmel ATEC508A、Microchip CEC1302、ST Microelectronics ST33G1M2A 和 Freescale K80。

 云服务提供商（CSP）现在都提供零接触（zero-touch）配置方式，通过这种方式，它们与硬件制造商合作，在将关键数据发送给物联网开发人员之前，将它们直接拷入到设备当中。物联网开发人员将终端用户可用的硬件序列号和公共密钥制作成白名单，在确保硬件为合法硬件之后，终端用户再从他们的 CSP 中将身份认证信息加载到设备上。将零接触配置模型同产品功能相结合，可以更好地为产品身份标识的生命周期提供安全保障。

2. 采用防篡改机制对蓄意的物理入侵进行报警与响应

防篡改技术可防止针对物联网组件的逆向分析和篡改。防篡改措施主要有 4 种形式：

- 篡改防护（tamper resistance）
- 篡改检测（tamper detection）
- 篡改响应（tamper response）
- 篡改取证（tamper evidence）

系统到底应当采用何种类型的防篡改保护措施，主要取决于面临的威胁。在极端情况下，为关键基础设施系统提供支撑的物联网设备可能会采取篡改响应措施，从而主动阻止攻击者获取访问权限或篡改系统。

下面我们以智能电表为例，说明在某些类型的物联网设备中采取防篡改保护措施的必要性。长期以来，电力公用事业公司一直都在尝试阻止业主破坏电表，影响设备的感知能力，例如，业主通过磁铁或改变接线配置等方式就可能影响电表的正常运行。

如今，智能电表采用了复杂的带内篡改检测方法，其中包括测量带电电线和零线之间的电流，如果检测到电流不平衡即判断出现了篡改。读者可以查看以下链接了解更多信息：https://www.digikey.com/en/articles/techzone/2015/jun/employing-tamper-detection-and-protection-in-smart-meters。

其他类型的物联网设备也可以采用不同类型的篡改检测机制。举个例子，压电薄膜可以根据振动或压力产生电压。开发人员可以将这种薄膜包在电路板上，也可以把它贴在外壳的内侧，利用薄膜特性来检测篡改操作。

然后通过电路监控来自薄膜的信号，一旦检测到篡改事件，该信号即启动告警机制（如日志记录或警报），或主动防御措施将设备中的关键数据清零。想了解更多信息可以查看 https://www.electronicproducts.com/Sensors_and_Transducers/Sensors_and_Transducers/

Applying_piezoelectric_film_in_electronic_designs.aspx。

其他复杂度不高但很实用的防篡改措施还有粘贴不易涂改的标签、为设备外壳加锁。

另一个讨论的焦点集中在发现物联网设备遭受篡改之后的做法。对于网联汽车而言，可能会面临左右为难的窘迫境地，因为检测到篡改事件时，正在行驶的车辆不能简单地一停了之。对于这类交通工具的处理方式如果"简单粗暴"，那么很可能带来功能安全方面的安全隐患。而这时，最佳的解决方案可能就是提交报告了，也就是将关于篡改事件的报告传输给车主、汽车制造商或同时发送给双方。

4.2.6 设计能够保证可用性的物联网系统

考虑到故障和计划维护工作会导致停机，物联网系统的可用性可以采用系统正常运行时间的百分比来衡量。并非所有系统都需要具备高可用性（如99.999%），但大多数物联网系统必须在设计与实现时考虑到冗余和故障切换等情况。

物联网提供的预测性维护技术也可以用作保持物联网服务在线以及向客户提供持续服务的实用工具。

1. 云基础设施的可用性

云基础设施的可用性对于支撑物联网业务目标而言至关重要。如果未对云端基础设施进行适当规划，那么一旦在云端托管的支撑系统发生停电事故，就可能导致用户业务中断和数据的丢失。因此，用户必须在支撑物联网系统的云基础设施中采用冗余设计。

CSP可以帮助用户对托管在多个地理区域以及可用区域（availability zone）中的服务进行配置。例如，AWS在美国俄亥俄州、弗吉尼亚州、加利福尼亚州和俄勒冈州4个地区都提供了商业托管服务。每个地区通常又包含多个可用区域，其中，AWS在北弗吉尼亚地区就拥有6个可用区域（区域A到区域F）。

将用户服务分布在多个地区和可用区域，可以防范天灾人祸带来的威胁，因为天灾人祸影响的可能会是整个地区。许多机构可以采用基础设施即代码（infrastructure-as-code）解决方案来对跨区域的可扩展性和可用性进行管理，例如TerraForm工具。

当注册CSP服务来托管用户物联网系统的云组件时，用户需要同CSP就**服务级别协议**（Service Level Agreement，SLA）进行协商。在协议中需要指定最小正常运行时间百分比（例如99.9%），还需要包含服务的最小响应时间和吞吐量指标。用户需要对这些指标进行独立监控与跟踪，从而确保CSP满足商定的最低要求。

 如果要借鉴CSP评估内容的话，可以查看**云安全联盟**（CSA）的共识评估调查问卷，调查问卷的链接为 https://cloudsecurityalliance.org/artifacts/consensus-assessments-initiative-questionnaire-v3-0-1/。Google填写的调查问卷示例参见 https://cloud.google.com/files/Google-Cloud-CSA-CAIQ-January2017-CSA-CAIQ-v3.0.1.pdf。

2. 针对设备非预期故障的保护

可用性评估应当将物联网系统的计划内和计划外维护均包含在内。如果物联网设备、网关等组件发生意外故障，那么可能有、也可能没有故障转移目标来占用空闲时间。如果用户的物联网设备不是传感器，而是机器人、联网农场设备或者其他操作设备，那么搞清楚这一点尤为重要。

预测性维护技术可以帮助用户发现设备中的预期故障，并允许用户结合自身实际情况更换设备。这样做，可以增加正常运行时间并降低维修的整体成本。

预测性维护是一种数据分析功能，通常需要对物联网资产进行监测，创建数据模型，并对数据模型进行测试和验证，从而计算出指定时间段内的故障概率。

3. 负载均衡

采用负载均衡设备可以确保来自物联网设备的流量能够被发送到可用的服务器，从而避免单个服务器被流量峰值淹没。

但是，物联网服务也可能托管在云端。如果是这种情况，可以考虑在服务和代理的前方部署负载均衡。CSP 提供了收费标准不同的负载平衡工具。用户还可以配置物联网客户端，通过负载均衡设备对基础设施进行安全身份认证。

下面举个例子，比如我们采用了 F5 的 BIG-IP 负载均衡设备，那么分发到 X.509 证书的 MQTT 物联网客户端就可以在负载均衡设备处终止安全连接，随后由负载均衡设备建立同后端 MQTT 代理之间的安全连接。在上述应用场景中，BIG-IP 设备将提取出客户端证书并进行验证，通过将证书中的**唯一标识符**（Distinguished Name，DN）字段同设备内部配置的访问控制策略进行比对，继而再判断接受还是拒绝连接请求。

将 BIG-IP 设备用作防火墙还可以过滤未经授权的发布/订阅消息，用户也可以使用 BIG-IP 设备中的 iRules 命令对后端 MQTT 代理进行配置，向物联网客户端提供服务，配置内容可以包括每个 ClientID 允许的主题和每个主题允许的服务级别质量等内容。

4.2.7　设计具备韧性的物联网系统

2017 年，MITRE 公司发布了报告《网络韧性设计原则》（Cyber Resiliency Design Principles），其中将网络韧性定义为承受、恢复和适应网络资源中恶劣环境、压力、攻击或入侵的能力。该报告列出了一系列可用于物联网系统开发的设计原则。

这些原则主要包括：
- 旨在告知组织风险管理战略的战略原则
- 旨在增强系统韧性的结构设计原则

结构设计原则包括多样性的规划和管理，信任需求的限制，可以开展哪些操作、严禁哪些操作，以及冗余度的维持，等等。

尽管这些原则最适合高威胁环境中运行的系统，但物联网系统开发人员应当明智地对原则进行逐条考量。用户可以通过下面的链接查看完整报告 https://www.mitre.org/sites/default/files/publications/PR%2017-0103%20Cyber%20Resiliency%20Design%20Principles%20MTR17001.pdf。

在设计工业物联网系统时，必须要确保即使在恶劣环境下它也能够正常运行。系统运维人员可能会面临**云服务提供商**（CSP）断电、网关掉线、**无线传感器网络**（WSN）中的设备由于电量低而无法再转发流量等问题，甚至还会遇到恶意攻击者尝试阻塞射频（RF）通信的情况。这时，依据系统面临的威胁，用户可以采取针对性措施来增强设备韧性。

1. 针对干扰攻击的保护

在用户的威胁模型中，应当找出是否存在与干扰攻击有关的物联网威胁。如果物联网系统的类型不同，那么其面临的威胁也有所区别。

举例来说，无人机系统非常容易受到干扰攻击。在这种情况下，我们建议在无人机中实现**返回发射现场**（Return to Launch，RTL）等逻辑来缓解威胁（尽管这预先假定了**全球定位系统**（Global Positioning System，GPS）卫星连接可用）。如果没有这些保护措施，无人机就存在失联的风险，更加糟糕的是，无人机受到干扰后还可能会撞击到地面人员。

网联汽车是另一个重要的物联网系统典型应用，干扰攻击也是网联汽车的主要安全隐患。压制从一辆汽车发送到另一辆汽车的**基础安全信息**（Basic Safety Messages，BSM），或者压制**路侧单元**（RSU）向车辆发送的消息都可能会带来灾难性后果，因为这会导致车辆和驾驶员无法接收信息，进而也就无法做出正确决策。网联汽车和无人机的干扰问题十分严重，其中部分原因在于这些系统中可能用到了多种射频协议。

用户产品和系统可以采用多种措施来防御这些类型的攻击。例如，跳频通信可以提高在特定频率干扰数据传输的难度。

只需要对发射器和接收器进行简单配置就可以实现跳频通信，这也是当前商用物联网系统经常采用的方法。这些配置信息指示了节点需要遵循的跳频模式。频带的带宽在某种程度上决定了跳频方案的实用性。更宽的频带能够提供更优的保护。

用户也可以在跳频方案中加入加密控制措施。例如，采用发送方和接收方节点之间共享的密钥，发送方和接收方可以生成伪随机序列。在这种情况下，如果配置文件中的跳频模式不变，那么安全强度就不会降低。

如果用户能够定义系统中的跳频参数，最好采用这种方法。

另外，还可以为用户提供一定程度的灵活性，例如，支持可编程参数，这样就可以对跳频算法、频率、频率范围和步进、跳速和初始化向量进行调整。如果在产品/系统设计中提供了这种灵活性，用户就可以对跳频模式进行调整，以应对当前无法预见的特殊威胁。

2. 设备冗余

WSN 通常具备较强的设备冗余能力。无线节点通常既可以用作节点也可以用作路由器，将网络中其他节点的流量转发到网关设备。当这些路由器节点的能量发射级别降低时，其他节点的能量发射级别可能会增强并承担转发功能。

建议用户构建自己的 WSN，从而向某地理区域确保提供充裕的信号覆盖，这样无论是节点掉线，还是该节点难以承担资源消耗巨大的转发功能，都可以将其职责移交至其他节点。

3. 网关缓存

与无线传感器节点一样，其他直接连接到云端的物联网设备也可能会出现宕机或者断开网络连接等故障。这时，如果未采取适当的保护措施，没有在线中继节点对云端发往设备的命令进行转发，那么从云端发往设备的命令就会被丢弃。

架构师可以对网关进行配置，将消息缓存到物联网设备，这样即使设备处于脱机状态，它也可以在重新联机时收到命令。用户还可以对网关进行配置来缓存任意时间段的消息，例如可以将缓存时间设置为 2 天。而配置网关进行消息缓存的实际天数将取决于用户自身所处的系统环境。

4. 数字化配置

用户还可以利用物联网设备的数字化表示来对自己的系统进行设计，该数字化表示通常存储在云端。大型云服务提供商会采用数字孪生（digital twins）、设备影子（device shadows）等方式存储物联网设备的配置信息，配置信息通常会存储在 JSON 文件中。

云服务可以同设备的这些数字化表示进行交互，因此即便现实环境中的物联网设备出现断电或离线等状况，也可以对设备的数字化表示进行修改。

这样，当设备重新联网上线后，现实环境中的设备实体就会同自己在云端的数字化表示同步信息，并进行相应的状态变更。包括 AWS Thing Shadows、Azure Device Twins 和 Watson Digital Twins 等在内的云服务均提供类似的功能。

5. 网关集群

物联网系统通常由许多设备（如传感器）组成，但一般不会涉及网关。这种配置模式使得网关容易出现单点故障。因此系统设计师应当考虑以集群的形式来部署物联网网关，从而在系统中引入更高的可用性和冗余度。

以集群的形式部署能够使网关具备更高的负载处理能力，如果集群中的某台网关出现故障，可以自动进行故障转移。用户还可以对物联网节点进行配置，当主网关宕机或响应速度低于要求时，物联网节点可以同集群中的任一节点进行通信。

考虑到部分物联网协议的通信距离较短，在无线传感器网络中部署网关集群有时是一项较为困难的工作。举例来说，ZigBee 协议的通信距离约为 10m 到 40m，而 Z-Wave 协议的通信距离约为 30m，可见物联网设备常用的无线协议通信距离都不算太长。

尽管用户也可以在架构中部署中继设备，但是我们建议最好将集群网关放置在无线节点的通信距离之内，理想情况下尽量不要使用中继设备。这也就意味着，网关在不需要工作时可以处于离线状态，或者用户在彼此邻近的多个网关之间可以进行负载均衡。

6. 限速

用户还需要防范遭受入侵的物联网设备向云端或网关基础设施发送大量数据，导致服务离线。这种风险的一个典型实例就是反射攻击，在反射攻击中，攻击者会将特定类型的消息发送到目标设备，从而触发目标设备以规模较大的报文作出响应（例如 NTP 放大攻击）。

对于这种情况，用户可以在物联网网络中部署探针识别出来自单个设备的突增流量或者异常流量，还可以在用户的服务基础设施中采取限速。

7. 拥塞控制

此外，用户还可以考虑采取拥塞控制措施，这取决于流经系统的数据类型。如果用户的物联网设备必须近乎实时地接收关键的控制命令，那么相对于常规监测数据而言，控制命令数据应当具有较高的优先级。

在 IP 和 IPv6 等协议中直接内置了一些功能，可以帮助用户在数据流中实现**服务质量**（Quality of Service，QoS）控制。如果用户在网络监控中发现网络出现了拥塞，那么当拥塞成为影响系统安全的隐患时，用户可以执行差异化 / 优先化的服务，赋予重要流量较高的优先级。

8. 赋予管理员策略变更与安全管理功能

正如将安全认证信息硬编码到物联网设备中是一种糟糕的做法一样，将策略规则硬编码到设备和系统中的做法同样鼠目寸光。随着时间的推移，威胁也会发生变化，技术和方法也会过时。尤其对于长期使用的物联网设备和系统而言，上述问题更加突出，因此可以赋予管理员随时间推移调整策略规则的能力，以应对技术方法过时的问题，并增加系统的安全寿命。

加密协议是系统中经常需要变更的一个重要实例。有一段时间，**DES 加密算法**（Data Encryption Standard）被看作是加密控制措施的一个安全选项。随着时间的推移，该选项已变更为采用 **AES 加密算法**（Advanced Encryption Standard）。而量子计算和 Shor 算法的出现，也给加密方案带来了变化，原来流行采用 RSA、ECDSA 和 ECDH 等加密方案，如今则更倾向于采用抗量子算法。

推荐采用的最小密钥长度也在不断变化，从早先算法的 64 位密钥长度开始，现在有的 AES 算法采用的密钥长度已经增加到了 384 位，RSA 算法采用的密钥长度则增加到了 4 096 位。设计物联网产品和系统时，需要让用户修改包括密钥长度、算法类型在内的参数，这样用户自己就可以对加密工具进行调整更新，从而为以后物联网系统的安全运行提供保障。

这些思路同样可以应用于策略配置，例如，管理员可以指定甚至修改身份认证方法或口令策略，或者在系统中添加新的提权场景（例如，应急响应人员或者对于交通基础设施可能适用于这些场景）。

通常情况下，都是管理员负责系统的运维，因此系统设计者应当赋予管理员尽可能多的灵活性来制定访问控制策略。

9. 采用日志机制并将基于完整性保护的日志发送至云端以实现安全存储

颇令人遗憾的是，日志记录在物联网安全领域中发展较为滞后，亟需找到一种新的方法从资源受限的设备中采集数据，并传输数据用于后续分析。而如果出现网络连接断断续续、设备进入睡眠状态和资源受限等情况，都可能会提高日志记录的难度。

在设计系统时，物联网设备要能够记录所有存取事件和特定的安全相关事件，这些安全事件包括远程访问登录失败（例如通过 SSH 协议或者 Web 接口）、检测到的篡改事件、提权失败、固件更新、配置变更和账户修改等等。

考虑到存储空间的限制，日志数据不宜长时间存储在设备当中，因此需要对设备加以配置，将日志数据传输到云端安全地存储起来。日志数据传输到云端的过程中以及在云端存储期间，应确保其完整性。

如果用户设备没有连接到云端（举个例子，设备位于 WSN 网络中），那么可以将日志数据传输到网关。在每条日志中，需要记录与事件相关联的发起方、接收方、时间戳、事件类型和数据等信息。

理想情况下，物联网设备允许管理员设置日志变量，如日志记录的详细程度（包括简单的日志信息、详细的日志信息等形式）、日志存储的位置和日志存储的文件格式。系统设计者应当向系统运维人员提供日志审计功能，方便系统运维人员定期对物联网设备和组件开展日志审计。举个例子，用户可以将日志数据导入**安全事件信息管理**（Security Event Information Management，SIEM）系统，从而便于日志审计。

4.2.8 设计合规的物联网系统

安全需求 / 用户故事的另一个来源是对物联网产品实施监管的各种强制性法律法规。尽管许多合规框架在制定面向物联网的控制措施时进展缓慢，但根据用户物联网产品的部署区域，仍然有一些规则和文件需要注意。

例如，在美国，美国政府正在通过一项物联网安全立法草案；在欧洲，ENISA 已经发布了针对物联网的安全基线建议。这些都可能最终成为未来物联网产品必须满足的强制性最低标准。

所以，建议读者从现在开始就留意这些法律法规，并在拟制产品安全需求列表时充分考虑这些法律法规所提出的要求。

1. 物联网网络安全促进法案

2017 年，美国国会发布了《物联网网络安全促进法案》草案（详细内容参看 https://

www.scribd.com/document/355269230/Internet-of-Things-Cybersecurity-Improvement-Act-of-2017）。该法案主要针对美国联邦政府系统中使用的物联网设备。然而，确定哪些联邦政府系统属于立法范围可能还有待商榷。

在该法案中，专门采用了联网设备（internet-connected device）的提法，尽管在美国联邦政府中许多设备本身并未同互联网建立连接，但其可能连接到了联邦政府专网。此外，联邦政府还部署了许多无线传感器，这些传感器也可以算作物联网设备，因此同样面临着射频攻击、网关攻击等风险，然而这些内容在法案中都未有所涉及。

我们建议读者还是认真阅读一下该立法草案，确定自己的产品是否在其监管范围当中。

2. 安全基线建议

2016 年，**欧盟委员会**（European Commission，EC）呼吁建立物联网安全标识系统，并要求能够验证物联网设备满足了最低的安全要求。欧盟还倡导提出针对物联网安全的最佳实践安全技术，并鼓励人们采用这些最佳实践。

2017 年底，欧盟网络与信息安全局（ENISA）发布了一套物联网的安全基线建议。建议中提出的要求相对较高，建议所有物联网产品厂商对照建议认真审查，该建议的链接如下 https://www.enisa.europa.eu/publications/baseline-security-recommendations-for-iot。

随着时间的推移，尤其是陆续发生了几起针对欧盟范围内物联网设备的入侵事件之后，各家机构必须要证明其采用的物联网设备与系统满足了最低的安全要求。这些要求主要聚焦于安全和隐私实践，包括开展代码审计、采用纵深防御方法识别安全风险、为物联网设备制定退役策略以及实现日志记录系统等做法。

如果你在欧洲做生意，那么必须制定策略来满足这些要求。

3. 物联网保护指导原则

美国**国土安全部**（Department of Homeland Security，DHS）于 2016 年提出了一套用于保障物联网安全的战略性指导原则。这些原则只是用作指导而非强制性要求，旨在帮助产业界构建起更安全的物联网。读者可以查看以下链接了解该指导原则的内容 https://www.dhs.gov/sites/default/files/publications/Strategic_Principles_for_Securing_the_Internet_of_Things-2016-1115-FINAL....pdf。

这些指导原则涵盖了诸多内容，包括在设计阶段即考虑安全问题、制定高级安全更新和漏洞管理策略、基于经过验证的安全实践开展系统构建、根据影响确定安全措施的优先级别、提高透明度以及谨慎建立连接，等等。

这些指导原则为开发团队提供了有利抓手，有助于启发开发团队在设计和开发新的物联网产品和功能时应该从哪些角度考虑安全问题。

4. 物联网医疗器械网络安全指南

如果物联网产品被视为医疗器械，那么在该产品销售或更新之前必须进行严格的安全测试。2016 年，**美国食品药品监督管理局**（Food and Drug Administration，FDA）发布了针对医疗器械的网络安全指南。

尽管这份文件着眼于产品上市之后的管理，但其中提出了一项重要的指导方针，对此开发团队应该予以关注。该指南提出了一套针对医疗器械的风险评估报告框架，具体内容包括：

"21 CFR Part 806 条款中要求医疗器械制造商或进口商就设备修复和移除的操作情况及时向 FDA 作出报告。然而，制造商为解决网络安全漏洞和漏洞利用而采取的大多数操作，称之为'网络安全常规更新和补丁修复'，通常被认为是一种针对设备的功能增强，FDA 并未要求根据 21 CFR Part 806 条款进行提前通知或报告。对于制造商为修复可能危害人身安全的设备网络安全漏洞而采取的少部分操作，FDA 要求医疗器械制造商通知该机构。"

这项许可为医疗器械制造商大开方便之门，相对于之前的指导原则，安全补丁可以以更快的速度下发，修复设备漏洞。读者可以通过以下链接了解该指南的全部内容：https://www.fda.gov/regulatory-information/search-fda-guidance-documents/postmarket-management-cybersecurity-medical-devices。

4.3 本章小结

本章讨论了物联网系统开发人员在保障其系统安全时所面临的诸多挑战，并对物联网系统的安全设计目标进行了详细介绍。

在本章中，我们讨论了一系列方法，涵盖了如何设计物联网系统以降低自动化攻击风险、如何对连接点加以保护、如何采取硬件保护措施以及如何构建韧性系统等诸多方面。

在第 5 章中，我们将对物联网系统的安全运维生命周期展开讨论。

第 5 章

物联网安全运维生命周期

读者所在的机构中，各个业务部门可能部署了成百上千台物联网设备，甚至可能是数十万台设备。那么读者打算如何来保障这些设备的安全呢？长期来看，又打算如何管理设备的认证信息与密钥呢？以及如何对相关人员进行培训，对这些设备进行安全管理和使用呢？还有，读者如何对系统中潜在的入侵行为作出预警？当发现入侵或者数据泄露时，读者又该采取哪些措施呢？为了回答上面这些问题，就需要了解安全运维生命周期这一概念，如图 5-1 所示。

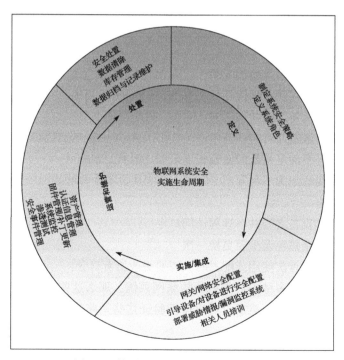

图 5-1　物联网系统安全实施生命周期

在本章中,我们展开对物联网系统安全生命周期的介绍,同时也可以根据物联网系统特有的运维需求对安全生命周期进行调整。

5.1   制定安全策略

本节主要介绍如何制定自己的物联网系统安全策略。同时,我们建议用户尽可能采用自动化工具检查系统是否满足了这些策略。根据系统的不同特点,安全策略也会进行相应调整,在这里我们主要选取以下策略推荐给读者:

- **安全通信策略**
  - 所有通信连接在建立时均需经过认证,通信内容均需经过加密
  - 采用 TLS1.2 或更高版本的 TLS 协议对 TCP 通信进行加密
  - 采用客户端 / 服务端证书对 TLS 通信进行认证
  - 禁用未用到的端口 / 服务
  - 拒绝(DENY)不是由设备发起的带外通信
- **加密策略**
  - 在系统中只能使用经过许可的加密密钥
  - 在系统中只能使用经过许可的密钥长度
  - 对设备进行配置,避免在通信过程中协商使用未经许可的加密算法与协议(向下协商)
- **密钥与证书管理策略**
  - 证书的生命周期不得超过 3 年
  - 所有密钥均应存储在可信环境(enclave/element)当中
  - 不能在多个设备之间共享证书(例如,通配符证书⊖)
  - 证书只能由经过许可的**认证中心**(Certificate Authority,CA)签发
  - 加密密钥需要满足最低的密钥长度限制(例如,256 bit)
  - 需要将私钥标记为不可导出(例如,不能从设备中移除)
- **口令管理策略**
  - 不得在多套设备之间共享远程访问口令
  - 远程访问口令每年至少要更换一次
  - 在对设备进行首次使用或配置时,需要更改所有口令

如果在机构中部署了多种不同类型的物联网系统,那么这些策略就为系统管理员提供了系统安全运维的最低准则。然后,可以持续验证这些策略的执行情况,找出同现实实施

⊖ 通配符 SSL 证书又叫泛域名证书,一张证书可以保护一个域名以及该域名所有的二级或者三级子域名,不限制子域名数量。通配符 SSL 证书所保护的域的表现形式为 *.yourdomain.com 或者 *.sub.yourdomain.com 等形式。——译者注

情况的差距，帮助负责安全工作的主管领导在必要时采取措施。

 有许多工具可以用来帮助用户制定、实施物联网安全策略，并对策略的实施情况进行跟踪监控。例如，2017 年亚马逊推出了 AWS 物联网设备防护（AWS IoT Device Defender）方案，该方案是一套自动化的解决方案，作用是根据一组预定义的最佳实践审核目标设备的安全策略。该服务还可以对设备进行监控，根据预先设定来识别设备的异常行为。无论何时，只要发现某一设备与预先定义的策略和行为存在不一致，服务就会向管理员发出警报。了解更多有关 AWS 物联网设备防护方案的内容，读者可以查阅以下链接：https://aws.amazon.com/cn/iot-device-defender/。

5.2　定义系统角色

物联网系统通常需要用到比较复杂的访问控制框架。考虑到设备类型以及在系统中执行操作的用户类型，因此需要定义一组角色，赋予其对物联网系统中不同位置的管理与操作权限。在表 5-1 中，我们对角色进行了定义，其中包括涉及设备（例如，特权网关与常规网关）和用户的多个角色。

表 5-1　系统角色

角色	定义
网关	可以同物联网设备以及其他认证服务进行通信
特权网关	除了网关的基本功能之外，还能够进行设备管理（创建 / 删除 / 更新）
设备	执行常规操作的设备，这些设备会参与发布 / 订阅协议的交互
特权设备	需要提权的设备（例如，通过交叉路口的应急车辆）
管理应用	负责物联网设备的管理，包括固件更新与配置管理
系统应用	运行在物联网系统后台的可信应用，例如，在云端运行的应用
特权应用	提权运行的应用
管理员	具有设备与网关的所有访问权限。如果需要，可以分为网关管理员、设备管理员以及服务管理员
用户	拥有对系统生成数据的访问权限
审计员	能够查看和管理系统中日志 / 审计数据的特权角色
第三方	当需要时，由设备厂商赋予访问设备的权限

这些角色代表了典型物联网系统进行安全操作和管理操作的需求。当然，也可以根据物联网系统具体部署的特定需求对角色定义进行调整，在某些情况下，应考虑职责分离。例如，专门为审计日志管理定义不同的角色可以降低内部人员（例如，管理员）篡改日志的威胁。

5.3 网关与网络的安全配置

物联网系统中可能包含了多套网关，用到了多个网络协议，甚至还包含了物理介质。在**无线传感器网络**（WSN）中，边缘设备采用 ZigBee 和 Z-Wave 等短程协议建立相互之间的连接，而网关则采用消息传输框架（例如 MQTT 或 REST）通过 IP 协议连接到云端。要确保物联网系统的安全需要对系统中的网关和联网组件进行全面的评估，同时对其操作加以限制。

5.3.1 确保 WSN 的安全

WSN 中可能包括数千个或者更多数量的传感器，这些传感器功耗低，采用电池供电，同时采用 ZigBee、Z-Wave、蓝牙、NFC 或 Thread 等协议进行通信。WSN 将网关用作短距射频协议和 IP 协议之间的转换设备，其中 IP 协议用于同云端的通信。对此，安全管理员需要认真思考如何对 WSN 中的设备和协议进行安全配置，以及如何对 WSN 中用到的密钥进行安全管理。

1. 制定良好的密钥管理规范

无线传感器网络所采用的每个短距通信协议当中，都会采用密钥来进行通信的加密与认证。但是，在最初部署 WSN 时，需要对某些默认配置进行调整。

举个例子，**ZigBee** 网络支持默认的**信任中心**（Trust Center，TC）密钥。该默认密钥主要用于密钥传输，因此在网络初始配置时即应当禁用该密钥。作为替代，此时就需要生成并使用一个非默认密钥来确保机密性，对通过 WSN 传输的密钥进行保护。这里，我们建议系统管理员永远不要采用带内通信方式分发 ZigBee 主密钥，系统管理员应当牢记这一点。那么为 ZigBee 设备分发主密钥时就应当通过带外通信方式。密钥管理规范中还应说明 ZigBee 网络密钥的更换规则，我们建议最好是每年更换一次，如果之前的密钥不会再用到，还要确保该密钥已被删除。

在对 **Z-Wave** 网络进行设置时用到了标准的 4 字节 home ID。这种做法并不安全，我们建议在 Z-Wave 网络中进行身份认证时采用另一种做法，即选用 128 位的 AES 密钥。

2. 采取物理保护措施

下面让我们来看一下物联网设备的部署环境。即使物联网设备仅限于极短距离的通信，攻击者也有机会找到漏洞进行利用。举个例子，**近场通信技术**（Near Field Technology，NFC）只能在短距离内工作，但是攻击者也可以在 NFC 读写器附近安装嗅探器，嗅探近场通信数据。为了缓解这种风险，可以在 NFC 读写器附近放置摄像头或防护装置，监控 NFC 读写器附近的可疑行为。

另一个需要注意的地方是攻击者可能通过分析环境中所发出的信号，澄清 WSN 基础设施架构。为了缓解这种风险，用户可以调整 ZigBee 和 Z-Wave 设备的额定功率，尽量降低泄漏到外部的信号，从而防止攻击者通过枚举的方式来澄清 WSN 架构。

用户的物联网设备也可以部署在没有采取物理保护措施的区域。在这种情况下，可以考虑采用防篡改措施来避免设备遭受物理入侵。其中最简单的方式就是给设备的外壳加上把锁，这就能够起到一定的保护作用。但是，如果连接报警器或者采用其他篡改响应机制则可以提供更高级别的安全保障水平。

5.3.2　端口、协议与服务

在过去几年中，我们看到许多基于物联网设备构建的僵尸网络均通过 telnet 协议传播。这些僵尸网络通常试图针对 telnet 服务进行字典攻击，其中 telnet 服务主要开放 TCP 协议的 23 端口或 2323 端口。禁用 telnet 服务并关闭这些端口能够减少大量基于该攻击向量发起的攻击，但也会迫使僵尸网络和其他攻击者尝试采用其他方式发起攻击。表 5-2 列出了其他需要关闭的端口，然而这对于 HTTP 等常用协议不太现实，这时就需要对恶意操作行为的特征开展严密的监控。

表 5-2　重点端口列表

端口	用法	恶意代码类型	参考链接
21	针对 FTP 服务的字典攻击	多种	
23	针对 telnet 服务的字典攻击	Mirai 等恶意代码	
80	Reaper SYN 探测 – 针对 HTTP 协议的漏洞利用	Reaper	https://security.radware.com/ddos-threats-attacks/threat-advisories-attack-reports/reaper-botnet/
81	Reaper SYN 探测 – 针对 HTTP 协议的漏洞利用	Reaper	https://security.radware.com/ddos-threats-attacks/threat-advisories-attack-reports/reaper-botnet/
82	Reaper SYN 探测 – 针对 HTTP 协议的漏洞利用	Reaper	https://security.radware.com/ddos-threats-attacks/threat-advisories-attack-reports/reaper-botnet/
83	Reaper SYN 探测 – 针对 HTTP 协议的漏洞利用	Reaper	https://security.radware.com/ddos-threats-attacks/threat-advisories-attack-reports/reaper-botnet/
84	Reaper SYN 探测 – 针对 HTTP 协议的漏洞利用	Reaper	https://security.radware.com/ddos-threats-attacks/threat-advisories-attack-reports/reaper-botnet/
88	Reaper SYN 探测 – 针对 HTTP 协议的漏洞利用	Reaper	https://security.radware.com/ddos-threats-attacks/threat-advisories-attack-reports/reaper-botnet/
127	JenX C2C 通信	JenX	https://security.radware.com/ddos-threats-attacks/threat-advisories-attack-reports/jenx/
1000	Reaper SYN 探测 – 针对 HTTP 协议的漏洞利用	Reaper	https://security.radware.com/ddos-threats-attacks/threat-advisories-attack-reports/reaper-botnet/
1080	Reaper SYN 探测 – 针对 HTTP 协议的漏洞利用	Reaper	https://security.radware.com/ddos-threats-attacks/threat-advisories-attack-reports/reaper-botnet/

（续）

端口	用法	恶意代码 类型	参考链接
2000	在特定设备上开放测试端口	IoTroop	https://go.recordedfuture.com/hubfs/reports/cta-2018-0405.pdf
2323	针对 telnet 服务的字典攻击	Mirai 等 恶意代码	https://security.radware.com/ddos-threats-attacks/threat-advisories-attack-reports/reaper-botnet/
3000	Reaper SYN 探测 – 针对 HTTP 协议的漏洞利用	Reaper	https://security.radware.com/ddos-threats-attacks/threat-advisories-attack-reports/reaper-botnet/
3749	Reaper SYN 探测 – 针对 HTTP 协议的漏洞利用	Reaper	https://security.radware.com/ddos-threats-attacks/threat-advisories-attack-reports/reaper-botnet/
4135	针对拥有特定指纹的设备开展 SYN 探测	Reaper	https://security.radware.com/ddos-threats-attacks/threat-advisories-attack-reports/reaper-botnet/
5555	Mirai 发起的扫描探测	Mirai	
7547	Mirai 发起的扫描探测	Mirai	
8001	Reaper SYN 探测 – 针对 HTTP 协议的漏洞利用	Reaper	https://security.radware.com/ddos-threats-attacks/threat-advisories-attack-reports/reaper-botnet/
8060	Reaper SYN 探测 – 针对 HTTP 协议的漏洞利用	Reaper	https://security.radware.com/ddos-threats-attacks/threat-advisories-attack-reports/reaper-botnet/
8080	Reaper SYN 探测 – 针对 HTTP 协议的漏洞利用	Reaper	https://security.radware.com/ddos-threats-attacks/threat-advisories-attack-reports/reaper-botnet/
8090	Reaper SYN 探测 – 针对 HTTP 协议的漏洞利用	Reaper	https://security.radware.com/ddos-threats-attacks/threat-advisories-attack-reports/reaper-botnet/
8443	Reaper SYN 探测 – 针对 HTTP 协议的漏洞利用	Reaper	https://security.radware.com/ddos-threats-attacks/threat-advisories-attack-reports/reaper-botnet/
8880	Reaper SYN 探测 – 针对 HTTP 协议的漏洞利用	Reaper	https://security.radware.com/ddos-threats-attacks/threat-advisories-attack-reports/reaper-botnet/
14340	针对拥有特定指纹的设备开展 SYN 探测	Reaper	https://security.radware.com/ddos-threats-attacks/threat-advisories-attack-reports/reaper-botnet/
16671	针对拥有特定指纹的设备开展 SYN 探测	Reaper	https://security.radware.com/ddos-threats-attacks/threat-advisories-attack-reports/reaper-botnet/
20480	针对拥有特定指纹的设备开展 SYN 探测	Reaper	https://security.radware.com/ddos-threats-attacks/threat-advisories-attack-reports/reaper-botnet/
20736	针对拥有特定指纹的设备开展 SYN 探测	Reaper	https://security.radware.com/ddos-threats-attacks/threat-advisories-attack-reports/reaper-botnet/
20992	针对拥有特定指纹的设备开展 SYN 探测	Reaper	https://security.radware.com/ddos-threats-attacks/threat-advisories-attack-reports/reaper-botnet/
21248	针对拥有特定指纹的设备开展 SYN 探测	Reaper	https://security.radware.com/ddos-threats-attacks/threat-advisories-attack-reports/reaper-botnet/
21504	针对拥有特定指纹的设备开展 SYN 探测	Reaper	https://security.radware.com/ddos-threats-attacks/threat-advisories-attack-reports/reaper-botnet/

（续）

端口	用法	恶意代码类型	参考链接
22528	针对拥有特定指纹的设备开展SYN探测	Reaper	https://security.radware.com/ddos-threats-attacks/threat-advisories-attack-reports/reaper-botnet/
31775	针对拥有特定指纹的设备开展SYN探测	Reaper	https://security.radware.com/ddos-threats-attacks/threat-advisories-attack-reports/reaper-botnet/
36895	针对拥有特定指纹的设备开展SYN探测	Reaper	https://security.radware.com/ddos-threats-attacks/threat-advisories-attack-reports/reaper-botnet/
37151	针对拥有特定指纹的设备开展SYN探测	Reaper	https://security.radware.com/ddos-threats-attacks/threat-advisories-attack-reports/reaper-botnet/
37215	漏洞利用	Satori	https://security.radware.com/ddos-threats-attacks/threat-advisories-attack-reports/reaper-botnet/
39455	针对拥有特定指纹的设备开展SYN探测	Reaper	https://security.radware.com/ddos-threats-attacks/threat-advisories-attack-reports/reaper-botnet/
42254	针对拥有特定指纹的设备开展SYN探测	Reaper	https://security.radware.com/ddos-threats-attacks/threat-advisories-attack-reports/reaper-botnet/
45090	针对拥有特定指纹的设备开展SYN探测	Reaper	https://security.radware.com/ddos-threats-attacks/threat-advisories-attack-reports/reaper-botnet/
47115	针对拥有特定指纹的设备开展SYN探测	Reaper	https://security.radware.com/ddos-threats-attacks/threat-advisories-attack-reports/reaper-botnet/
48101	已感染设备可能利用该端口传播恶意代码	Mirai等恶意代码	
52869	远程代码执行	Satori	https://security.radware.com/ddos-threats-attacks/threat-advisories-attack-reports/reaper-botnet/
64288	针对拥有特定指纹的设备开展SYN探测	Reaper	https://security.radware.com/ddos-threats-attacks/threat-advisories-attack-reports/reaper-botnet/

5.3.3　网关

用户在部署物理网关时，可能最终会选择将其部署在网络边缘附近，方便数据采集或者采用短程通信协议来管理物联网设备。就好像需要保障边缘物联网设备的安全一样，同样也需要为这些网关提供安全保障。对此，我们建议用户采取以下工作：

1. 为设备更新最新固件，并制定固件持续更新流程

2. 在网关设备上禁用不必要的服务和端口

3. 在网关设备上禁用不必要的账户，并更改所有默认口令

4. 制定基于角色的访问控制规则，对在网关上可以执行特权操作的用户进行限制（例如，向设备分发新的固件或者更改配置）

5. 向网关分发身份证书

6. 对网关和云端服务之间所有基于 TCP 的通信进行配置，采用 TLS 安全控制措施

7. 对网关和云端服务之间所有基于 UDP 的通信进行配置，采用 DTLS 安全控制措施

8. 设置白名单，建立网关和云端服务之间的可信关系

5.3.4 网络服务

机构必须为所有需要整合的**域名系统**（Domain Name System，DNS）做好规划。这点对于所有需要采用 URL 进行通信的终端或者网关都是必要的。下面，我们以用于网关与基础设施间通信以及回传服务通信的 DANE（DNS-Based Authentication of Named Entities）协议为例进行说明，即**基于 DNS 的域名实体身份认证协议**。通过利用 DNSSEC 安全扩展机制，DANE 协议能够使证书和域名实体（URL）关联更紧密，从而能够有效地阻止各种基于 Web 的中间人攻击。

5.3.5 网络分段与网络访问控制

对于医疗保健机构而言，可以采用的一种安全策略是对物联网设备进行分段，将它们划分到物联网的**虚拟局域网**（Virtual Local Area Network，VLAN）当中。但是，这种做法可能会增加管理成本。

另外，还有一些解决方案可以实现自动化的网络分段。例如，Blue Ridge Network 公司提出的**自主网络分段**（Autonomous Network Segmentation，ANS）技术声称能够自动对连接到以太网的物联网设备进行分段，从而为可信网络提供安全保障，使物联网设备免遭入侵。Forescout 公司开发的一款产品可以自动发现物联网设备，并将这些设备划分进安全的 VLAN。此外，该工具还可用于监控设备行为，当设备出现可疑行为时予以报告。

5.4 设备引导与安全配置

安全引导同设备和企业级系统（需要能够识别出系统中的设备）中口令、证书、网络配置信息等参数初始分发的过程有关。当有新设备入网时，辨识出该设备为合法设备、流氓设备还是恶意设备非常重要。安全启动引导包括一组安全过程，这些过程可以确保新入网或者重新入网的设备经过以下处理：

- 无论是采用直接方式还是间接方式，设备均需要向其所连接的网络或者后台系统注册自己的身份信息。
- 接收网络、后台系统以及服务端的身份信息，通常采用安装默认加密证书（信任锚和信任路径）的方式。
- 接收安全配置信息，该安全配置信息需要依据安全策略进行严格审查。
- 接收有关网络、子网、前置网关等信息，包括端口和可以采用的协议。

　　由制造商对物联网设备硬件中的密钥或证书进行预先配置，是相应物联网设备安全引导入网的最简单方式。而这些设备中只需要包含一张清单即可实现大量设备的零接触配置，在清单中要包含同设备**电子序列号**（Electronic Serial Number，ESN）相对应的证书或公钥标识符。在网络中部署这些设备时，只需要向用户的管理系统或云服务提供商输入这些信息，就可以实现身份标识信息、证书和配置信息的自动分发。

　　默认情况下，生产制造环节之后大多数物联网设备都存在着众多安全隐患，即便在仓储运输途中也是如此。在这种情况下，应当频繁进行设备的安全引导，同时引导操作应当由经过严格筛选的人员在安全的设施或者房间内进行。无须多言，用户用于引导设备安全入网的措施应当具有针对性，能够有效缓解设备入网之前所可能遭受的攻击。

设备的安全配置

　　当前，物联网设备变得越来越复杂。有些设备可能只是包含了一套由 RTOS、第三方库和定制代码组成的镜像。而更新型的物联网设备通常由操作系统、运行时环境以及容器组成，其中容器的作用是隔离云服务、分析服务、第三方代码和定制应用。因此必须对这些设备进行配置，以确保其能够在网络中安全运行。首先，我们建议用户按照厂商提供文档中的要求对设备进行安全配置。如果厂商没有提供配置指南，那么用户可以寻找与网络中部署设备的具体类型相对应的最佳实践来对设备进行配置。

　　最起码，用户可以禁用未用到和经常受到攻击的服务。这是因为，有恶意代码不断地对互联网进行扫描探测，寻找可能存在漏洞的 FTP、telnet 等服务，而这些服务可能仅仅采用了弱口令或者已知口令加以保护，所以存在很大的安全隐患。

　　我们还建议用户对设备中的所有口令进行审计，包括物联网设备定制服务所采用的口令以及存储在 /etc/passwd 文件中的账户口令。如果存在有未经授权的账户，那么我们建议用户禁用 / 删除相关账户，并尽量采用基于角色的身份验证来实现设备功能的操作和设备的管理。

　　物联网设备的口令管理非常重要。借助工具，用户可以将所有物联网设备设置为不同的唯一口令，我们建议用户不要在多个设备之间采用相同的口令。此外，依据制定的安全策略，用户需要定期更换口令。用户可以借助某些安全产品来完成这项工作。例如，Device Authority 公司开发的产品 KeyScaler 就可以实现对物联网设备的自动化口令管理。通常情况下，由管理员来负责管理设备的本地口令，并根据预先设置定期更换口令。

　　此外，我们还建议用户查阅物联网协议的最佳实践文档，并对配置加以相应的限制。例如，针对蓝牙通信的安全配置，就有多个机构发布了相关指南：

- **美国国家安全局**（National Security Agency，NSA）**信息保障局**（Information Assurance Directorate，IAD）发布了蓝牙安全指南（https://www.nsa.gov/ia/_files/factsheets/i732-016r-07.pdf）

- 美国国家标准技术研究院发布了 NIST SP 800-121《NIST 蓝牙安全指南》（https://csrc.nist.gov/publications/detail/sp/800-121/rev-1/archive/2012-06-11）

对于采用 ZigBee 协议通信的设备，我们建议不要依赖其默认配置。Tobias Zillner 和 Sebastian Strobl 详细阐述了更改这些默认密钥的必要性。研究人员指出，无论是采用 ZLL（ZigBee Light Link）协议的方案，还是采用 ZigBee HAPAP（Home Automation Public Application Profile）规范的方案，其信任中心连接密钥均采用了相同的口令 ZigBeeAlliance09。因此，如果在物联网系统的实现中不对修改默认口令做出强制要求，那么就可能导致企业中的众多通信安全控制措施失效。在采用 ZigBee 协议的物联网设备组网上线之前，要更改所有的默认口令（https://www.blackhat.com/docs/us-15/materials/us-15-Zillner-ZigBee-Exploited-The-Good-The-Bad-And-The-Ugly.pdf）。

硬件配置的安全性同样重要。我们建议用户同厂商一起对安全态势开展分析。通过查阅文档或者访谈厂商代表的方式，了解设备是否已经禁用了测试接口（例如，JTAG 接口），这样当设备被盗或者暴露于开放环境时，能够阻止攻击者获取到设备的访问权限。用户也可以同设计人员一起，在设备设计之初就考虑可以在硬件中采取哪些物理安全保护措施。这些措施包括采用篡改主动检测和篡改响应机制（例如，检测到篡改时自动擦除敏感数据），覆盖和封堵关键接口，等等。

5.5 威胁情报与漏洞跟踪体系的构建

信息就是力量。我们建议用户花时间构建自己的威胁情报与漏洞跟踪能力，从而了解自身网络的安全状况以及当前网络安全行业中发生的重大安全事件。

5.5.1 漏洞跟踪

对于用户网络中所部署的软件、固件和硬件，应指派专人跟踪新出现的漏洞。漏洞信息主要来自于美国国家漏洞库中发布的 CVE 漏洞，该漏洞库由 NIST 负责运营维护，漏洞库链接为 https://nvd.nist.gov/。

5.5.2 威胁情报

用户也可以考虑采购市场上的威胁情报服务，借此用户可以了解其所关注行业中威胁发起方的信息以及他们的动机。美国云计算安全服务提供商 CrowdStrike 就是一家提供威胁情报服务的机构，CrowdStrike 利用多种情报采集技术来找出最新的威胁发起方及其攻击手段。不过需要注意的是，威胁情报服务有时售价不低，用户需要结合自身预算综合考虑。还有部分公司将多个威胁情报源相结合，从而有助于更加全面地了解威胁态势。

5.5.3 蜜罐

用户也可以自行收集某些类型的威胁情报，通过在自己的基础设施中部署蜜罐，就可以捕获自身网络所面临攻击的类型信息。并且，对于获得攻击的早期预警，或者捕获用于取证分析的数据等工作而言，蜜罐也都能够发挥作用。用户可以在**非军事区**（Demilitarized Zone，DMZ）部署蜜罐，然后限制非军事区同其他网络资产的交互，或者也可以在与其他设备相同的网络分段中部署针对物联网设备的蜜罐，确保自己能够监测到蜜罐中的恶意行为。

5.6 资产管理

除了跟踪每个组件的物理位置之外，物联网的资产管理还包含有很多内容。用户可以通过预测性分析来确定资产何时需要维护，并且还可以实时跟踪资产的在线情况，这些功能大大便利了某些物联网设备的管理。又比如在物联网生态系统中采用了某种新型的数据分析技术，那么机构也能够从这些新技术的应用中受益，并将技术运用到物联网资产自身的管理当中。

对于建筑工地上的自动驾驶网联汽车或者生产车间内的机器人而言，故障预测能力非常重要。然而故障预测只是第一步，因为随着物联网的不断成熟，其已经具备了新的功能，能够对故障做出自动响应，甚至能够实现新部件对损坏部件的自动替换。

假设有一组无人机，其作用是进行安保监控。每架无人机都是物联网中的一个节点，因此像其他资产一样，企业必须对这些无人机进行管理。这也就是说，在资产数据库中，针对每架无人机都应建立一个条目，包含如下属性：

- 注册编号
- 机尾编号
- 传感器载荷
- 制造商
- 固件版本
- 维护日志
- 飞行特性，包括对飞行包线（flight envelope）的限制

在理想情况下，这些无人机平台能够实现对自身的监控。也就是说，可以在无人机上配备多维传感器，利用多维传感器来监控飞行器的健康状况，并将数据传送到分析系统，由分析系统来开展预测分析。例如，无人机可以测量温度、应力以及扭矩等数据，这些数据可以用于预测平台中单个组件的零件故障。从信息安全角度来说，保护数据端到端的完整性非常重要，就像采用预测算法进行检查、查找计算结果中本不应该出现的差异一样。这是在同一个生态系统中，功能安全同信息安全存在交集的又一个例子。

要实现对资产的良好管理，要求能够维护一个同特定物联网设备相关的属性数据库实现对每项资产的定期维护。物联网系统的部署人员可以考虑采用以下两种配置管理模型：

- 由物联网厂商负责所有物联网资产组件（例如固件）的集成，并且由物联网设备厂商进行单次更新。
- 如果对物联网资产进行模块化开发时用到了多种技术，那么就需要对每个模块进行单独维护与更新。

如果是第一种情况，物联网资产的更新非常简单，但是依然存在漏洞利用的风险。用户至少需要确保新固件进行了数字签名（用于验证固件签名的公钥信任锚要进行安全存储）。同样，还需要确保固件分发基础设施的安全，这里的基础设施也包括从一开始分发签名证书的系统。当新固件加载到物联网平台时，在采用该固件进行设备引导并将固件载入可执行内存前，首先应当使用受保护的信任锚（公钥）验证固件的数字签名。除了对固件进行数字签名之外，还要检查是否对设备进行了配置，只能够接收经过签名的更新。

 人工进行物联网设备的资产管理有点儿不切实际。因此，我们建议用户还是采取自动化的解决方案。Xively、Axeda、ZingBox、Pwnie Express 以及 Senrio 等公司均提供了自动化的解决方案。举例来说，ZingBox 与 Senrio 等公司的产品都可以用来实现设备的自动探测，并刻画出设备的运行状况。

5.7 密钥与证书的管理

密钥和证书都可以用于物联网设备、网关和其他组件的身份验证，目的是确保数据在物联网系统中的安全传输。尽管大多数机构已经同 PKI 服务提供商就 SSL（Secure Sockets Layer，SSL）证书达成了协议，但是由于需要频繁向物联网设备分发证书，所以套用典型的 SSL 模型并不合适。诸如 Globalsign 和 Digicert 等 PKI 服务提供商已经开始着手针对物联网设备开展证书定制服务。除此之外，用户还有一个选择，就是搭建机构自己的 PKI 基础设施。

设备证书一直链接到根证书，其中根证书也称为信任锚。将这些信任锚定分发给设备，可以用于建立机构内部的可信关系。因此，用户必须制定信任锚的管理流程。例如，删除可能已被篡改的信任锚或添加新的信任锚以扩展信任。

用户要主动地开展证书管理。证书的生命周期是有限的（例如，证书有效期为一年），因此需要采用适当的方法对设备和其他组件中的证书进行更新。还有部分现成的产品也可以用于证书和信任锚的主动管理。例如，Device Authority 公司开发的 KeyScaler 平台可以帮助管理员管理其物联网系统中信任关系。例如，可以将设备分配给群组，然后针对每个群组配置加密策略。此外，KeyScaler 平台还能够支持 PKI 证书的自动分发。

用户还必须考虑证书撤销问题。撤销流程需要包含以下内容，分别是报告渠道、调查方法和负责批准 / 拒绝撤销列表中表项的机构。用户可以采用多种方式检查证书撤销列表，例如 OCSP（Online Certificate Status Protocol，**联机证书状态协议**）响应服务器、OCSP 封套（OCSP stapling）和传统的证书撤销列表（CRL）分发。

 在交通运输领域中，交通运输部门和汽车行业致力于构建一套新型、健壮、可扩展的 PKI 系统，该系统每年能够新签发超过 1 700 万份证书，经过扩展最终可以实现对 3.5 亿台设备（数十亿份证书）的支持，其中包括轻型车辆、重型车辆、摩托车、行人，甚至还包括自行车。该系统称之为**安全凭据管理系统**（Security Credential Management System，SCMS），为了便于了解为物联网提供加密支撑所需的复杂性和规模，可以将该系统作为一个很有意思的参照标准。

有关 PKI 证书的更多深入介绍，请参阅第 6 章。此外，在对物联网设备密钥和证书的操作和维护过程中，还需要思考以下问题：

不当行为的处理

物联网证书管理的一项重要内容就是不当行为的报告和分析。用户需要拟制自己的不当行为报告机制和渠道，并制定在用户物联网系统环境中刻画不当行为的策略，如图 5-2 所示。

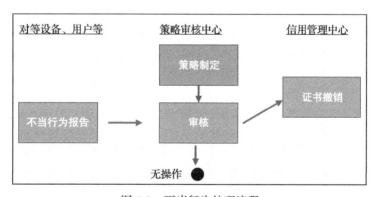

图 5-2 不当行为处理流程

不当行为报告的最终结果要么是不进行操作，要么是撤销设备或组件的证书。

5.8 账户、口令与授权的管理

就像对密钥和证书的管理一样，对账户和口令也要进行主动管理。如果有口令用于物联网设备的远程访问，或者限制物联网的功能操作（例如，发布/订阅消息的处理），那么对这样的口令就应当定期更换。而采用手工方式定期更换显然不太现实，因此自动化是这里的关键。在 ForgeRock 等公司开发的工具中就提供了相关选项，用户可以通过勾选该选项来实现账户和口令的自动化管理。

利用 ForgeRock 公司开发的工具，用户可以将身份管理平台与安装在物联网设备上的身份边缘控制器进行配对。配对完成之后，用户就可以强制下发口令策略，策略中可以包括口令强度、使用期限、能否重用等内容，还能够实现设备到设备（device-to-device）、设备到服务（device-to-service）和用户到设备（user-to-device）之间关系的动态授权。

5.9　固件管理与补丁更新

补丁和更新与向物联网设备分发软件和固件二进制文件的方式有关。大部分老旧系统，甚至还有部分新型系统都需要从本地直接连接到设备（例如通过 USB 接口、控制台、JTAG 接口、以太网等方式），然后手工将设备升级到新版本。考虑到对设备的监控和管理正在逐渐向云端迁移，很多新部署的设备都能够通过网络从厂商或者指定的设备、系统管理员那里获取更新或者补丁软件。但是，在软件更新或者补丁安装的工作流中也可能存在严重的漏洞，因此在设备的工程设计过程中，无论采用何种无线更新方式，都需要做到以下几点：

- 在从构建系统经过分段传输到达设备的过程中，要确保软件或者固件端到端的完整性且经过认证（在大部分情况下，也需要确保机密性）。
- 只有特定功能才能执行软件或者固件的更新，并且该功能只有高权限的角色或用户（如管理员）才能调用，如果设备（推送）通过了后端软件更新系统的认证，那么该设备也可以进行软件或者固件的更新。

 AWS 物联网设备管理服务提供了一套解决方案，能够对大量同 AWS 建立连接的物联网设备进行管理。管理员通过该服务可以管理物联网设备的权限。此外，借助该服务，管理员还可以将固件更新推送到指定类型的设备，也可以对设备执行多种管理操作，包括重启设备、恢复出厂设置和应用安全补丁。

5.10　系统监控

用户物联网系统的监控也面临着诸多挑战。举个例子，某些设备可能不会生成安全审计日志，还有很多设备不支持 syslog 等日志格式。因此，及时获取设备的日志数据非常困难，而就算日志采用了某种日志保护机制，物联网设备审计日志完整性的可信程度也是有限的。即便如此，在物联网系统中也需要开展对安全事件的监控。单单某些事件本身可能并不足以说明设备遭受了入侵，但是，安全分析人员可以在整个系统范围内进行事件关联，进而确定是否需要开展进一步的深入分析。在物联网系统中需要监控的事件还包括：

- 无法连接设备
- 基于时间的异常行为
- 网速骤然出现峰值，特别是在某些蹊跷的时间点
- 网速骤降
- 物联网设备采用了某种新协议，或者某种新协议尝试连接物联网设备
- 采集数据的方差超过了阈值
- 认证异常
- 出现尝试提权的操作
- 设备物理状态的快速变化（例如，温度迅速升高）
- 与未知目标建立通信，出现这种情况说明可能有攻击者尝试进行内网拓展
- 采用异常端口进行通信，出现这种情况说明可能有设备尝试同僵尸网络的 C2C 服务器建立连接
- 收到损坏的数据
- 出现意外的审计结果
- （设备或者网关）出现意外的审计记录，或者清除审计记录的操作
- 清理主题（如果采用了发布 / 订阅协议）
- 反复尝试建立连接
- 连接的异常中断

当前市场上已经发布了基于行为的监控工具，用户可以部署这些工具对设备的异常行为进行监控。这些工具可以根据每套物联网设备的行为构建设备画像，并对异常行为发出告警信息。类似的产品还包括 ZingBox 公司出品的 IoT Guardian Platform，以及 Senrio 公司出品的 insight。

无线电监控

物联网设备为监控也带来了新的挑战。举例来说，机构不仅应监控网络层面的入侵特征，还应对无线电进行监控，从而识别出进入受限区域的流氓设备，并捕获疑似恶意操作，而传统网络监控系统则难以捕获到这些恶意操作。Pwnie Express 和 Bastille 等厂商的产品均能够实现类似的功能。

 Bastille 公司基于**软件定义无线电**（Software-Defined Radio，SDR）技术开发了一款产品，声称能够为无线电网络提供安全保障。该产品能够检测到运行频率在 60MHz 和 6GHz 之间的物联网设备。

5.11 相关人员的安全培训

2015 年，OpenDNS 就物联网设备在企业中的应用发布了一份报告。报告中对安全从业人员即将面临的挑战进行了简单介绍。报告指出，已经有员工将自己的物联网设备连接到了所在企业的网络，同时还发现有智能电视等设备穿过了企业防火墙，通过不同的端口连接到了厂商的 IP 地址。该项研究表明对员工开展培训很有必要，需要让员工知晓哪些联网行为允许、哪些联网行为不允许，同时也需要对安全管理员进行培训，格外留意消费级物联网设备的不当连接。

目前没有很多现成的培训课程可供相关人员选择。对此我们建议用户编制自己的内部培训材料，定期向相关工作人员发放。在本节中，我们将会就员工安全意识培训，以及负责物联网系统操作、管理和维护的安全管理员和系统管理员的培训内容开展介绍。

5.11.1 面向员工的安全意识培训

有时员工想将自己的消费级物联网设备连接到企业网络当中，或者将无线设备带入企业的办公区域，甚至可能会同企业的业务物联网系统进行交互，抑或是直接使用企业的业务物联网系统。无论他们的意图如何，至少应当从以下方面开展对员工的安全培训：

- 介绍何种类型的物联网设备可以或者不可以连接到企业内网当中
- 介绍何种类型的物联网设备不可以带入到公司内部办公区域当中
- 介绍在使用企业的物联网设备之前，员工需要具备何种权限
- 介绍哪些类型的受限区域不允许带入物联网设备
- 介绍物联网设备可能带来的隐私泄露隐患，确保工作人员了解其肩负有保障隐私安全的责任。

员工同业务物联网系统的交互也应当进行培训，帮助员工了解：

- 使用物联网设备的风险
- 操作物联网设备与系统的正确方法
- 操作物联网系统时功能安全方面的考量与要求
- 操作物联网系统时隐私保护方面的考量与要求
- 处置物联网资产的正确方法
- 保障物联网系统中数据机密性的要求
- 物联网系统不可用时的应对预案

5.11.2 针对物联网的安全管理培训

应向安全管理员提供所需技术支持，并制定管理流程，以确保物联网系统的安全运行。物联网安全管理培训涉及的内容主要包括：

- 机构中物联网使用的权限策略。

- 新型物联网资产详细的技术概况，以及新型物联网系统中会用到的敏感数据。
- 新型物联网设备上线的流程。
- 物联网设备安全态势的监控流程。
- 物联网设备和网关固件 / 软件的更新流程。
- 管理物联网资产的授权方法。
- 如何在机构中检测发现未经授权的个人物联网设备。
- 物联网设备安全事件响应流程。
- 物联网资产的正确处置流程。

5.12　开展渗透测试

在对机构中的物联网开展安全性评估时，需要对其硬件和软件进行测试，这些测试既包括定期开展的渗透测试，也包括在设备运维周期中开展的自主测试。

除了渗透测试本身就是一种确保网络安全的良好做法之外，在许多规范要求中，也明确提出了未来第三方开展的渗透测试中要能够包含物联网设备与系统。渗透测试也可以用于现有安全控制措施的验证，从而找出已实施安全控制措施在应对威胁时是否有效。

在红队开展演练时，还应部署蓝队对企业的安全策略开展持续性评估。同样，在企业架构中部署物联网基础设施软硬件之前，也需要对软硬件组件的安全状况进行评估。

红蓝对抗

同针对传统 IT 系统的渗透测试相比，针对物联网系统的渗透测试并没有显著区别，但还是有个别地方需要注意。渗透测试的最终目标是挖掘漏洞，提交漏洞报告，因为这些漏洞可能会被攻击者用来攻击系统。对于物联网系统而言，为了能够挖掘出软件、固件、硬件，甚至是无线电协议配置中的安全漏洞，渗透测试人员必须准备好称手的工具。

开展有效的渗透测试要求测试人员能够聚焦系统实现中最为重要的部分。用户需要想清楚，对于机构最重要的业务功能是什么（例如，用户数据隐私的保护、运维的连续性等），随后制定出规划，对最可能影响这些目标的信息资产开展安全测试。

渗透测试既可以采取白盒测试方法，也可以采取黑盒测试方法。两种方法都能够发现目标系统的安全隐患，其中黑盒测试能够模拟外部的攻击者，而白盒测试能够进行更为全面的评估，这样测试团队才能够更好地发挥自身优势来挖掘漏洞。

绘制攻击者画像对于开展渗透测试也大有裨益，因为攻击者画像可以刻画不同类型的攻击者，这些攻击者可能关注于不同系统的入侵。这样做的好处在于能够节省成本，并且还能够提供更加真实的攻击模式，预算不同的攻击者很可能采用这些攻击模式发起攻击。

渗透测试的目标就是挖掘出系统中的安全漏洞，因此物联网系统测试人员应当经常开展渗透测试，因为有些安全漏洞的检测其实并不困难。常见漏洞包括：

- 在物联网设备或者网关、服务器，以及为其提供支撑的主机与网络设备中采用默认口令。
- 在物联网设备、网关或者为其提供支撑的服务中采用默认加密密钥。
- 系统的默认配置众所周知，因此如果未对系统的默认配置进行修改，系统易遭受枚举攻击（例如默认端口）。
- 物联网设备采用的配对过程不安全。
- 基础设施或者设备的固件更新过程不安全。
- 从物联网设备到网关之间的数据流未加密。
- 无线电通信（蓝牙、ZigBee、ZWave 等）配置不安全。

1. 硬件安全评估

硬件的安全性也需要进行评估。由于缺少针对硬件安全性评估的测试工具，因此这项工作颇具挑战性。不过，当前已经出现了相关的安全测试平台。例如，安全研究人员 Julien Moinard 和 Gwenole Audic 开发的 Hardsploit 就可以用来开展硬件安全评估。

Hardsploit 是一款可定制的模块化工具，可以用来实现和多种数据总线的交互，这些数据总线的类型包括 UART、Parallel、SPI、CAN 以及 Modbus，等等。更多有关 Hardsploit 的信息请参见 https://hardsploit.io/。

针对企业物联网开展硬件安全的评估过程并不复杂。测试人员需要搞清楚的是硬件设备是否在系统中引入了新的漏洞，进而是否对系统资产以及数据的保护造成了影响。通常，渗透测试中物联网硬件安全评估的流程如下所示：

1）信息搜集与侦察

2）硬件的外部分析与内部分析

3）通信接口识别（例如 USB、SPI、I2C 等等）

4）采用硬件通信技术获取数据（总线嗅探）

5）利用硬件调试接口（例如 UART、JTAG 等等）开展固件漏洞利用

6）固件提取与分析

当试图拆解设备时，测试人员当场就可以判断设备是否采用了防篡改机制。所以，此时一定要小心，因为拆解设备可能会影响产品的质保以及厂商提供的后续技术支持。

2. 电波

物联网同传统 IT 的另一个区别在于物联网对无线通信的依赖越来越多。但是，采用无线通信的同时也可能会给企业带来潜在的各种后门，用户对此一定要加以防范。在渗透测试中还有一点非常重要，那就是要判断攻击者是否有可能在现场部署流氓无线设备，是否能够实现对现场通信数据的隐蔽监控或过滤。

3. 物联网渗透测试工具

虽然现在互联网上出现了许多针对物联网的测试工具，但是许多传统的渗透测试工具同样适用于物联网。下面就列出了部分有助于开展物联网渗透测试的工具，如表5-3所示。

表 5-3　物联网测试工具

工具	介绍	获取链接
BlueMaho	蓝牙安全工具套装。利用该工具套装能够实现对蓝牙设备的扫描和跟踪，同时该工具还能用于并发扫描和攻击测试	http://git.kali.org/gitweb/?p=packages/bluemaho.git;a=summary
FACT	固件分析与比较工具	https://fkie-cad.github.io/FACT_core/
MobSF	移动安全测试框架	https://github.com/MobSF/Mobile-Security-Framework-MobSF
Bluelog	主要用于针对某个位置的长期扫描，以识别出可被探测的蓝牙设备	http://www.digifail.com/software/bluelog.shtml
crackle	破解低功耗蓝牙加密机制的专用工具	https://github.com/mikeryan/crackle
SecBee	ZigBee 漏洞扫描工具，以 KillerBee 和 scapy-radio 为基础构建	https://github.com/Cognosec/SecBee
KillerBee	针对 ZigBee 网络的安全态势评估工具。借助该工具，可以实现对终端设备以及基础设施设备的模拟和攻击	http://tools.kali.org/wireless-attacks/killerbee
scapy-radio	用于无线电测试，scapy 工具的改进版本。可以支持 Bluetooth-LE、802.15.4 以及 ZWave 等协议	https://bitbucket.org/cybertools/scapyradio/src
Wireshark	一款老牌流量分析工具	https://www.wireshark.org/
Aircrack-ng	用于针对 Wi-Fi 网络开展漏洞利用的无线安全工具，支持 802.lla、802.llb 以及 802.llg 协议	www.aircrack-ng.org/
Chibi	集成开源 ZigBee 栈的微控制器	https://github.com/freaklabs/chibiArduino
Hardsploit	用于物联网硬件测试的新款工具，具有与 Metasploit 类似的灵活性	https://hardsploit.io/
HackRF	针对 RX 和 TX 端口（lMHZ ~ 6GHZ）的高灵活性、一站式测试平台	https://greatscottgadgets.com/hackrf/
Shikra	借助 Shikra 设备，用户可以通过接口（USB）同各种底层数据接口进行交互，这些底层数据接口包括 JTAG、SPI、12C、UART 以及 GPIO	http://int3.cc/products/the-shikra

当然，测试团队也应该跟踪可能影响物联网实现的最新漏洞。例如，用户可以经常访问美国**国家漏洞数据库**（National Vulnerability Database，NVD）来跟踪最新的漏洞，该漏洞库的链接是 https://nvd.nist.gov/。在某些情况下，漏洞可能并不直接存在于物联网设备当中，而是存在于物联网设备所连接的软件和系统当中。针对企业中用到的所有设备和软件，物联网系统管理者应当采用版本跟踪系统全面地跟踪设备和软件的版本型号，并定期维护。这些信息应当定期同漏洞库中的相关信息进行比对，并且可以向白盒渗透测试团队共享。

5.13 合规性管理

针对物联网安全合规性的持续监控之前就是一项颇具挑战性的工作，并且现在看来日后也是难度不减，因为监管机构正在尝试采用当前的合规性标准指导物联网的合规性管理。

我们说某套物联网部署满足合规性要求，指的是遵循规范中的安全和策略要求，同时也适用于物联网的部署。从安全生命周期的角度来说，无论是依据商业规范要求还是依据政府提出的规范要求，是否合规完全取决于具体行业的监管环境。举个例子，对于信用卡和借记卡金融交易中所用到的设备和系统而言，就必须遵循针对网点终端以及核心基础设施所制定的**支付卡产业联盟**（Payment Card Industry，PCI）的系列标准。军用系统则需要通过 DITSCAP[⊖]和 DIACAP[⊜]的**认证认可**（Certification and Accreditation，C&A）。以包裹计量、信件计量形式涉及金融交易的邮政设备则必须遵循邮政行业标准。因为邮资机是以邮费的形式打印邮件运费所需要支付的金额。

糟糕的是，物联网可能会提高满足合规要求的难度，因为如果要判断物联网设备是否合规，这时就需要了解设备中各方之间复杂的数据交互方式，还需要搞清楚物联网设备最后将数据传输到什么地方（例如，如果拿到了原本应当发送给厂商的设备元数据，那么就可以采集到有关终端用户的信息）。

如果物联网数据只限于某个行业或者某种用途，情况就简单得多了。但是考虑到数据聚合和数据分析的增长趋势，隐私保护方面的法律和法规很可能会对物联网提出合规性要求，这些要求对物联网设备与系统会产生深远的影响。例如，GDPR 对未来数年物联网发展的影响就非常巨大。物联网设备与系统连接和数据共享的范围越广，就越有可能遇到原来意想不到的合规和法律问题。

在设计物联网服务与产品时，首先需要确定到底要符合哪些规范标准，那么此时搞清楚物联网部署的所有物理和逻辑连接点就非常关键了。我们必须知道所有的网络连接、数据流、数据源、数据汇聚点以及机构边界，因为在综合考虑信息、建立的连接以及所要遵循的合规性要求情况下，需做出一定程度的权衡。举例来说，对于消费级可穿戴设备而言，如果其要是同医生、诊所以及医院分享用户的心跳、血压等健康指标就未必行得通。这是为什么呢？因为在美国，上述数据需要采取多项符合 HIPAA 法案要求的保护措施来保障数据安全。除此之外，如果用于医疗用途，那么类似设备还会受到**美国食品药品监督管理局**（Food and Drug Administration，FDA）的监督和管理。如果将可穿戴设备连接到医疗卫生信息系统中有足够的业务应用前景，那么厂商可能就会计算合规成本，判断在市场开拓、利润等方面能否带来长期回报。下面是部分针对具体行业的合规要求，虽然还不全面，但已经涵盖了大多数行业。

    ⊖ 美国国防部信息技术安全认证认可程序。——译者注
    ⊜ 美国国防部信息保障认证认可程序。——译者注

- **支付卡产业联盟**（Payment Card Industry, PCI）：该联盟由 Visa、MasterCard、美国运通、发现金融服务公司以及 JCB 日本国际信用卡公司组成，主要负责指导 PCI 安全标准委员会研究制定并维护金融交易安全标准，例如 PCI **数据安全标准**（Data Security Standard, DSS）与 PIN **交易服务**（PIN Transaction Services, PTS）标准。

- **北美电力可靠性委员会**（North American Electric Reliability Corporation, NERC）：该委员会强制要求重要的发电和配电系统采用**关键基础设施保护**（Critical Infrastructure Protection, CIP）标准予以保护。在 CIP 标准中，就关键资产识别、安全管理、边界保护、物理安全、安全事件报告和响应，以及系统恢复等内容进行了阐释。

- **美国邮政服务公司**（US Postal Service, USPS）：该公司制定了对邮政安全设备提出强制性的安全要求和控制措施的标准。邮政安全设备的作用是保障邮戳转账的安全，同时保证资金和邮戳之间的完整性。

- **国际自动机工程师学会**⊖（Society of Automotive Engineers, SAE）：该协会为汽车行业制定了多项功能安全与信息安全标准。

- **美国国家标准技术研究院**（National Institutes for Standards and Technology, NIST）：NIST 制定的标准影响深远且富有前瞻性，许多行业都参照其来制定具体要求。NIST 的标准中包括各种**特别出版物**（Special Publication, SP）、**联邦信息处理标准**（Federal Information Protection Standard, FIPS）以及 NIST **风险管理框架**（Risk Management Framework, RMF）。NIST 的标准在交叉引用方面非常严谨，体现了标准的适用范围以及同其他标准之间的依赖关系。例如，NIST 在多项标准（其中也包括针对具体行业的标准）中都引用并强制采用了 FIPS 140-2 标准来确保加密设备的安全。

- **健康保险隐私及责任法案**（HIPAA）：美国卫生及公共服务部负责 HIPAA 法案的监督落实，并制定了 HIPAA 法案的安全规则：HIPAA 法案的安全规则建立了一套国家标准，其作用是对由覆盖实体（covered entities）创建、接收、使用与维护的个人电子健康信息提供安全保护。该安全规则要求通过适当的管理、物理和技术保障措施，确保电子健康信息的机密性、完整性和安全性。

- **美国儿童在线隐私保护法案**（COPPA）：该项法案中要求经营者在采集、使用或披露 13 岁以下儿童的个人信息之前，需告知其父母并获得同意，且同意意见可以核实。该法案还要求经营者要对其从儿童那里采集到的信息提供安全保障。

- **通用数据保护条例**（GDPR）：在新颁布的欧盟**通用数据保护条例**（General Data Protection Regulation, GDPR）中提出了多种策略和程序，作用是统一隐私保护，同时允许欧盟中的个人对其个人数据拥有更大的控制权。有关 GDPR 的详细信息，读

⊖ 原译为美国汽车工程师协会。——译者注

者可以参阅 https://eugdpr.org/。

- **欧盟电子隐私条例**（European ePrivacy Regulation）：尽管主要面向 Web，但它也涵盖了未来的通信手段，例如：

"借助于电子通信网络（物联网），联网设备和机器之间的通信量不断增长。机器到机器间的通信传输涉及网络中的信号传输，因此，通常也可以将其看作是一种电子通信服务。为了对通信过程中的隐私和保密性予以充分保护，并在单一数字市场中推动可信、安全的物联网的发展，有必要澄清本条例适用于机器到机器间的通信传输。因此，本条例中的保密原则也适用于机器到机器间的通信传输。在行业法规条例的制定中也应当采取本条例中相应的保障措施，例如欧盟无线电设备指令 2014/53/EU。"——欧盟通用数据保护条例

- **隐私法案**：美国于 1974 年颁布了隐私法案。

5.13.1　HIPAA

请注意，当前 HIPAA 法案还未覆盖消费者购买的可穿戴设备。如果可穿戴设备是由医疗服务机构购买并提供给患者的，那么来自该可穿戴设备的数据就处于 HIPAA 法案的监管之下。但是，如果可穿戴设备是患者自己购买的，那么此时该可穿戴设备采集和发送数据则不受 HIPAA 法案的监管。数据聚合的概念对于理解与物联网隐私相关的问题也很重要。有些数据元素本身并不会被视为 HIPAA 法案中的 PHI（Protected Health Information，受保护的健康信息）。然而，当这些数据元素与具有可识别性的信息相结合时，得到的数据就会处于 HIPAA 法案的监管范围之中。HIPAA 法案的安全规则给出了定义 PHI 的 18 项标准。在 FTC 发布的一份报告（《互联世界中的隐私和安全》）中，要求对 HIPAA 法案进行更新，拓展数据采集的范围，报告建议将移动端的健康应用和其他联网设备也纳入到法案的监管范围当中。

5.13.2　GDPR

GDPR 囊括了一组旨在保护隐私的数据主体权利。这些权利包括数据泄露通知（breach notification）、访问权（right to access）、被遗忘权（right to be forgotten）、可携带权（data portability）和基于隐私的设计（privacy by design）。当数据泄露给个人权利和自由带来风险时，需要发出数据泄露通知。发生数据泄露事件的机构必须在知晓数据泄露事件之后的 72 小时内发出通知。如果在数据处理过程中，数据处理方用到了用户的个人数据，那么数据处理方也需要告知用户其个人数据正在使用以及数据的用途。这就是访问权。此外还有被遗忘权，指的是如果不再需要数据或者数据主体撤回同意，那么依据被遗忘权需要强制删除数据。最后，数据可携带权指的是数据主体可以以机器可读的格式获取到自身的数据。

5.13.3　合规性监控

考虑到已制定颁布了很多合规标准，同时还有很多合规标准在不断演进，因此对于业

务场景而言，需要提前搞清楚哪些标准适用，以及标准适用于机构中的哪些元素和系统，这一点非常重要。我们建议用户在物联网系统的设计和开发、产品和数据的选择以及共享过程中同合规性要求结合起来。除此之外，在对系统的认证认可过程中，还有很多标准可能会要求监管部门的参与，其他标准则可以自行开展认证。上述认证认可活动需要用户支付比较高的成本和比较长的时间，可能会给物联网的部署带来一定的阻碍。

由于安全维护会涉及机构中大量的设备和多种设备类型，因此物联网的合规性监控颇具挑战性。尽管目前应对这一挑战的解决方案还很有限，但厂商们正在不断进行能力储备以满足相关需求。

举例来说，安全供应商 Pwnie Express 公司就提供了针对物联网的合规性监控和漏洞扫描服务。Pwnie Express 公司开发的 Pwn Plus 系统能够检测出未经授权、存在安全隐患以及可疑的设备，并生成检测报告。借助该套系统，安全工程师可以采用常用的渗透测试工具对安全策略、配置和控制措施进行验证。

5.14　安全事件管理

正如物联网将现实物理世界和电子世界连接起来了一样，它也将传统的 IT 技术同业务流程融合在了一起，如果机构的业务流程出现中断，那么影响很可能会触碰到机构的红线。这些影响可能会给机构带来经济损失，也可能会让机构名誉扫地，甚至还会带来人身伤亡。物联网相关的安全事件管理对安全从业人员提出了较高的要求，对于可能影响业务正常开展的部分物联网系统，安全人员需要深入了解这些物联网系统的入侵与破坏方式。应急人员应当熟知业务连续性计划（该计划在开发物联网系统时即应制定），并依据计划确定在事件应急响应过程中应当采取哪些步骤开展处置。

微电网为安全事件管理提供了宝贵的示例。微电网自身中包含了发电、配电以及管理系统，管理系统可以同更大型的配电基础设施相连接也可以不连接。发现安全事件涉及某套 PLC（Programmable Logic Controllers，**可编程逻辑控制器**）设备时，应急人员需要首先了解该 PLC 设备下线产生的影响。最起码，在响应过程中，应急响应人员应当同遭受影响的业务操作紧密联动。这就要求安全人员针对机构中的每套物联网系统均应当维护一套应急 PLC 数据库，该数据库要定期更新，并且包含对关键资产与业务功能的介绍。

但是，也并非所有安全事件都会对业务系统产生重大影响。更多的情况是，网络中的某台设备遭到了入侵，或者发布了已知的漏洞。对此，安全事件响应计划必须快速解决这些问题。在许多情况下，厂商的**产品安全事件响应团队**（Product Security Incident Response Team，PSIRT）会通知客户出现的漏洞，并同客户一起解决这些问题。如果第三方提交的漏洞比较严重，在已经部署的产品中必须加以解决，那么 PSIRT 团队还会与提交漏洞的第三方展开合作。

取证

物联网中数据丰富，为取证提供了诸多便利。从取证角度来说，在每个物联网终端上尽可能多地保存数据有助于调查的开展。但是，物联网系统中的资产本身未必处于可用的状态（例如物联网资产可能被窃），也可能无法存储有用的数据，又或者可能会遭到篡改，这一点与传统 IT 安全不同。因此，如果能够获取遭受入侵的物联网设备生成的数据，以及环境中的相关设备，那么就可以为物联网取证奠定良好的基础。物联网设备的数据有助于开展预测性分析，同时也得益于预测性分析，正因如此，我们建议用户还应当对物联网历史数据开展分析，深挖安全事件根源。

 取证分析是一项专业性比较强的工作。如果应急响应团队没有配备取证人员，难以应对安全事件，那么可以与具有相关资质的专业取证公司取得联系，由专业的取证公司协助开展安全事件处理，或者请其派人参与安全事件的响应处理。

5.15 末期维护

对系统的处置既适用于整个系统也要顾及系统中的单个组件。物联网系统可以生成大量的数据，然而在设备中只会保存少量的数据。但是，这并不意味着物联网设备相关的控制措施就可以完全忽略不计。适当的处置流程能够防止攻击者通过各种手段获得物联网实体设备（例如，在垃圾桶中翻找废弃的电子元件）。

1. 设备的安全处置和归零

许多物联网设备中都配置有加密信息，借助加密信息，物联网设备可以加入本地网络，也可以同远程设备或系统进行认证继而建立安全的通信链路。在处置这些物联网设备之前，必须删除设备中存储的加密信息并且确保没有剩余信息残留。对此，用户需要制定出相关的策略与流程，依照这些策略或者流程，经过授权的安全人员可以安全地删除密钥、证书以及设备处置时需要删除的其他敏感数据。还有，之前分配给物联网设备的账户也应当删除，因为之前会保存账户的认证信息以用于某些事务的自动处理，删除后账户认证信息即不会被泄露或者劫持。

2. 数据清除

当系统中的网关设备退役时，应当对其进行彻底检查。因为这些设备中可能还存储着对攻击者有用的数据例如关键的认证信息，必须彻底擦除这些数据使其无法恢复。

3. 库存管理

资产管理是企业信息安全工作中的关键组成部分。如果想要维护一个良好的安全态势，那么必须对资产及其状况进行跟踪。许多物联网设备成本低廉，但是这并不意味着就可以不遵守严格的设备管理流程，草率地将其替换。如果有条件的话，我们建议用户采用自动化库存管理系统来对库存中所有的物联网资产进行跟踪，并且依据安全处置办法来从库存中清除设备。许多 SIEM 系统都维护有设备库存数据库，同时，为系统运维人员和 SIEM 运维人员之间建立畅通的通信渠道，也有助于确保库存管理数据的一致性。

4. 数据归档和记录管理

数据的保存时间在很大程度上取决于特定行业的具体要求和规范。在物联网系统中满足这些要求和规范则需要进行手工设置，或者频繁调用数据仓库功能，以实现数据的采集以及一段时间内的存储。Apache 和亚马逊数据仓库（S3）均提供了所需的功能，可用于物联网设备的记录管理。

5.16　本章小结

在本章中，我们讨论了与物联网设备实现、集成、运维以及处置有关的安全生命周期管理过程。其中每一步都包含了关键的细分步骤，在各个行业的物联网部署过程当中，我们也建议用户结合实际情况制定出细分步骤。虽然文中将笔墨主要放在了设备的安全设计上（或者说还略有不足），但是对安全集成及安全运维也要予以重点关注。

在第 6 章中，我们将对同物联网有关的应用密码学知识进行介绍。我们介绍这些背景知识的原因在于，许多传统行业对安全不熟悉、不了解，因此尝试正确运用密码学知识以及将密码学知识同产品结合的过程中面临着很大的困难，第 6 章的内容将对此提供帮助。

第 6 章

物联网安全工程中的密码学基础

本章内容主要面向的是物联网的实施人员，也就是物联网设备（包括消费级物联网设备和工业级物联网设备）的开发设计人员，或者在企业中整合物联网通信的集成人员。本章将对物联网实施和部署的一条龙解决方案进行介绍。虽然本书的大部分内容着眼于现实中的应用与指导，但本章稍微偏离一下这方面，对应用密码学和密码实现相关主题的内容进行深入探讨。很多安全从业人员可能会将这部分内容视作常识，但是，当前物联网设备在涉及密码学实现方面却出现了诸多错误，同时在部署上也存在安全隐患，而即便是具备一定安全意识的公司也可能仍然在采用这样的部署方式。因此，在这种情况下我们认为还是有必要把密码学基础知识拿出来进行专门的介绍。物联网设备与系统所面临的风险日趋严重，有证据表明，尽管很多行业（比如家电厂商）过去在信息安全领域毫无储备，但是当前正在不断地将它们的产品接入到网络当中，又或者采用物联网技术来赋能他们的产品。在这一过程中，厂商们犯了很多原本可以避免的错误，现在可能会给用户安全带来影响。

在本章中，我们对用于保护物联网通信和消息协议的密码学知识进行详细介绍，并从技术栈的不同层次对如何采用特定协议提供进一步的加密保护做出详细的指导。

本章是读者了解后续章节内容的重要前提，在后续章节中，我们将对 PKI（Public Key Infrastructure，公钥基础设施）及其在物联网身份和信任管理中的应用进行介绍。而本章中介绍的底层安全方面的内容和密码学基础算法正是 PKI 依赖的基石。

本章内容可以分为以下几个部分：

- 密码学及其在保障物联网安全方面的作用
- 物联网中所涉及密码学基础算法的类型及用法
- 密码模块原理
- 针对物联网协议加密控制措施的分析
- 密码学的未来走向

6.1　密码学及其在保障物联网安全方面的作用

当前，借助互联网和私有专网，机器之间正在以前所未有的速度互联互通。然而，糟糕的是，几乎每天都会涌现出大量关于个人、政府和企业遭到网络入侵的新闻报道，这些报道使得互联互通带来的优势变了味道。个人黑客、有国家背景的攻击团队、有组织的犯罪团伙同安全行业玩着一场永不休止的猫鼠游戏。无论是从网络入侵导致的直接后果来说，还是从我们为改善安全技术服务、提供安全保障和降低安全风险投入的成本来说，我们都是受害者。公司董事会以及政界高层都意识到更加安全的保障措施与隐私保护迫在眉睫。而要满足这一需求，很重要的一部分工作在于更广泛地运用密码学知识来保护用户和机器中的数据。默认安全（Secure by Default）原则表明了密码技术的应用几乎无所不在，因此密码技术也将在物联网的安全保障方面发挥出越来越大的作用。像现在一样，未来密码技术依然会被用于无线网络（网络、点到点）、网关通信流量、后台云端数据库、软件/固件镜像以及用户大量存储数据的加密保护。

信息时代，密码学为确保数据、交易和个人隐私的安全提供了不可或缺的工具。从根本上说，如果在实现上没有出现差错，密码学可以为所有数据提供如表6-1所示的安全保障，无论这些数据是处于传输状态还是处于存储状态。

表 6-1　密码学提供的安全保障

安全保障	密码服务
机密性	加密
认证性	数字签名或**消息认证码**（Message Authentication Code，MAC）
完整性	数字签名或消息认证码
不可抵赖性	数字签名

下面我们回顾在第1章中提出的概念，表6-1中提到的安全保障涵盖了**信息保障**（Information Assurance，IA）5大核心概念中的4个。而剩下的一个，也就是可用性，密码学则难以提供保障，而且如果密码学应用实例在实现过程中存在问题，还会对可用性造成负面影响（例如，存在密码同步问题的通信栈）。

得益于密码学所提供的机密性、认证性、完整性和不可抵赖性等安全保障，能够直接、有针对性地缓解主机、数据和通信等方面的安全风险。

不久前，本书作者（Van Duren）花费了大量时间帮助美国联邦航空局（FAA）解决操控人员与无人机（pilot-to-drone）通信过程中所遇到的安全问题（将无人机系统整合到国家空管系统的过程中，在功能安全和信息安全方面需要满足该前提条件）。而在推荐满足需求的控制措施之前，我们首先需要了解都有哪些通信风险可能会对无人机安全造成影响。在这一过程中，就需要细致地刻画出操控人员和无人机之间常见的信息类型和信息流。

这时，了解应用密码学的原则就显得十分重要，因为很多安全从业人员并不会涉及协议级安全控制措施的设计，他们的工作更多的是在安全嵌入式设备和系统级安全架构的开发过程中选择高级的密码套件。而在做出选择时，就应当充分考虑到已发现的风险。

6.1.1 物联网中密码学基础算法的类型及用途

大多数人想到密码学时，可能最先映入脑海的概念就是加密了。他们认为数据如果经过了加密，那么也就是说，未经过许可的一方不能对数据进行解密，这时也就无从了解数据中的信息。在现实应用中，密码学包括了许多基础算法，每种算法都能够部分或者完全地满足前面提到的某一个信息保障目标。而对密码学基础算法进行安全实现并加以整合，则可以实现一个更大的、更为复杂的安全目标，这项工作通常应当由那些精通应用密码学和协议设计的安全专家来负责实施或监督。因为，即便是最微小的错误都可能妨碍安全目标的达成，并可能导致代价高昂的漏洞。相比于正确地实现一种密码方案，把方案搞砸的方法更多。

密码学基础算法主要包括以下几种类型：
- **加密**（和**解密**）算法
  - 对称
  - 非对称
- **散列算法**
- **数字签名算法**：数字签名可以提供完整性、身份信息、数据起源认证以及不可抵赖性等安全保障：
  - **对称**：采用 MAC 进行完整性和数据起源认证
  - **非对称**：基于**椭圆曲线**（Elliptic Curve，EC）和**整数因子分解**（Integer Factorization Cryptography，IFC）等密码机制
- **随机数生成算法**：大多数密码学的基础都是由高熵源产生的极大数，会在生成加密密钥时用到。

然而，密码学技术一般不会单独使用，而是用于实现高层通信等协议的底层安全功能。例如，蓝牙协议、ZigBee 协议、SSL/TLS 协议和其他多种协议都涉及了标准密码学基础算法的使用，并且将这些算法同消息协议、消息编码以及相关的协议行为（例如，如何处理未通过消息完整性验证的消息）进行了融合。

6.1.2 加密与解密算法

加密是大部分人熟悉的密码学服务，主要用于称之为保密或信息屏蔽的操作当中，作用是使得非目标方无法读取或解释加密信息。换言之，加密的作用是保护信息的机密性，使其不被攻击者窃听（无论是通过捕获用户通信流量的方法，还是通过读取用户存储数据的方法），而只允许目标方对信息进行解密。加密算法可以是对称的也可以是非对称的（稍后

将会加以解释）。在这两种情况下，加密算法以密钥和未受保护的数据为输入，然后加密算法对需要保密的数据进行加密操作。加密完成之后，即可以保护数据免遭攻击者窃听。需要解密时，接收方使用密钥来对数据进行解密。未经加密保护的数据称为**明文**（plaintext），经过加密保护的数据称为**密文**（ciphertext）。基本的加密与解密过程如图 6-1 所示。

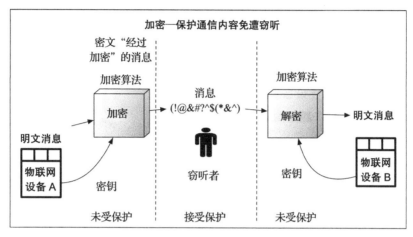

图 6-1　加密与解密流程示意图

从图 6-1 中可以明显看出，如果数据在抵达**物联网设备 B** 之前被解密，那么该数据就存在遭受**窃听**的风险。这就引发了疑问，到底应当在通信栈的哪些地方以及在哪些协议中进行加密呢？也就是说终端能够发挥什么作用呢？对通信链路加密时，系统安全工程师需要依据他们在威胁建模过程中获得的信息决定采用点到点（point-to-point）加密还是端到端（end-to-end）加密。这是一项很容易出错的工作，因为很多加密协议采用的都是点到点方式，中间需要经过网关等多个中间设备，而这一路径是非常不安全的。下面举个例子，如果加密程序部署在 OSI 模型中的第 2 层（即链路层），那么可以实现对链路层之上网络层的流量数据的加密，保护在链路的末端终止，而如果加密程序部署在网络层，那么会对网络层数据包内的载荷进行加密，并确保其安全到达特定的网络层目的地。当网络层加密难以实现端到端的加密保护时，可以采用应用层机器到机器（machine-to-machine）的加密方式。

在当前的互联网威胁环境中，会话和应用层中的端到端加密最为重要，因为如果在中间节点进行解密可能会出现严重的数据泄露。电气行业及其经常采用的不安全的 SCADA 协议就是一个实例。通常采用构建安全通信网关（采用最新添加的加密算法）的方式来进行安全修复。而在其他情况下，则需要通过能够提供端到端保护的协议来为不安全协议建立通信隧道。在系统安全架构中，应该对所用到的每一种加密安全协议均进行清晰地说明，并且突出强调明文数据所处的位置（存储或传输），以及需要在何处对明文进行加密。一般来说，只要条件允许，都应该采用端到端的数据加密，并且应当将其作为一种默认安全策略。

1. 对称加密

简单来说，对称加密是指发送方（加密方）和接收方（解密方）使用了完全相同的密钥。根据模式所采用的算法既能用来加密也能用来解密，因此该算法操作是可逆的，对称加密流程如图 6-2 所示。

在很多协议中，不同的通信方向会采用不同的对称密钥。举例来说，**设备 A** 可能采用密钥 X 来对发往**设备 B** 的消息加密。此时通信双方都拥有密钥 X。而相反的通信方向（B 到 A）使用的则可能是密钥 Y，通信双方也同样拥有密钥 Y。

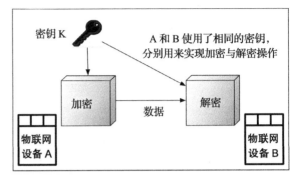

图 6-2   对称加密流程示意图

- 对称算法由一组加密操作组成，操作过程分别以明文或密文作为输入，然后采用共享密钥进行操作。常见的对称加密算法包括以下几种：
- **高级加密标准**，即 AES 算法（该算法基于 Rijndael 算法，在 FIPS PUB 197 文档中进行了描述）
- Blowfish
- DES 和 triple-DES
- Twofish
- CAST-128
- Camellia
- IDEA

如何获取加密密钥是一个在应用密码学以及密钥管理全过程中都会涉及的问题，在本章接下来的内容中，我们将对这一问题进行介绍。

除了需要向加密算法馈送密钥和需要保护的数据外，经常还需要用到**初始向量**（Initialization Vector，IV）来对某些特定的密码算法工作模式提供支持（下面马上解释）。除了基本的加解密运算之外，密码算法的工作模式就是指对明文和密文数据的连续分块（分组）进行操作的不同方法。**电子密码本**模式（Electronic Code Book，ECB）是密码算法的一种基本工作模式，该模式每次对明文或密文的一个分组进行操作。ECB 模式本身很少使用，因为对于指定的明文分组而言，如果总是采用相同的密钥进行加密，那么将始终得到完全相同的密文分组，这使得加密数据容易遭受流量分析攻击，对于加密算法而言，这种攻击是灾难性的。ECB 模式中不会用到初始向量，只需要使用操作的对称密钥和数据。除了 ECB 模式，分组密码可以以密文分组链接模式和计数器模式工作，接下来将对这两种工作模式进行讨论。

（1）分组链接模式

在**密文分组链接**（Cipher Block Chaining，CBC）模式中，输入初始向量，同明文的第一个分组进行异或（XOR）操作，即开始加密过程。异或操作的结果作为输入由密码算法进行后续处理，得到加密后密文的第一个分组。密文的这一分组再与明文的下一个分组进行异或操作，结果再一次送到密码算法进行处理。这一过程持续进行，直至明文的所有分组处理完毕。采用这种方式，两个完全相同的明文分组不会再得到相同的密文结果。因此，流量分析（从密文分析出对应明文的能力）攻击会变得困难很多。

其他的分组链接模式还包括**密文反馈链接**（Cipher-Feedback Chaining，CFB）和**输出反馈模式**（Output Feedback Mode，OFB），各种模式之间的区别主要在于初始向量初次使用的位置、用于异或操作的明文与密文分组等地方。

如前所述，分组链接模式的优势在于针对相同明文分组的反复操作不会再生成相同的密文。因此采用这种工作模式可以避免最简单的流量分析，例如采用字典词频就可以分析出加密数据。而分组链接模式的缺点在于所有数据错误（比如无线通信中的比特翻转）都会向下传播。举例来说，在某条采用 AES 算法以 CBC 模式加密的大型消息 M 中，如果其第一个分组遭受破坏，那么消息 M 的所有后续分组也都会遭到破坏。而我们接下来将会讨论的计数器模式中则不会存在这样的问题。

CBC 模式是一种常见的工作模式，并且当前（在众多可采用的模式中）仍然是一种备选方案，例如，在 ZigBee 协议中就用到了 CBC 模式（基于 IEEE 802.15.4 标准）。

（2）计数器模式

但是，加密并不是只会对数据分组进行操作。某些工作模式中也会用到计数器，例如**计数器模式**（Counter Mode，CTR）和**伽罗瓦计数器模式**（Galois Counter Mode，GCM）。在这些模式中，明文数据实际上并不由密码算法和密钥执行加密操作，至少是不直接参与操作。加密过程中，明文中的每个比特位同不断生成的密文流进行异或操作，密文流中也包括递增计数器加密后的值。在这种模式中，初始计数器的值就是初始向量。密码算法（利用密钥）继而对初始向量进行加密，得到密文分组。该密文分组再与需要保护的明文分组（或分组中的一部分）进行异或操作。CTR 模式通常用于无线通信，因为在传输过程中发生的位错误不会传播超过一个比特位（与分组链接模式相比）。在 IEEE 802.15.4 标准中也可以选用 CTR 模式，该标准在大量的物联网协议中广泛采用。

2. 非对称加密

如果密钥对中的两个密钥不一样，我们称之为非对称加密，其中一个密钥是公开的，另一个密钥则是私有不公开的，分别用于加密和解密。如图 6-3 所示，物联网设备 A 使用物联网设备 B 的公钥来对发往物联网设备 B 的数据进行加密。反过来，物联网设备 B 使用物联网设备 A 的公钥加密发往物联网设备 A 的信息。每台设备的私钥都是保密的，否则任何拥有私钥的个人或实体都可以解密数据并查看其中的信息。

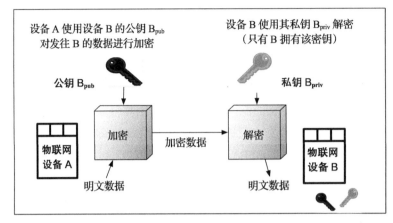

图 6-3 非对称加密流程示意图

目前唯一在用的非对称加密算法是 RSA 算法（Rivest，Shamir，Adelman），该算法是一种**整数因子分解**密码算法（Integer Factorization Cryptography，IFC），在实际应用中，该算法主要适用于少量数据（加密数据长度最大为所使用的模数）的加密和解密。非对称加密技术的优势在于，只有拥有 RSA 私钥的一方才能够解密通信数据。一般来说，有充分的理由不在多过一个的实体中共享私钥。正如前面提到的，非对称加密算法（即 RSA 算法）的缺点在于，它将加密数据的最大尺寸限制为当前在用模数的大小（例如 1 024 位、2 048 位等等）。鉴于这一缺点，RSA 公钥加密最常见的用法是对其他密钥进行加密以方便传输，所加密的对象通常是对称密钥或者是用作密钥种子的随机数。例如，在 TLS 协议中，其中一种可供选择的密码套件是利用服务端的 RSA 公钥（通常嵌入在 X.509 证书中）采用 RSA 算法对客户端的**预主密钥**（Pre-Master Secret，PMS）进行加密。之后，将加密后的预主密钥发送到服务端，此时通信双方就都拥有了一份加密后的预主密钥，从中即可以提取出用于会话的对称密钥（执行会话加密等操作时会用到）。

然而，随着大整数因子分解技术和计算能力的进步，RSA 等算法所采用的整数因子分解密码算法正变得不那么流行。如今，NIST 建议选用更大的 RSA 模数（实施攻击需要更强大的计算能力），至少要选择 2 048 位。

6.1.3 散列算法

由于加密处理后的散列值可以采用较短长度、唯一性的指纹特征（散列值）来表示任意长度的消息，因此散列算法可以用于实现多种安全功能。散列算法具有以下特性：

- 对于需要采用散列处理的原始数据，散列值不会泄露同原始数据有关的任何信息（称之为能够抵抗第一原像攻击）。

- 采用散列算法对两条不同的消息进行散列计算时，不会得到相同的散列值（称之为能够抵抗第二原像攻击和碰撞）。
- 能够生成看似高度随机的数值（散列值）。

图 6-4 展示了任意数据块 D 经过散列处理得到散列值 H（D）的过程。散列值 H（D）长度较短且尺寸固定（取决于所采用的算法）。经过散列处理之后，用户已经无法（也不应当）从该散列值中识别出原始数据 D 的内容。

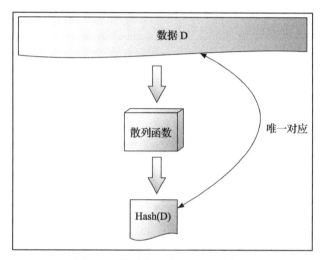

图 6-4　散列算法处理流程示意图

考虑到这些特性，散列函数通常用于以下用途：

- 通过对口令等认证信息进行散列处理（除非采用字典攻击，否则无法反向还原得到原始口令），得到一个看似随机的摘要值。根据最佳实践的建议，在进行散列处理之前，系统与协议最好将其他已知数据作为盐值与口令共同作为散列算法的输入进行处理（提高字典攻击的难度）。
- 预先存储数据的散列值，并在稍后重新计算该散列值（通常是由另一方进行该操作），从而验证某大型数据集合或文件的完整性。通过这种方式可以发现对数据或其散列值的所有改动。
- 进行非对称数字签名。
- 为某些消息认证码提供基础支撑。
- 用于密钥导出。
- 生成伪随机数。

6.1.4　数字签名算法

数字签名算法实际上就是一个加密函数，可以用来实现对完整性、认证性以及数据来源的验证，在某些情况下还能够提供不可抵赖性保护。就像手写签名一样，数字签名经过精心设计，且对于签名者来说是唯一的，签名者是指对消息签名的个人或设备，其拥有签名密钥。数字签名分为两种类型，分别代表了所采用的不同类型的密码学技术：即对称签名（密钥保密，通信双方共享密钥）或非对称签名（私钥不共享）。

如图 6-5 所示，发送方准备消息，并对其应用签名算法生成签名。此时可以将签名附加到消息之后（此时将其称为已签名的消息），这样一来，任何拥有对应密钥的人都可以实施签名操作的逆过程，即**签名验证**。

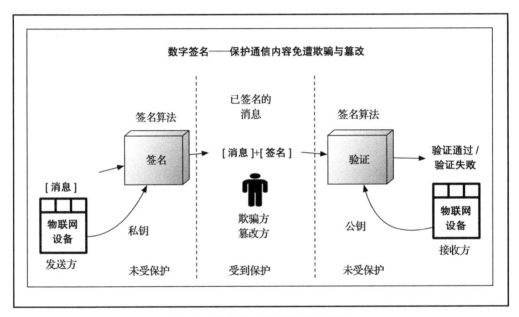

图 6-5　数字签名验证流程示意图

如果签名验证成功，就可以认为以下事实成立：

- 数据确实采用已知或所宣称的密钥进行了签名。
- 数据未遭到破坏或篡改。

如果签名验证过程失败，那么验证方就不应当再信任数据的完整性，或者对数据是否来自正确的来源提出疑问。无论是对于非对称签名还是对于对称签名都是如此，但两者又分别具有各自独有的特性，接下来我们将分别对其做进一步阐述。

1. 非对称签名

非对称签名算法采用与共享公钥对应的私钥来生成签名。作为非对称数字签名算法，而且私钥通常也不会（不应当）共享，非对称签名可以用于实体和数据认证，保障数据完整性以及实现不可抵赖性等用法。非对称签名流程如图 6-6 所示。

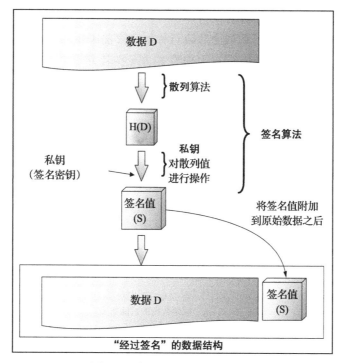

图 6-6　非对称签名流程示意图

常用的非对称数字签名算法包括以下几种：

- **RSA 算法**（可以采用多种填充模式，例如 PKCS1 或 PSS）。
- **DSA 算法**（Digital Signature Algorithm，数字签名算法）。
- **ECDSA 算法**（Elliptic Curve DSA，椭圆曲线数字签名算法）。

NIST 在其编制的标准 FIPS 180-4 中为上述算法的安全应用制定了规范。非对称签名可以用于一台机器向另一台机器的认证、软件 / 固件的签名（验证其来源和完整性），任意协议消息的签名、PKI 中公钥证书的签名（这部分内容将在第 7 章中讨论）以及上述签名的验证。考虑到数字签名是采用私钥（非共享）生成的，因此任何实体都无法声称它没有对消息执行签名操作。签名只可能来自于实体的私钥，因此这也保证了不可抵赖性。

非对称签名可以用于多个具有加密功能的协议当中，例如 SSL、TLS、IPSec、S/MIME等协议，也可以用于 ZigBee 网络、网联汽车系统（IEEE 1609.2 标准）等场景。

2. 对称签名

签名值也可以采用对称密码算法来生成。对称签名也称为消息认证码（MAC），同非对称数字签名类似，对称签名算法也可以为某个已知的数据片段 D 生成一个 MAC。对称签名和非对称签名的主要区别在于，如果 MAC（签名值）是利用对称签名算法生成的，那么用于生成 MAC 的密钥同样可以用于对 MAC 的验证。此处需要记住的是，术语 MAC 经常用来指代算法以及其所生成的签名值。

对称 MAC 算法经常依赖于散列函数或对称加密算法来生成消息认证码。在这两种情况下（如图 6-7 所示），MAC 密钥会被用作发送方（签名方）和接收方（验证方）的共享密钥。

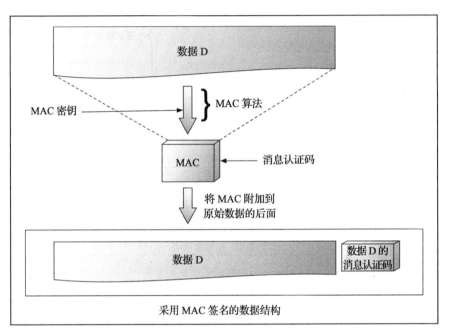

图 6-7 对称签名流程示意图

考虑到用于生成 MAC 的对称密钥可能会被共享，因此 MAC 算法通常不会用来实现基于身份信息的实体认证（因此也不会提供不可抵赖性的保护），但是同宣称的一样，MAC 确实能够验证数据的来源（尤其是在短期事务当中）。

MAC 算法在 SSL、TLS、IPSec 等多个协议中均有应用。应用实例包括：

- HMAC-SHA1
- HMAC-SHA256
- CMAC（采用 AES 等分组密码算法）。
- GMAC（Galois Message Authentication Code，伽罗瓦消息认证码），即基于 GCM 工作模式的消息认证码。
- MAC 算法通常与加密密码算法相结合，来实现认证加密（同时提供机密性和认证性）。认证加密实例如下所示：
- **伽罗瓦计数器模式**（Galois Counter Mode，GCM）：该工作模式将 AES-CTR 计数器模式和 GMAC 相结合，生成密文和消息认证码。

- 基于 CBC-MAC 算法的计数器模式（Counter mode with CBC-MAC，CCM）：该工作模式将 CTR 模式的 128 位分组密码算法（例如 AES 算法）同 CBC-MAC 算法结合在一起。CBC-MAC 计算得到的值包含在与之关联的采用 CTR 模式加密的数据当中。

TLS、IPSec 等多个协议均可实现认证加密。

6.1.5 随机数生成算法

由于在生成密钥等众多不同的密码变量的过程中都会用到随机数，因此随机性是密码学的基础所在。大的随机数难以猜解或遍历（暴力枚举），具有高度确定性的数值则不是这样。**随机数生成器**（Random Number Generator，RNG）主要可以分为两类，即确定性的和非确定性的。简单来说，确定性 RNG 是基于算法的，对于某一输入集合总是会生成相同的输出结果。而对于非确定性 RNG，则以另一种方式生成随机数据，其通常是依据高随机性的物理事件，例如电路噪声和其他低偏置源（甚至会用到操作系统中的半随机中断）。考虑到随机数对安全以及密钥生成的重大影响，通常会将 RNG 置于一台密码设备最敏感的部件当中。

所有破坏设备 RNG 以及尝试识别 RNG 所生成的加密密钥的方法，都会使得密码设备的保护机制完全失效。

RNG（更新的一代随机数生成器称之为**确定性随机比特生成器**，Deterministic Random Bit Generator，DRBG）的设计初衷是生成随机数，并将其用作密钥、初始向量、临时交互号[⊖]（Nonce）、填充值等等。RNG 也需要输入，RNG 的输入通常称为**种子**（seed），种子必须是高度随机的，并且需要从高质量熵源中提取。如果尝试对种子或其熵源实施入侵（可能由拙劣的设计、偏差，也可能由功能故障等因素导致）将削弱 RNG 输出的随机性，进而削弱密码实现的安全性。

而上述行为导致的结果就是：数据被解密，消息被欺骗篡改，甚至可能出现更加糟糕的情况。RNG 种子生成的整体流程如图 6-8 所示。

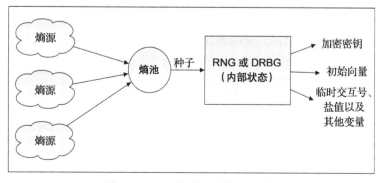

图 6-8 RNG 种子生成流程示意图

⊖ 可以是时间戳、计数器，也可以是随机数。——译者注

在图 6-8 中，若干个任意选取的熵源汇聚到一起形成熵池，当需要时，RNG 可以从该熵池中提取种子值。总体来说，熵源以及熵汇聚到一起的过程，也就是图中 RNG 左侧的所示的内容，通常称之为**非确定性随机数发生器**（Non-Deterministic random Number Generator，NDRNG）。NDRNG 几乎总是作为种子来源同 RNG 一起协同工作。

对于用于生成加密信息的物联网设备而言，物联网 RNG 应当从高熵源获取种子，同时需要对熵源进行较为完善的保护，从而防止发生泄露、篡改等形式的操纵行为，这一点非常关键。举例来说，大家都知道电子线路的随机噪声特征会随着温度的改变而改变，因此在某些情况下比较妥善的做法是设定温度阈值，当超过温度阈值时，及时停用依赖于线路噪声的熵采集功能。这一特性在智能卡（例如用于信用 / 借记交易等功能的芯片卡）中广泛采用，其目的是缓解通过改变芯片温度所引发的针对 RNG 输入偏置电流的攻击。

在设备设计阶段以及设备的组装线上还需要检查熵值质量，其中尤其应当检查以下内容：

- 对最小熵特性进行评估
- 物联网的设计与实现应当能够有效应对 NDRNG 陷入"卡顿"的情况（一直向 RNG 发送相同输入）
- 物联网应当内置有控制措施，以确保物联网设备不会被攻击者有意或无意地实施偏置攻击

虽然在部署方面考虑较少，但是物联网设备厂商应当在设备密码架构的设计阶段，格外关注高质量随机数的生成能力。

如果熵源质量很差，可以在工程实现上做出些许妥协，即在向确定性 RNG（其输出实际用作加密信息）发送种子之前，采集设备中更多的熵源（汇集成池）。

NIST SP 800-90B（（https://csrc.nist.gov/csrc/media/publications/sp/800-90b/draft/documents/sp800-90b_second_draft.pdf）对于了解熵、熵源和熵测试等概念而言是一份很好的参考资料。厂商可以借助独立密码测评实验室或者依据 SP 800-90B 文件（https://csrc.nist.gov/csrc/media/publications/sp/800-90b/draft/documents/draft-sp800-90b.pdf）中的指示对 RNG/DRBG 的一致性和熵值质量开展测试。

6.1.6　密码套件

应用密码学中一个比较有意思的地方在于，安全人员可以将前面提到的一种或多种类型的算法组合起来，从而满足某些特定的安全需求。在很多通信协议中，这些算法组合通常称为**密码套件**（ciphersuites）。根据所用协议的不同，密码套件指定了具体的算法集合、可能的密钥长度以及每种算法的用法。

可以采用不同的方式来指定和列举密码套件。例如，**TLS 协议**提供了一系列的密码套件来为 Web 服务、通用 HTTP 通信流量、**实时协议**（Real-Time Protocol，RTP）等场景提供会话保护。TLS_RSA_WITH_AES_128_GCM_SHA256 就是 TLS 密码套件中的一个实例，该实例表示：

- 服务端公钥证书的认证（数字签名）采用了 RSA 算法。同时，RSA 算法也被用于基于公钥的密钥传输（将客户端所生成的预主密钥传送到服务端）。
- 采用 AES 算法（使用 128 位长度的密钥）对所有通过 TLS 协议隧道传输的数据进行加密。
- AES 算法采用了**伽罗瓦计数器工作模式**（GCM），用于生成隧道密文，并为每条 TLS 协议数据报生成消息认证码。
- 散列算法采用了 SHA256 算法。

利用该密码套件实例中所指示的各种密码算法，可以实现 TLS 协议在连接与配置过程所需的安全功能：

- 通过验证服务端公钥证书的 RSA 签名（事实上，RSA 签名是通过对公钥证书进行 SHA256 散列计算得到的），客户端可以实现对服务端的身份认证。
- 在隧道加密中需要用到会话密钥。客户端利用服务端的 RSA 公钥来加密随机生成的大数（即**预主密钥**），然后将其发送给服务端（这也就是说只有服务端能够解密，从而防止了中间人攻击）。
- 客户端和服务端均采用预主密钥来计算主密钥。双方均可以执行密钥导出操作，从而得到完全相同的密钥分组，其中就包含用于流量加密的 AES 密钥。
- AES 加密／解密时采用 AES-GCM 算法，AES 算法的这种工作模式还可以计算附加于每条 TLS 协议报文之后的 MAC（需要注意的是，某些 TLS 协议的密码套件使用了 HMAC 算法来实现该功能）。

其他密码协议也会用到类似的密码套件（例如 IPSec 协议），关键在于无论是物联网，还是其他设备，采用的协议都以不同的方式将密码算法组合起来，以应对协议在应用环境中的具体威胁（比如中间人攻击）。

6.2　密码模块原理

到目前为止，我们已经讨论了密码算法、密码输入、用法等应用密码学中的诸多重要内容。然而仅仅熟悉密码算法还不够。密码学的正确实现，也就是密码模块，尽管并不是一个简单的话题，但在物联网安全领域中还是会涉及。作者 Van Duren 在早期的职业生涯中不仅有机会参与了很多密码装备的测试工作，而且还以实验室主任的身份管理过两个密码测评实验室，这两个实验室经过了 NIST 认证，是提供 FIPS 140-2 认证测评业务的两个最大的实验室。在任期期间，Duren 监督并协助开展了针对上百种不同设备的软硬件、智能卡、硬盘驱动器、操作系统、**硬件安全模块**（Hardware Security Module，HSM）等众多密码装备的验证工作。在这一节中，作者将与读者分享从这些经历中所获得的经验。但是首先我们必须对密码模块做出定义。

设备的 OEM、ODM 厂商、BSP 供应商和安全软件企业等几乎所有人都可以完成密码模块的设计开发。密码模块可以采用硬件、软件、固件抑或是三者组合等实现方式，其主要作用是负责密码算法的执行以及加密密钥的安全存储（这里需要记住的是，密钥泄露意味着用户通信内容等数据的泄露）。借用美国政府密码模块标准 FIPS 140-2 中 NIST 的术语来描述，密码模块就是指密码边界（http://csrc.nist.gov/publications/fips/fips140-2/fips1402. pdf）内一组硬件、软件和固件的集合，作用是实现经过核准的安全功能（包括密码算法和密钥生成）。密码边界也在 FIPS-140-2 标准中进行了定义，指的是对密码模块物理边界做出明确定义的连续边线，在边线内包含了密码模块的所有硬件、软件和固件组件。密码模块的通用表示如图 6-9 所示。

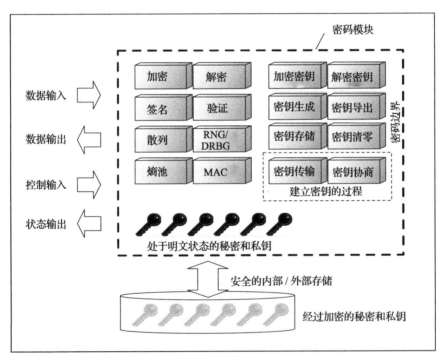

图 6-9　密码模块

我们并不打算撰写一部关于密码模块的专著，所以本文涉及的与密码模块有关的安全要点主要包含以下内容：

- 密码边界的定义，密码边界之外不应存在未受保护的密钥以及其他密码变量。
- 模块端口等接口的保护（物理方面和逻辑方面）。

- 识别何人（本地或远程用户）或何物连接到了密码模块，他们如何开展认证，哪些服务与安全有关，以及当不同的实体需要访问服务（例如加密、签名、密钥输入/输出等等）时如何对其进行访问控制。
- 在自检和故障状态下，对设备状态进行适当地管理和指示（物联网设备所需的功能）。
- 部署物理安全防护措施或采用篡改响应机制应对篡改操作。
- 适当情况下，可以与操作系统相集成（只有当设备的操作系统处于可改动状态时才能够自由加载并执行代码）。
- 与密码模块相关的加密密钥管理（稍后将从系统角度对密钥管理进行更加详细的讨论），包括密钥如何生成、管理、获取以及使用。
- 密码自检（密码模块的健康状态），当出现故障时能够作出响应。
- 设计方面的安全保障。

以上每一方面内容大致对应于 FIPS 140-2 标准中与安全有关的 11 项内容（需要注意的是，当前标准正准备更新修订，随后可能会推出替代版本）。

密码模块的主要功能之一就是保护密钥免遭攻击。为什么呢？其实很简单。因为如果密钥发生了泄露，那么采用密码技术来加密、签名或者保护数据完整性就完全没有意义了。针对所面临的威胁环境，而如果没有正确地对密码模块进行设计或集成，那么使用密码同样是没有意义的。

利用密码技术对物联网设备进行加固最重要的一项内容，就是对另一设备的密码边界进行定义、选择或合并。一般来说，设备中可能会包含一枚内置的嵌入式密码模块，或者设备自身就可能是密码模块（这也就是说，物联网设备的外壳就是密码边界），如图 6-10 所示。

从物联网的角度来说，密码边界定义了一个密码岛（cryptographic island），给定设备中所有的密码功能和敏感密钥都会在密码岛中进行维护。如果采用了嵌入式密码模块，那么物联网设备的采购方和集成方应该对物联网设备厂商进行验证，判断其是否在嵌入式密码模块边界之外进行了密码相关操作。

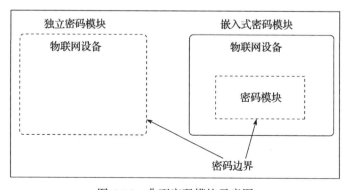

图 6-10　典型密码模块示意图

不同密码模块的具体实现方式各有优劣。一般来说，模块规模越小就越紧凑，如果是这样的话，首先针对模块的攻击面也就越小，其次需要维护的软件、固件和硬件也就越少。边界越大（例如在某些独立的密码模块），对非密码逻辑进行改动的灵活性也就越差，如果密码模块的厂商和用户需要符合某种标准规范，那么这一点尤为重要，例如美国政府就要求密码模块通过 FIPS 140-2 标准认证（稍后讨论）。

无论是产品安全设计人员还是系统安全集成人员，都需要清楚地了解设备如何实现密码技术。在很多情况下，产品厂商都会选择并集成通过独立 FIPS 测评实验室认证的内置密码模块。

出于以下原因，我们也强烈建议用户采用这种做法：

- **算法选择**：由于算法选择涉及国家主权，存在很多争议，所以一般来说，包括美国政府在内的大部分组织机构都不希望采用强度较弱或是未经检验的密码算法来保护敏感数据。不错，的确存在部分优秀的算法会因为没有通过政府的许可而未被投入使用，但是，除了确保能够遴选出优秀的算法并制定该算法的使用规范之外，随着密码分析和计算性能等密码算法攻击能力的不断提高，当旧算法和密钥长度已经难以应对上述攻击而应当予以淘汰时，NIST 还需要想尽办法确保旧算法和之前密钥长度不再使用。换言之，坚持采用大型政府机构组织信赖的、经过精心设计且规范完备的算法并不是一个坏主意。NIST 认可的很多算法也赢得了美国国家安全局的信任，用于绝密数据的保护，需要说明的是，密码模块还需要满足与保密信息对应保障等级有关的 NSA 标准。在某些特定场景下，NIST（针对非保密信息）和 NSA（针对保密信息）也可以使用 AES（256 位密钥长度）、ECDSA 和 ECDH 等算法。
- **算法验证**：作为密码模块测试工作的一部分，测评实验室在对密码模块开展测试的过程中需要验证密码算法实现的正确性（采用多项已知答案的测试等形式）。这些验证工作都是非常必要的，因为在算法或实现中，哪怕微小的错误都可能导致密码算法失效，并进而导致信息的完整性、机密性以及认证遭到严重破坏。算法验证并不等同于密码模块的验证，而是密码验证工作中的一个子集。
- **密码模块验证**：测评实验室还会根据其安全策略逐条验证 FIPS 140-2 标准中适用的安全要求是否得到了满足，或者说是否在所定义的密码边界范围内得到了满足。这项工作是采用多种一致性测试来实现的，测试范围包括设备规范、文档、源码，以及非常重要的运行测试（也包括之前提到的算法验证）。

通过开展上述测试工作，还有助于我们发现 FIPS 140-2 标准或其他安全一致性测试方案中存在的问题，特别是当它们与物联网相关时。作为美国政府颁布的一项标准，FIPS 140-2 标准广泛地应用于多种类型的设备，也正因为如此，可能会损失一定程度的解释特异性（取决于用户尝试应用该标准的设备特性）。这些年来，已经出现了拘泥于标准条文字面意思的曲解，并对标准解释造成了影响，而且并非所有这些拘泥于标准条文字面意思的解释都有利于实现真正的安全。另外，FIPS 的验证只能应用于厂商选择的密码边界；而在现实实践中，厂商选择的密码边界在特定环境下以及面对相关风险时都未必合适。

这就是 FIPS 测试方案所不愿承担的工作。很多情况下，在与设备厂商接洽时，我们不建议设备厂商对密码边界做出定义，因为在我们看来，厂商定义的密码边界充其量算是掩耳盗铃，而在最糟情况下则难以保障边界内的安全性。然而，如果厂商能够在他们所选的边界中满足 FIPS 140-2 标准的所有要求，那么作为一家独立测评实验室，我们没有任何理由否定他们的选择。一致性以及通过满足这些要求实际能够取得的安全效果，是标准化组织和一致性测试方案之间的一场永无止境的竞赛。

结合上面提到的优势（也包括问题），针对经过 FIPS 140-2 认证的密码模块在物联网实现中的使用和部署问题，我们给出如下建议：

- 除了由其父密码模块所提供的接口之外（也就是密码边界之外），任何设备都不应通过接口来调用密码算法。事实上，安全边界之外，设备不应当执行任何密码操作。
- 所有设备都不应当在其密码模块边界之外存储明文密钥（即便是仍处于设备内部，但位于其嵌入式密码模块之外的情况也不允许出现）。更好的方法是，将所有密钥以加密形式存储，然后采用最严格的保护措施来保护用于对密钥加密的密钥。
- 在集成密码设备时，系统集成人员应当在将密码模块集成到设备之前，就密码模块的边界定义咨询设备厂商，并检索公开可用的数据库。而依据美国标准规范定义的密码边界，则可以从非密码模块专有的安全策略（可在线查阅）中找到。例如，通过以下链接就可以查阅模块是否通过了 FIPS 140-2 标准的认证 http://csrc.nist.gov/groups/STM/cmvp/documents/140-1/140val-all.htm。因此，了解嵌入式模块能够对自身实现怎样的保护以及依赖于主机（比如涉及物理安全和防篡改方面的内容）又能实现怎样的保护十分必要。
- 选择 FIPS 140-2 保障等级（1 ~ 4）与计划部署的威胁环境相匹配的密码模块。举个例子，FIPS 140-2 标准第 2 级中的物理安全不要求采用篡改响应机制（当发生篡改操作时，擦除敏感密钥信息），然而在第 3 级和第 4 级中却做出了要求。如果是在高威胁性的环境中部署密码模块，那么就应该选择更高的保障等级，或者将保障等级较低的模块嵌入到拥有额外保护措施的主机或者设备当中。
- 在集成密码模块时，要确保模块安全策略中的预期操作人员、主机设备或终端接口能够同系统中实际的用户和机器设备对应起来。密码模块所适用的角色、服务和认证可能位于设备外部也可能位于设备内部。集成人员需要了解这一点并确保对应关系的完备与安全。
- 如果集成工作较为复杂，应当咨询那些不仅在应用密码学方面，而且在密码模块、设备实现和集成等方面都具有丰富专业知识的个人或机构。相比于把密码技术正确地实现出来，犯错要容易得多。

总的来说，采用经过验证的密码模块是一种比较好的做法，但是这样做时要聪明一点，不能假设某些密码模块满足了所有的功能和性能方面的要求，无论处于什么环境，这样来看待密码模块都百利而无一弊。

6.3 密钥管理基础

前面我们已经对密码学的基本知识和密码模块进行了介绍，现在来深入探讨一下密钥管理问题。密码模块可以看作是更大型系统中的加密安全岛，每一个模块都包含了密码算法、密钥和保护敏感数据所需的其他资产。然而，要实现密码模块的安全部署，就离不开密钥的安全管理。为嵌入式设备或物联网企业设计规划出适合自身的密钥管理方案，对于物联网系统的安全保障和交付极为必要。这要求机构对其物联网设备中所用到的密码信息类型做出规范，并且确保在系统和机构范围内都要遵循这些规范。密钥管理是一门在设备（密码模块）中以及设备同企业的交互过程中保护加密密钥的科学与艺术。作为一门晦涩神秘的技术学科，密钥管理最初是由美国国防部提出并发展起来的，比大部分商业公司认识到密钥管理是什么或从一开始产生对密码学的需求都要早得多。相比以往，当前保障现实世界中联网设备的安全更是一家机构必须解决的问题。

众多密钥管理系统和技术的诞生，源自于 Walker 间谍网所造成的严重后果，这些系统和技术如今在**美国国防部**和 NSA 广泛采用。自 1968 年起，美国海军军官 John Walker 就开始向苏联情报部门出售保密的加密密钥。由于失泄密源头是内部人员，所以破坏活动很多年来都未被发现（John Walker 直到 1985 年才被捕），而对美国国家安全造成的总体损失则难以估量。为了防止加密密钥的泄露，并建立维护一套可问责的系统用于跟踪密钥，国防部多个部门（包括海军和空军）均开始构建他们自己的密钥管理系统，该系统最终演化成如今的 NSA **电子密钥管理系统**（Electronic Key Management System，EKMS）。为了适应现代技术发展的要求，EKMS 逐渐演变成为以网络为中心的系统，并且采用了分布式架构。

人们对密钥管理经常存在误解，而且往往比对密码学本身的误解还要多。密码学与密钥管理像是一对姊妹：一方提供的安全性极大地依赖于另一方。通常，密钥管理要么根本没有付诸实现，要么实现的方式并不安全。但是不管是哪种情况，密钥管理薄弱可能会导致加密密钥的非授权泄露或者入侵，进而导致密码应用毫无意义。这样一来，既无法确保机密性，也无法保障信息完整性以及对信息来源的认证。

同样重要的是，用户当前使用的 PKI 等诸多密码服务其实就是密钥管理系统。涉及物联网时，对于机构来说，理解密钥管理的基本原理更为重要，因为并不是所有的物联网设备都会同密钥管理系统交互并用到 PKI 证书（也就是说，能够从第三方的密钥管理服务中受益）。不管是用于管理设备（SSH 协议），向网关提供密码保护（TLS 协议 /IPSec 协议），还是仅仅对物联网消息进行简单的完整性检查（利用 MAC 码），对称型和非对称型等多种加密密钥类型都可以在物联网中得到应用。

为什么密钥管理如此重要呢？这是因为多种密码变量的泄露都可能会导致灾难性的数据损失，甚至在基于密码保护的业务完成之后的几年或几十年中，泄露所带来的影响依然存在。当前的互联网中遍布着尝试发起中间人攻击的攻击者、系统和软件，攻击类型从简单的网络监控一直拓展到全面的国家攻击，针对主机和网络的入侵更是屡见不鲜。如果网络流量没有采用加密保护，攻击者还可以采集到流量数据或者重新规划路由，并且将流量数据存储几个月、几年甚至几十年。与此同时，攻击者还可能长期潜伏，尝试利用人员（人力情报，例如 John Walker 间谍案）和技术（这通常需要密码分析人员的参与）上的漏洞进而获取用于流量加密的密钥。为了确保密钥在设备或人工处理过程中不受攻击，在物联网设备中，集中式的密钥生成和分发源、存储系统、密钥管理系统以及处理流程开展了大量繁杂的工作。

密钥管理涉及大量密钥处理的相关内容，这些内容与操作的设备和系统有关。图 6-11 展示了上述概念之间的关系：

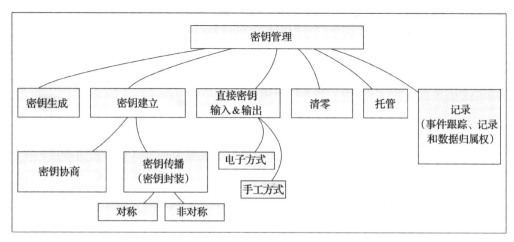

图 6-11　密钥管理架构

6.3.1　密钥生成

密钥生成指的是何时以何种方式在哪套设备（包括密钥管理服务器、HSM 等等）中生成密钥，以及采用了哪种算法。应当以熵足够小的种子为输入（之前介绍过），采用经过审查的 RNG 或 DRBG 生成密钥。密钥生成可以直接在设备上实现，也可以在中心化程度更高的系统中实现（后者在密钥生成后还需要将密钥安全地分发到设备当中）。

6.3.2　密钥建立

关于加密密钥建立（key establishment）所包含的步骤存在很多模糊不清的地方。简单来说，密钥建立就是以下操作，即通信双方要么针对某个特定密钥进行协商，要么以发送方和接收方的角色将密钥从一方传送到另一方。具体来说，密钥建立指的是如下过程：

● **密钥协商：** 指通信双方都参与到算法运算当中，然后生成一个共享密钥。换言之，就是一方将自己生成或存储的公开数值发送给另一方（通常是以明文格式），并将其作为补充算法的输入，经计算后得到共享秘密。用户将该共享秘密（依照密码最佳实践）输入到密钥导出函数（通常是基于散列算法实现的）当中，再计算得到一个密钥或者一组密钥集合（密钥分组）。

- **密钥传输**：指一方采用**密钥加密密钥**（Key Encryption Key，KEK）对密钥或其生成要素进行加密，然后再传送给另一方的操作。KEK 可以是对称的（例如 AES 算法密钥），也可以是非对称的（例如 RSA 算法公钥）。如果是对称密钥，要能够通过安全的方式与接收方预先共享 KEK，或者采用同样类型的方案来建立密钥；如果是非对称密钥，加密密钥就是接收方的公钥，而只有接收方能够利用自己的私钥（非共享）对传输的密钥进行解密。

密钥管理系统和加密终端实体（密码模块）可以广泛采用密钥传输和密钥协商协议对源端（通常是密钥管理服务器）生成的密钥信息加以保护，并将其传递到目的地（例如需要用到密钥信息的密码模块等地方）。安全的密钥建立和密钥封装也可以在密钥服务器和中间密钥服务器之间进行，特别是对大型密钥管理系统，或者那些部署在物联网网络边缘便于离线操作的系统而言，我们更推荐采用这种做法。

6.3.3 密钥导出

密钥导出指的是设备或软件利用口令（这种方式被称为基于口令的密钥导出）或其他密钥和变量构造加密密钥的方式。在 NIST 制定的 SP 800-108 标准中，提出了**密钥导出函数**（Key Derivation Function，KDF）的概念，在密钥导出函数中，可以采用密钥以及其他输入数据生成（即导出）密钥信息，而密码算法则会用到这些密钥信息（http://csrc.nist.gov/publications/nistpubs/800-108/sp800-108.pdf）。

密钥导出过程的基本情况如图 6-12 所示。

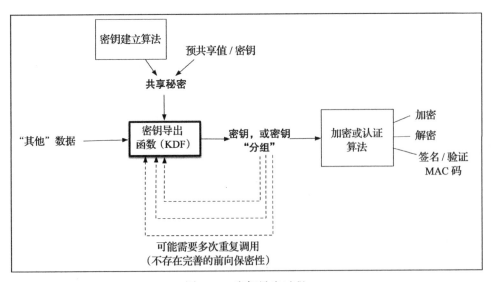

图 6-12　密钥导出过程

除了极个别特殊情况，密钥导出的糟糕做法导致了美国政府对密钥导出的禁用，直到在 NIST 特别出版物中加入了密钥导出的最佳实践。在 TLS 和 IPSec 等很多安全通信协议中都会用到密钥导出，因为这些协议都会从已建立的共享秘密传输的随机数（例如 SSL/TLS 协议中的预主秘密）或当前密钥中导出实际使用的会话密钥。

基于口令的密钥导出（Password-Based Key Derivation，PBKDF）是指从唯一口令导出密钥的过程，这一过程在 NIST SP 800-132 标准中进行了介绍，其基本情况如图 6-13 所示。

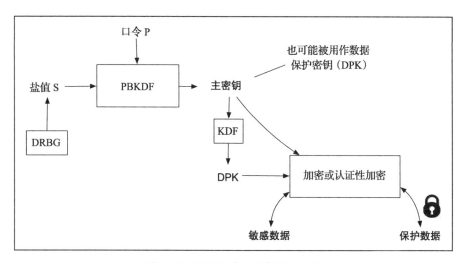

图 6-13　基于口令的密钥导出过程

（来源：http://csrc.nist.gov/publications/nistpubs/800-132/nist-sp800-132.pdf）

6.3.4　密钥存储

密钥存储指的是物联网设备或者集中式密钥管理系统如何进行密钥的安全存储（通常是采用 KEK 加密的方式）。安全存储可以通过数据库加密（提供保护）或其他类型的密钥存储来实现，其中密钥存储时可能会用到一个或者多个 KEK。在企业密钥托管 / 存储系统中，任何敏感的密钥（肯定也包括 KEK！）都应当进行加密，或者采用 HSM 进行存储。HSM 本身就是密码模块，它们经过特殊设计难以被攻击者入侵，能够提供全面的物理和逻辑安全保护。举例来说，大部分 HSM 都安装了篡改响应外壳。如果出现篡改，HSM 将自动擦除所有的敏感的安全参数、加密密钥等数据。因此，无论如何都要确保 HSM 存放在安全的设备和网络当中，并采用健壮的访问控制措施对其加以保护。而就 HSM 的访问控制措施而言，在设计上，通常采用密码令牌调用敏感服务的方式。举个例子，SafeNet 令牌，也称之为 PED 密钥，用户持有该令牌才能够安全地访问敏感的 HSM 服务（本地服务，甚至是远程服务）。

安全密钥管理系统，包括 PKI 的认证中心都普遍用到了 HSM。Thales e-Security、SafeNet 和 Utimaco 等公司都是密钥管理系统中常见的 HSM 厂商。

6.3.5 密钥托管

密钥托管通常是一种不得已而为之的操作。如果出现密钥丢失或者（在数据粉碎过程中）密钥遭到破坏的情况，那么已经加密的数据就无法解密，所以很多机构通常会选择以离线方式来对密钥进行存储和备份，以备不时之需。离线存储备份通常是灾难恢复或者业务连续性规划工作中的一部分。密钥托管所带来的风险很直观：由于需要复制密钥并将其存储在另一个位置，因此必然会增加攻击面。如果针对托管密钥实施攻击，其所造成的影响和针对原始密钥实施攻击的效果是相同的。密钥托管系统部署方式可以采取线上也可以采取线下。就像密钥管理系统的其他组件一样，密钥托管操作也应当在安全飞地（secure enclave）中进行，并采用 HSM 来存储所有的密钥。

6.3.6 密钥生命周期

密钥生命周期是指密钥在被销毁（清零）之前能够使用（即用于加密、解密、签名、消息认证等）多长的时间。

一般来讲，考虑到非对称密钥（例如 PKI 证书）主要用于新生成的唯一会话密钥（能够实现完善的前向安全性）的加密，因此非对称密钥的有效期较长。而对称密钥的密钥生命周期通常则要短得多。旧密钥到期后，有多种方式可以用来分发新密钥：

- 由集中式密钥管理服务器或其他主机来传输新密钥（密钥传输主要采用 AES-WRAP 等算法。AES-WRAP 算法可以用于传输密钥的加密，然后再采用 KEK 算法对 AES-WRAP 算法加密后的密钥进行再次加密）。
- 将新密钥安全地封装到新软件或固件当中。
- 由设备生成（例如由符合 NIST SP800-90 标准的 DRBG 生成）。
- 由设备和另一个实体共同建立（例如，可以采用 Diffie Hellman 椭圆曲线算法、Diffie Hellman 算法、MQV 密钥协商协议）。
- 手动输入到设备（例如采用手动键盘输入，或者从安全密钥加载设备电子导入）。

6.3.7 密钥清零

在未经授权的情况下，如果秘密信息、私钥或算法状态出现泄露，那么就可能导致密码应用完全失效。一旦攻击者获取到原本用来保护会话内容的会话密钥，再将加密会话存储起来，那么未来几天、几个月甚至几年的会话内容都将无密可保。

将密钥从内存中安全销毁是密钥清零的主要工作。很多密码算法库既实现了特定条件下的清零例程，也实现了显式清零例程，无论是运行时内存环境中的密钥还是长期在存储器中存储的密钥都可以被安全地擦除。如果物联网设备中用到了加密，那么就应该制定密钥清零策略并对策略细致审核。根据存储位置的不同，可能会用到不同类型的清零操作。一般来说，安全擦除不仅仅是对内存中密钥的解引用（即将指向密钥的指针或引用变量设置为空）。清零操作必须使用全零（所以这里用到了清零这一术语）或随机生成的数据来主动覆盖内存空间。对于某些类型的内存攻击（例如内存冻结技术），为了使密码变量彻底无法恢复，可能还需要进行多次覆盖。如果物联网厂商用到了密码算法库，我们建议在使用时遵循 API 函数的正确方法，包括所有密钥在使用后都需要进行清零操作（对于 TLS 等基于会话的协议，很多算法库都会自动执行清零工作）。

如果物联网设备中包含了高度敏感的 PII（Personally Identifiable Information，个人身份信息）数据，那么对于此类物联网设备的处置，可能就需要主动销毁内存设备了。举例来说，含有保密数据的硬盘需要在强电磁场中放置数年进行消磁，这样才能够清除其中曾经存储的机密甚至绝密数据，从而避免这些数据落入坏人之手。必要时还需要采取机械破坏的方式，例如物理清除掉存储器的逻辑门电路。当然，通常消磁和机械破坏方式只适用于存储过极敏感数据的设备，或者存储过海量敏感数据的设备（例如曾用来存储成千上万或者数百万居民健康档案或财务数据的硬盘和 SSD 存储设备）。

对于清零这个主题，一些读者了解的可能比他们想象的要多。最近（2016 年）美国联邦调查局（Federal Bureau of Investigation，FBI）和苹果公司之间的冲突曝光了在对恐怖分子使用的 iPhone 手机进行取证的过程中，FBI 探员发现无法提取出手机中存储的内容（经过加密处理）。FBI 探员多次尝试输入口令失败后，触发了清零机制，导致数据再也无法恢复。

6.3.8 登记和管理

对密钥信息在实体间的生成、分发和销毁过程进行识别、跟踪和记录，就是需要登记和管理发挥作用的地方。无论是集中式还是分布式的密钥管理系统都需要为上述过程提供支撑。

妥善处理好安全与性能之间的关系非常重要。而这可以通过密钥的生命周期来实现，下面举例来说明。通常，密钥的生命周期越短，密钥泄露造成的影响也就越小，即依赖于密钥的数据面也就越小。然而，生命周期越短，却会相对增加密钥信息生成、建立、分发和登记的开销。这也是公钥密码体制（能够实现前向保密性）最有价值的地方，即同对称密钥相比，非对称密钥无须频繁更换。并且每组非对称密钥自己就可以新建一套对称密钥。但是，并非所有的系统都可以执行公钥加密算法。

密钥的安全管理，也需要厂商对密钥分级以及密钥之间的逻辑关系有着非常清晰的了解，特别是在设备制造和分发的过程中。行业中标准化的密钥管理协议有助于澄清不同密钥之间的关系，以**密钥管理互操作协议**（Key Management Interoperability Protocol，KMIP）为例，该协议不仅定义了需要使用密钥的加密系统与创建和管理这些密钥的密钥管理系统之间的标准通信方式，还采用对象和链接结构对不同密钥之间的关系进行了刻画。密钥信息由厂商生成（在这种情况下，厂商必须尽全力来保护这些密钥的安全），由终端用户更改、使用或者废止。对于每一个密钥而言，都有可能是将一台设备转换到一个新的状态，或者实地部署（就像在一个引导或注册过程中那样）前所需要满足的前提条件。如果物联网设备具有加密功能，那么物联网设备厂商应该仔细设计密钥管理的过程、程序和系统从而实现产品的安全部署，并将密钥管理的过程、程序和系统形成文档。另外，还应当将厂商密钥安全地存放在 HSM 当中，而 HSM 则应部署在安全设备和部署了访问控制措施的房间之中。

考虑到哪怕一个密钥出现泄露或者篡改就可能引发严重的后果，因此对密钥管理系统（例如，HSM 和连接 HSM 的服务器）必须采取严格的访问控制。人们通常会发现，即便是在最安全的设备或数据中心之中，密钥管理系统也常被安放在锁着的法拉第笼里，并处于摄像头的持续监控之下。

6.3.9 密钥管理相关建议总结

鉴于上述定义和介绍，物联网厂商和系统集成商在涉及密钥管理相关的问题时，可以考虑采取以下建议：

- 确保经过验证的密码模块能够将分发的密钥安全地存储在物联网设备当中，通过采取物理和逻辑保护措施可以实现密钥的安全可信存储，能够有效地提高安全保障水平。
- 确保密钥足够长。用户可以参考 NIST SP 800-131A 标准（http://nvlpubs.nist.gov/nistpubs/SpecialPublications/NIST.SP.800-131Ar1.pdff），该标准是一份很不错的参考资料，对通过 FIPS 认证的密码算法如何设置适当的密钥长度提供了指导。如果用户对等效强度（能够抵抗暴力攻击的计算消耗）感兴趣，可以参考 NIST SP 800-57《密码管理建议》标准。重要的是，随着当前攻击技术的发展，如果算法和密钥长度的强度难以再对最新的攻击手段做出有效应对时，还需要及时废止不安全的算法和密钥长度。
- 密钥使用完毕或过期后，需要确保采用了适当的技术和过程控制措施安全地清除（清零）了密钥。如非必需，我们不建议留存任何密钥。众所周知，除非主动清除，否则明文密码变量使用后会在内存中保留很长一段时间。在某些特定条件下，部分经过精心设计的密码算法库可能会将密钥清零，但还有一些算法库会将清零工作留给调用算法库的应用程序来完成，当需要进行清零操作时，由应用调用清零 API 函数来完成清零操作。基于会话的密钥应当在会话终止后立即清零，例如在基于 TLS 协议的会话中用到的加密密钥和 HMAC 密钥就应当这样处理。
- 选用能够实现**完善前向保密性**（Perfect Forward Secrecy，PFS）的密码算法和协议选项。PFS 是很多通信协议（例如 Diffie Hellman 算法和 Diffie Hellman 椭圆曲线算法）在应用密钥建立算法时的一个选项。PFS 有一个很好的特性，就是如果一组会话密钥被攻破，不会导致后续生成的会话密钥被随之攻破。举例来说，利用 DH/ECDH 算法的 PFS 特性可以确保在每次使用时生成临时（仅使用一次）的私钥 / 公钥。这意味着会话之间相邻的共享秘密值（密钥由这些值导出）不存在任何后向关联。即便今天使用的密钥被攻破，也计算不出明天的密钥，这样就实现了对明天的密钥（以及数据）的保护。

- 要对密钥管理系统的角色、提供的服务以及访问权限进行严格的限制。对密钥管理系统的访问控制必须从物理和逻辑两方面进行。在对存放密钥管理系统的建筑设施和部署了访问控制措施的房间（或法拉第笼）进行保护时，采取物理的访问控制措施非常重要。我们还建议采取权责分离（不会对单个角色或实体赋予所有服务的所有访问权限）和多人完整性（要求多于一个个体来请求敏感服务）等原则，对用户或管理员的访问权限进行妥善管理。

- 采用经过审查的密钥管理协议实现密钥传输、密钥建立等基本密钥管理功能。这一内容本就晦涩难懂，加之很多厂商又采用了专用解决方案，目前可以通用部署的密钥管理协议还比较少。然而，开源组织 OASIS 提出了一套精心设计的行业解决方案，即密钥管理互操作协议（Key Management Interoperability Protocol，KMIP）。当前，很多厂商都将 KMIP 协议用作骨干协议，实现发送方与接收方的密钥交换。该协议支持了大量密钥管理算法，并且在设计中考虑到了多家厂商之间的互操作性。KMIP 协议同编程语言无关，在从大型组织的密钥管理软件到嵌入式设备管理等各种场景中均能发挥作用。

6.4 针对物联网协议加密控制措施的分析

本节将对多个物联网协议中集成的加密控制措施进行分析。如果缺少了这些控制措施，物联网中点到点和端到端的通信过程可能就不再安全了。

6.4.1 物联网通信协议中的加密控制措施

物联网设备开发人员所面临的一项重要挑战在于，了解不同类型物联网协议之间的交互过程，并找出对这些协议进行安全分层的最佳方法。

物联网设备在通信时有很多选项，而且通常这些通信协议提供了认证加密层，而认证加密也应当应用于链路层。ZigBee、ZWave 和 Bluetooth-LE 等物联网通信协议都拥有配置选项来开启认证性、数据完整性和机密性保护。上述每种协议都可以用来实现物联网设备的无线组网。另外，也可以选择 Wi-Fi 协议搭建物联网设备之间的无线链路，Wi-Fi 协议中也包括了用于机密性、完整性和认证保护的固有加密控制功能。

物联网通信协议的上层是以数据为中心的协议。很多以数据为中心的协议都需要用到能够提供底层安全保障功能的服务，例如物联网通信协议或专门的安全协议（例如 DTLS 协议或 SASL 协议）所提供的相应功能。以数据为中心的协议可以划分为两类，即 REST 型协议（例如 CoAP 协议）和发布 / 订阅型协议（例如 DDS 协议和 MQTT 协议）。这些协议通常都需要底层 IP 层为其提供支撑，但是也有部分协议进行了调整（例如 MQTT-SN），可以用于采用 ZigBee 等协议的无线链路。

发布 / 订阅型物联网协议一个有趣的地方在于，需要为物联网资源发布的主题提供访问控制，同时还需要确保攻击者无法在任意特定主题中发布未授权信息。而在每个发布的主题应用唯一的密钥，就可以实现上述工作。

1. ZigBee 协议

ZigBee 协议采用了基于 IEEE 802.15.4 标准的介质访问控制层（MAC）所提供的底层安全服务。基于 IEEE 802.15.4 标准的 MAC 层支持密钥长度为 128 位比特的 AES 算法，用以实现加密 / 解密操作和数据完整性保护，其中数据完整性保护通过为数据帧附加 MAC 码来实现（http://www.libelium.com/security-802-15-4-zigbee/）。但是，这些服务都是可选的，可以对采用 ZigBee 协议的设备进行配置，用户也可以不使用协议内置的加密或 MAC 功能。事实上，协议中还提供了很多安全选项，如表 6-2 所示。

表 6-2　ZigBee 协议的安全配置

配置	描述
无保护	不使用加密和数据认证功能
AES-CBC-MAC-32	使用 32 位 MAC 码实现数据认证，无加密功能
AES-CBC-MAC-64	使用 64 位 MAC 码实现数据认证，无加密功能
AES-CBC-MAC-128	使用 128 位 MAC 码实现数据认证，无加密功能
AES-CTR	使用 128 位密钥的 AES-CTR 算法对数据进行加密，无认证功能
AES-CCM-32	数据加密，并且使用 32 位 MAC 码实现数据认证
AES-CCM-64	数据加密，并且使用 64 位 MAC 码实现数据认证
AES-CCM-128	数据加密，并且使用 128 位 MAC 码实现数据认证

除了基于 802.15.4 标准的 MAC 层所提供的安全服务，ZigBee 协议还实现了自己的安全功能，这些安全功能可以直接集成到底层服务当中。ZigBee 协议由网络层和应用层组成，依赖 3 种类型的密钥来实现安全功能：

- 主密钥，由厂商预装，用于保护两个 ZigBee 节点之间的密钥交换。
- 链路密钥，每个节点所持有的唯一密钥，用于实现节点到节点之间的安全通信。
- 网络密钥，在网络中的所有 ZigBee 节点之间共享，并由 ZigBee 信任中心负责分发，用于确保广播通信的安全。

为 ZigBee 网络制定密钥管理策略是一项颇有难度的挑战。从所有密钥的预装到信任中心对所有密钥的分发，策略制定人员需要在诸多选项之间进行权衡。需要注意的是，信任中心默认的网络密钥必须更改，并且必须采用安全的流程来分发密钥。由于 ZigBee 密钥应当根据预先制定的策略进行更新，所以还必须考虑密钥轮换问题。

ZigBee 节点有 3 种方式来获取密钥。首先，可以在节点中预装密钥；其次，节点可以让 ZigBee 信任中心向其发送密钥（除了主密钥之外）；最后，节点可以通过选项设置来生成自己的密钥，可能用到的选项包括**对称密钥建立**（Symmetric Key Establishment，SKKE）、**基于证书的密钥建立**（Certificate-Based Key Establishment，CBKE）（https://www.

mwrinfosecurity.com/system/assets/849/0riginal/mwri-zigbee-overview-finalv2.pdf）。

利用主密钥，可以采用 SKKE 流程在 ZigBee 设备中生成链路密钥。在 ZigBee 协议节点和信任中心之间共享的链路密钥称为**信任中心链路密钥**（Trust Center Link Key，TCLK）。采用 TCLK 密钥可以将新生成的网络密钥传送到网络中的各个节点。链路和网络密钥也可以预装在设备当中，然而还有一种更安全的做法，就是采用密钥建立方式生成链路密钥，用于节点到节点（node-to-node）通信。网络密钥则通过信任中心加密的 APS 传输命令进行发送。

尽管链路密钥最适合为节点到节点间的通信提供安全保障，但研究表明其并不总是最优选择。链路密钥需要每台设备提供更多的内存资源，而这对于物联网设备来说通常难以实现（http://www.libelium.com/security-802-15-4-zigbee/）。

CBKE 过程为 ZigBee 链路密钥的建立提供了另一种方法。其主要基于 **Qu-Vanstone 椭圆曲线**（Elliptic Curve Qu-Vanstone，ECQV）隐式证书，该证书专门根据物联网设备的需求进行了定制，相比传统的 X.509 证书而言要小得多。这些证书被称为隐式证书，其结构相比于 X.509 等传统的显式证书，在尺寸上大幅缩减（在资源受限的无线网络中，这是一个很好的特性）（http://arxiv.org/ftp/arxiv/papers/1206/1206.3880.pdf）。

2. Bluetooth-LE 协议

Bluetooth-LE 协议是基于 4.2 版本的蓝牙核心规范实现的，它通过大量模式为认证或非认证配对、数据完整性保护和链路加密提供了诸多选项。具体来说，Bluetooth-LE 协议可以支持以下安全特性（可参考蓝牙规范 4.2 版本）：

- **配对**：设备创建一个或多个共享密钥。
- **绑定**：存储配对期间所创建的密钥，以备后续连接使用；绑定操作可以构成一对可信的设备。
- **设备认证**：验证配对设备是否拥有可信密钥。
- **加密**：对明文消息进行混淆变换，得到密文数据。
- **消息完整性保护**：保护数据免遭篡改。

Bluetooth-LE 协议提供了 4 种设备关联的方式，如表 6-3 所示。

表 6-3　Bluetooth-LE 协议设备关联模式

模式	说明
数值比较	设备向用户显示 6 位数字，如果两台设备上的号码相同，用户选择"yes（是）"，即配对成功。要注意，在 4.2 版本的蓝牙协议中，6 位数字与两台设备之间的加密操作无关
直接连接	该模式是为不具有显示功能的设备所设计的。设备采用与数值比较相同的模式，但不向用户显示数字
带外数据	用户采用另一种协议进行安全配对。该模式通常与**近场通信**（Near Field Communication，NFC）结合使用来实现安全配对。在这种情况下，NFC 协议用于交换设备蓝牙地址和加密信息
万能钥匙	在某台设备中输入 6 位字符的配对码，如果在另一台设备上该配对码显示无误，即配对成功

Bluetooth-LE 协议中用到了许多密钥，这些密钥可以一起使用，从而提供所需的安全服务。表 6-4 展示了在 Bluetooth-LE 协议安全中可以发挥作用的密钥类型。

表 6-4 Bluetooth-LE 协议的密钥类型

密钥类型	说明
临时密钥（Temporary Key，TK）	由所采用的蓝牙协议配对类型确定，临时密钥的长度可以不同。临时密钥还可以用作输入导出**短期密钥**
短期密钥（Short-Term Key，STK）	STK 用于密钥的安全分发，基于 TK 和每台配对设备所提供的一组随机数而生成
长期密钥（Long-Term Key，LTK）	LTK 用于生成 128 位密钥，并用生成的 128 位密钥进行链路层加密
连接签名解析密钥（Connection Signature Resolving Key，CSRK）	CSRK 用于对 ATT 层数据的签名
身份解析密钥（Identity Resolving Key，IRK）	基于设备的公开地址，IRK 可以生成一个私有地址，从而为设备的身份和隐私保护提供了一种保护方法

Bluetooth-LE 协议利用 CSRK 实现对数据的加密签名。CSRK 还可以用来对 Bluetooth-LE 协议数据单元（Protocol Data Unit，PDU）进行签名。签名即 MAC 码，是由签名算法和计数器生成，每次发送 PDU 后该计数器的值自动增长。也正是由于计数器值会不断增加，所以能够抵御重放攻击。

Bluetooth-LE 协议还能够为设备提供隐私保护。在这一过程中需要用到 IRK，IRK 用来为设备生成特别的私有地址。有两种方法可以实现隐私保护，一种是由设备生成私有地址，另一种是采用蓝牙控制器生成地址。

3. 近场通信

NFC 技术并不会实现本地加密保护，然而，可以在 NFC 协商过程中实现终端认证。NFC 技术支持短程通信，并且经常用作初始协议，实现蓝牙等协议的带外配对。

6.4.2 物联网消息传输协议中的加密控制措施

本小节中将讨论消息传输协议中的各种控制措施。

1. MQTT 协议

MQTT 协议可以发送用户名和口令。而直到最近，规范才建议口令长度不超过 12 个字符。发送时，用户名和口令会以明文形式作为 CONNECT 消息的一部分发送。因此，在使用 MQTT 协议的同时，采用 TLS 协议对通信内容加以保护尤为关键，目的是防止针对口令的中间人攻击。理想情况下，两个终端之间端到端（或者网关到网关）的 TLS 连接应当与证书配合使用，实现 TLS 连接双方的相互认证。

2. CoAP 协议

在设备到设备通信的认证过程中，CoAP 协议提供了多种认证选项。认证过程还可以与

Datagram-TLS（D-TLS）协议配合使用，来提供更高保护级别的机密性和认证性服务。

基于所用到的密钥类型，CoAP 协议（https://tools.ietf.org/html/rfc7252#section-9）定义了多种安全模式，如表 6-5 所示。

表 6-5　CoAP 的安全模式及说明

模式	说明
NoSec	由于禁用了 DTLS 协议，所以该模式不提供协议级的安全保护。如果可以采用其他的安全配置，那么这种模式也可能满足需求。举例来说，如果在 TCP 连接中采用了 IPSec 协议，或者采用了安全的通信链路层，那么也可能会满足安全需求，然而，在这里并不推荐采用这种配置
PreSharedKey	启用 DTLS 协议，并采用预共享密钥进行节点通信。这些密钥也可以用作组密钥
RawPublicKey	启用 DTLS 协议，而且设备拥有一个非对称密钥对，该密钥对未携带经过带外机制验证的证书（原始公钥）。设备还拥有一个由公钥计算得到的身份标识，以及一组可以与之通信的节点的身份标识
Certificate	启用 DTLS 协议，而且设备拥有一个带有 X. 509 证书（RFC5280）的非对称密钥对，该证书将自身与主题结合起来，并由通用信任根对该证书进行签名。设备还拥有一组根信任锚，可用于验证证书

3. DDS 服务

对象管理组的**数据分发标准**（Data Distribution Standard，DDS）安全规范提供了终端认证和密钥建立功能，可以实现对消息数据来源的认证（利用 HMAC 技术）。该服务支持数字证书和多种类型的身份 / 授权令牌。

4. REST 技术

HTTP/REST 通常需要采用 TLS 协议来保证认证性和机密性。尽管借助 TLS 协议可以实现基本的认证（认证信息以明文方式传送），但是我们并不推荐采用这种做法。在这里我们建议采取基于令牌的认证（以及在需要的情况下进行授权）方式，例如在 OAuth 2.0 协议的上层建立 OpenID 身份认证层。但是，在使用 OAuth 2.0 协议时还需要采取其他的安全控制措施。

用户可以在以下网站查阅与上述安全控制措施相关的参考资料：

- http://www.oauthsecurity.com
- https://www.sans.org/reading-room/whitepapers/application/attacks-oauth-secure-oauth-implementation-33644

6.5　物联网密码学的未来走向

物联网设备正在生成的大量数据都需要存储，其中部分数据还需要保护相当长的一段时间。对于银行、医疗机构、保险公司、情报部门等来说，将敏感数据保存一段时间是"刚需"要求。

但遗憾的是，由于计算速度和密码分析能力的不断提高，密码算法已经越来越难以适应数据保护的需求。本节简要介绍了加密灵活性和量子密码技术所带来的阻力，考虑到密码技术几乎在所有领域中都有所应用，这两个话题得到了广泛关注。

6.5.1　加密的灵活性

加密的灵活性是指对加密算法、密钥长度、依赖于加密算法的协议以及密钥本身进行替换和升级的能力。由于密码技术在设备和计算系统中的普及和深度应用，这是一个巨大的挑战。

无论是新发现了密码算法中的漏洞，还是密码算法生命周期中的正常升级（算法废止），都需要进行密码替换。而其中所面临的部分挑战在于密码栈本身的深度。

下面我们举个例子。

假设对于某个机构而言，AES 128 算法强度已经不能够再满足其需求，要求该机构将其整个网络基础设施升级到采用 256 位 AES 算法保护的 VPN 网络。那么在现实中，上面这一看起来挺简单的替换操作将涉及以下内容：

- 对网络中的每台计算机和物联网设备进行评估，找出哪些协议与算法用到了 AES 128 算法。
- 确定涉及了哪些协议 / 应用。
- 评估和枚举企业中用于建立 AES 密钥的所有数字证书和加密库。其中也包括应用、网关、HSM、链路加密机等设备。
- 对企业中（和物联网设备上）静态或动态链接到加密库的所有应用进行评估。
- 评估所有加密库是否支持更长的密钥长度（包括编译时设置，以及运行时的重新配置）。
- 评估企业的硬件限制，即在不可升级的硬件中采用了哪些 128 位加密。

完成了评估工作之后，继续开展以下工作：

- 必须重新编译所有应用（假设软件开发商仍提供服务），将具备相应强度的加密库纳入到应用当中。
- 根据需要，每台设备必须升级采用新的加密库。
- 企业中的每个安全网络接口都必须重新分发新的 X.509 证书，新分发的 X.509 证书必须能够支持较大长度的非对称密钥，其加密强度必须同 256 位 AES 算法相匹配。
- 必须完成某些操作系统的升级。
- 有些设备必须直接报废，采用类似设备加以替换。

说白了吧，这简直就是 IT 人员的噩梦，在现实中，这类操作需要周密筹划、全面测试和谨慎部署，以避免对关键业务流程造成影响。

因此，加密的灵活性是一个涉及多领域的学科，其总体目标是将对机构中设备进行密码升级的负担降到最小。这是通过灵活的设计模式、模块化软件架构和采用最佳实践的部署来实现的，从而最大限度地降低了升级难度。在单台设备中，加密的灵活性还能够有效应对固件升级过程、硬件局限（例如，如果对数学计算有较高需求，那么还需要对硬件加速能力进行升级）和加密密钥重新分发模式（即为方便升级而返回 depot 配置）等方面带来的问题。

6.5.2　后量子时代的加密技术

我们将在本节中提到**后量子**（Post Quantum，PQ）时代的加密技术，因为它可能代表了全球范围内最具挑战性的密码升级场景之一。无论是离散对数问题，还是在有限域或椭圆曲线上的大数快速分解能力，密码学都是以数学难题为基础的。今天，随着量子计算机的快速发展，密码学面临着巨大的威胁[⊖]。这一影响极为严重，因为许多机构，尤其是主要国家，采集并存储了大量通过互联网发送的加密数据。虽然目前他们可能还无法提取出数据内容，但未来政府采用或商用的量子计算机也许会具备解密数据的能力。

实际上，这就要求政府和所有注重安全 / 隐私的机构开始筹划升级到所谓的 PQ 加密算法，经过分析，一般认为 PQ 加密算法能够抵御对其密钥的量子攻击。目前，美国政府（NIST）正在资助一项 PQ 密码标准的评审，目的是从提交的数 10 种不同的算法中进行选择，将其作为政府标准（事实上，是用做工业标准）的候选。最成熟和研究最广泛的 PQ 算法候选是基于格理论的。

虽然还不到制定量子密码算法标准的时候，但说到具备可行性的建议，公司等机构可能还是希望开展小型的试点部署，对某些采用 PQ 算法的加密库进行测试。采用 PQ 加密的试点部署需要能够完成以下工作：

- 数据库加密
- TLS 隧道的身份验证和加密
- 应用数据的加密和签名

这种试点部署对机构制定和完善部署路线图会有所帮助。物联网组织至少应跟踪该领域的进展，并开始对自己机构中所有受影响的组件和系统（包括云端资产）开展评估。

6.6　本章小结

在本章中，我们接触到了在物联网协议中所应用的密码技术、密码模块、密钥管理以及密码应用。

或许本章所传达的最为重要的信息，就是要正视密码学及其实现方法。很多物联网设备和服务厂商并未吸取构建安全加密系统的宝贵经验，而选择相信厂商在销售宣传中声称的"使用 256 位密钥的 AES 算法是安全的"这一说辞，这显然很不明智。如果用户没有采取正确的实现方式，那么有很多种方法都会对密码技术的应用造成影响。

在第 7 章中，我们将对物联网的**身份标识与访问控制管理**进行深入研究。

⊖　我们在这里不会讨论量子密码学的相关问题，而是讨论如何应用量子计算机来破解当今的密码学问题。——译者注

第 7 章

物联网的身份标识与访问控制
管理解决方案

当前，社会开始广泛采用智能化程度更高的智能家居和物联网可穿戴设备，与此同时，物联网设备在各个行业领域与政府机构的应用也愈加广泛。为这些设备提供支撑的网络也正在变得无处不在，因此，就需要在全新的、不同的环境和机构中识别出设备身份并为其分配访问权限。本章主要对物联网设备的身份标识和访问控制管理（Identity and Access Management，IAM）进行介绍。我们首先分析身份标识生命周期，并就用于身份认证信息分发的基础架构组件展开讨论，其中重点关注 PKI。此外，本章还研究了不同类型的认证信息，并介绍了对物联网设备进行授权和访问控制的新方法。

随后，我们将就以下主题展开讨论：

- IAM 介绍
- 身份标识生命周期
- 认证信息入门
- 物联网 IAM 基础架构的背景
- 物联网授权和访问控制解决方案
- 基于区块链账本的去中心化信任

7.1 物联网 IAM 介绍

对于同技术基础架构交互的人员的身份管理与系统访问权限的控制，安全管理员历来比较重视。我们以**自带设备**（Bring Your Own Device，BYOD）为例，自带设备允许获得授权的个人使用手机或笔记本电脑连接到公司账户，以公司账户的名义在其个人设备上接受网络服务。一旦认为设备已经满足了最低的安全保障要求，即可向其提供网络服务。这些安全保障要求包括使用强密码进行账户访问、应用病毒扫描器，甚至还包括强制对部分或全部磁盘加密以防止数据丢失。

相对于 BYOD，物联网的联网环境更加丰富。同员工们日常所携带的一两部手机或者笔记本电脑相比，整个机构中可能会部署更多的物联网设备。IAM 基础设施在设计时必须要能够为机构最终的设备数量的扩展提供支撑，而这个数字可能比当前的设备数量高出几个数量级。随着新功能的涌现，新的物联网子系统也会不断加入到机构当中，从而提供新的业务功能并提高原有业务功能的效率。

在行业和企业的物联网部署中，交叉融合特性也给安全管理员带来了新的挑战。当前，许多物联网解决方案的应用场景就被设计为租赁而非自有。下面我们以一台租赁的放射设备为例进行介绍，该设备会记录扫描次数，如果操作次数达到了授权次数，那么设备将停止运行。扫描结果以在线的形式生成报告，这也就是说，该设备在医疗机构与设备厂商之间建立了通信信道。这时就必须对该通信信道进行限制，仅允许授权用户（即租用人或其代理）使用，并且只有租用人所关联的特定设备才能够同通信信道建立连接。因此，在这个例子中，设备访问控制策略的制定就可能会变得非常复杂，甚至受限于特定的设备版本、一天中的特定时间以及其他限制条件。

物联网对共享信息的基本需求也使得物联网的交叉融合特性进一步得以体现。不仅对于第三方机构通过物联网传感器采集到的共享数据如此，对于从一开始物联网传感器的共享访问权限也是如此。物联网中的任何 IAM 系统都必须要能够为动态访问控制环境提供支撑，在动态访问控制环境中，无论对象是设备还是信息，都应当快速并且非常精准地开启／禁用共享。

最后，安全管理员必须考虑到与机构网络建立连接的个人物联网设备。这不仅仅是因为新的攻击向量带来了安全隐患，也是出于对保护个人信息时可能出现的重大隐私泄露隐患的忧虑。举个例子，我们已经发现有机构在健康保健项目中支持使用 Fitbit 等个人智能设备。2016 年，美国奥罗罗伯特大学（Oral Roberts University）推出了一项计划，要求所有新生都佩戴 Fitbit 智能设备，并允许该设备向大学的信息系统报告学生们每天的步数和心率。相关内容参见下面的链接：http://www.nydailynews.com/life-style/health/fitbits-required-freshmen-oklahoma-university-article-1.2518842。

由于越来越多的工作人员开始将新型设备带入到办公场所，而且这些设备很可能并不可信，因此对于企业和政府的系统安全而言，物联网设备与**自带设备**的安全隐患日趋严重（https://www.securitymagazine.com/articles/88620-why-organizations-should-still-care-about-byod）。这些物联网设备与自带设备会频繁地同互联网服务建立连接并共享信息。智能设备通常由厂商设计，同厂商专门为设备提供的 Web 服务以及其他信息基础设施建立连接，以方便设备和客户的使用。设备通常采用 802.lx 协议建立连接。在对物联网设备应用 802.lx 协议的网络访问控制措施时考虑要全面，因为有很多同样的设备都需要连接到网络。厂商目前正在开发解决方案，内容是对基于 IP 的物联网设备进行指纹识别，并依据 DHCP 分配的 IP 地址，确定某些类型的设备是否应该获得访问权限。例如，如果能够提取操作系统或者设备的其他特征作为指纹，就可以做到这一点。

物联网 IAM 是整体安全规划的一个方面，必须精心设计，以应对动态环境中新出现的问题，其中包括：

- 可以根据多种需求，快速地将新设备安全加入到网络当中。
- 数据甚至设备不仅可以在本机构中共享，还可以与其他机构共享。
- 即便可以采集、存储消费者的数据，并且还会将其经常同其他人分享，但依然能够保障隐私的安全。
- 廉价的物联网设备，例如包含认证信息的传感器，在其报废阶段必须可以方便、安全地加以处置（不会泄露安全相关的身份认证信息，如私钥）。

物联网的整体 IAM 规划如图 7-1 所示。

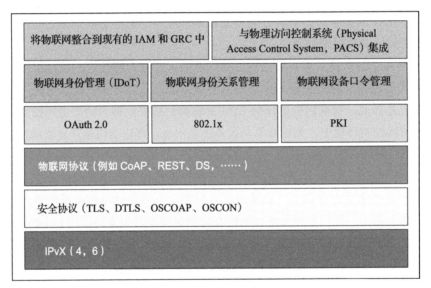

图 7-1 物联网 IAM 整体规划

如图 7-1 所示，重要的是将物联网设备的新 IAM 策略同机构中当前的治理模型和 IT 系统匹配起来。同时，还需要将物联网设备的认证和授权功能同**物理访问控制系统**（Physical Access Control System，PACS）相集成。PACS 提供了在整个机构中启用和实施物理访问控制策略的电子手段。通常，PACS 系统还可以同**逻辑访问控制系统**（Logical Access Control System，LACS）相集成。在访问各种计算机、数据和网络资源时，LACS 系统提供了用于身份管理、认证和授权的技术和工具。在机构以相对可控的方式集成新物联网设备的过程中，如果能够应用 PACS/LACS 技术，那么可谓是一套理想的系统。

7.2　身份标识生命周期

在我们开始研究物联网 IAM 的支撑技术之前，首先把身份标识生命周期这个概念拿出来讲清楚还是很有用的。物联网设备的身份标识生命周期开始于制定设备的命名规则，结束于系统中设备身份标识的清除。身份标识生命周期如图 7-2 所示。

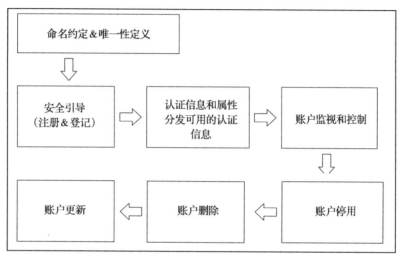

图 7-2　身份标识生命周期示意图

我们建议用户建立生命周期流程，并在机构采购、配置并最终接入到机构网络中的所有物联网设备之上应用该流程。其中，不管是现在还是将来，对于需要在机构中引入的物联网设备与系统，首先需要对物联网设备和系统的类型具有比较一致的理解。如果最终添加到机构中的设备数量上千甚至达到数百万，那么要是能够建立一个结构化身份标识命名空间的话，将大大有助于设备的身份管理。

7.2.1　建立命名规则和唯一性要求

唯一性标识符可以随机生成也可以具有一定的确定性（例如，依据算法计算得到），只要没有其他数值与之相同就可以。最简单的唯一性标识符来源是计数器。计数器的每次赋值都不重复。而且计数器还可以和其他静态数值配合使用，例如，可以将设备厂商 ID 加上产品线 ID 再加上计数器的值作为唯一性标识符。在很多情况下，随机数也会与静态字段和计数器字段一起使用。从厂商的角度来看，只要求唯一性标识符不重复往往还是不够的。通常情况下，在命名时还需要说明其用途。为此，需要通过多种方式添加某些字段，这些字段对于厂商来说是唯一的，并且也符合行业惯例。其中，可以通过**全局唯一标识符**（Universally Unique Identifier，UUID）来确保唯一性，在 RFC 4122 规范中制定了 UUID

的命名标准。在某些情况下，仅仅使用静态标识符也不够，这时就需要通过将多个身份标识要素与属性相结合的方式来取得身份标识（例如在**基于属性的访问控制措施**（attribute-Based Access Control，ABAC）中就会采用这样的用法）。

不管是什么机制，只要可以给设备分配一个不重复的标识符，且这个标识符对于设备厂商、应用或上述实体的组合是唯一的，那么就可以采用该标识符进行身份标识管理。除了这些机制之外，在这里我们唯一提醒读者需要注意的是，静态指定的 ID 长度范围内所有可能的标识符的组合不要过早耗尽。

如果找到了为物联网设备分配唯一标识符的方法，下一步就是能够从逻辑上识别出其运维区域内的资产，以支持认证和访问控制功能。

设备命名

用户每次访问受限的计算资源时，系统都会检查用户身份标识，以确保用户拥有访问特定资源的权限。完成上述功能有很多种方式，但其最终结果都是一样的，就是如果用户没有正确的认证信息，则不允许用户访问相关资源。虽然这个过程听起来很简单，但是对于大量资源受限的设备而言，其身份标识与访问控制管理还面临着许多挑战需要一一克服，而正是这些设备构成了物联网。

第一个挑战是身份标识本身。虽然身份标识对个人来说似乎很简单，例如每个人的名字就是其身份标识，但是还必须能够将身份标识转换成计算资源（或访问控制管理系统）能够理解的一段信息。在整个信息域中，身份标识不能重复。现今的许多计算机系统依赖于用户名，同一个域中的用户名不能相同。在实现中，用户名可以像 `<lastname_firstname_middleiniital>` 一样简单。

而对于物联网设备而言，需要了解分发给设备哪些身份标识或名称会导致混淆。正如之前所讨论的，在某些系统中，设备会将 UUID 或**电子序列号**（Electronic Serial Number，ESN）作为唯一标识符。

亚马逊对物联网设备的命名是一个非常好的例子，亚马逊在向物联网设备首次提供服务时，会利用物联网设备的序列号来识别设备。Amazon IoT 包括了设备注册服务，采用该服务，管理员可以注册物联网设备、提取每套设备的名称以及设备的各种属性。其中，属性可以包括下面所列的数据项：

- 厂商
- 类型
- 序列号
- 部署日期
- 位置

请注意，这些属性可以用在**基于属性的访问控制**（Attribute-Based Access Control，ABAC）措施当中。采用 ABAC 访问控制方式，在制定访问决策策略时，不仅会用到设备的身份标识，还可能会用到设备的属性。根据现实需要，用户制定的访问控制策略可能会包含丰富多样甚至可能比较复杂的规则。

图 7-3 所示为 AWS IoT 服务的视图。

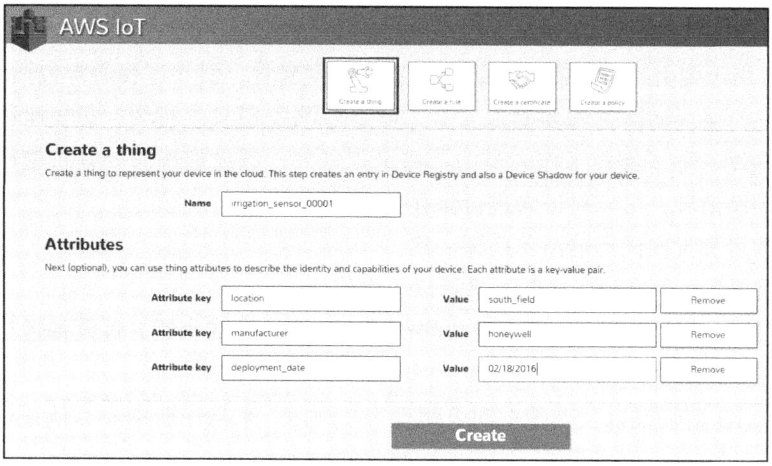

图 7-3　AWS IoT 服务

即使物联网设备采用了 UUID 或 ESN 等标识符，这些标识符通常并不足以确保认证和访问控制决策的安全。如果没有采用密码控制措施，那么攻击者可以轻易地伪造标识符。在这些情况下，管理员必须将其他类型的标识符绑定到设备。这种绑定简单说来通过建立口令与标识符之间的关联就可以实现，如果要采用更安全的做法，则可以采用数字证书等认证信息。

通常，物联网消息传输协议会用来传输唯一标识符。例如，MQTT 协议中包含了 ClientID 字段，用于传输针对代理唯一的客户端标识符。对于 MQTT 协议而言，ClientID 的作用就是维护代理与客户端之间唯一的通信会话状态。

7.2.2　安全引导

从安全角度来说，基于物联网的系统或网络中充满着以虚假身份进行的身份盗用、隐私泄露、信息欺骗等乱七八糟的操作，没有什么比这更糟糕的了。然而，身份标识生命周期中较为困难的一项任务就是在设备中建立初始信任，允许设备引导自己进入系统。身份标识和访问控制管理的最大漏洞之一就是不安全的引导。

引导是在特定系统中为设备分发可信身份标识的起点。引导从生产过程开始（例如在生产芯片的厂房中），直到交付给最终操作者才算完成。交付后，引导也可能由最终用户或中间人（例如仓库或供应商）来完成。最安全的引导方法从生产过程开始，并在整个供应链中实现离散的安全关联。以下方式可以用来唯一地识别设备：

- 设备上印制的唯一序列号。
- 在设备 ROM（Read-Only Memory）中存储或灌制的唯一且不可更改的标识符与信任锚。
- 厂商特定的加密密钥，该加密密钥只会在特定生命周期的状态中用到，作用是将引导过程安全地切换到后续的生命周期状态（例如运输、配送、移交至注册中心）。负责设备运行准备工作的特定实体会使用这些密钥（频繁采用带外方式分发）加载后续组件。

PKI 通常用于为引导过程提供帮助。从 PKI 角度来看，引导过程通常包括以下工作：

- 设备从厂商（运输过程要确保安全，能够检测发现篡改行为）安全地运送到可信设施或仓库。除了经过工作人员的严格审查之外，该设施还需要具备健壮的物理安全访问控制措施，可以对记录进行保存并审计。
- 设备数量和批次同运输清单匹配一致。

接收到设备后，每套设备还需要进行以下操作：

1）使用针对具体客户的、厂商默认的认证方式（口令或密钥）对设备进行唯一的身份认证。

2）安装 PKI 信任锚以及其他中间公钥证书（例如，来自注册中心、认证中心或其他根节点的证书）。

3）设置最小网络可达性信息，以便让设备知道在哪里检查证书吊销列表、执行 OCSP 查找等其他安全相关功能。

4）分发设备 PKI 证书（由 CA 签名的公钥）和私钥，这样拥有 CA 签名密钥的其他实体也可以信任新设备。

安全引导过程可能与上述引导过程有所不同，在设备分发过程中侧重于缓解以下类型的威胁和漏洞：

- 内部威胁，如果加入新型设备、流氓设备或已遭入侵的设备（不应被信任）。
- 设备复制（克隆），无论在生命周期中的哪个阶段。
- 将公钥信任锚或其他密钥信息引入本不可信的设备（流氓信任锚等密钥信息）。
- 在密钥生成或将密钥导入设备时，破坏（包括复制）新物联网设备的私钥。
- 供应链和注册流程中设备所拥有数据的差距。
- 为了正常使用，需要重新灌制密钥或者分配新的身份标识时（例如，根据需要重新引导的情况）对设备加以保护。

鉴于智能芯片卡信息安全攸关的特性，及其在敏感金融业务中的作用，智能卡行业采用了严格的注册流程控制措施，且与上面提到的注册流程控制措施不同。如果不采用这些控制措施，严重的攻击就可能使正常运转的金融行业瘫痪。诚然，许多消费级物联网设备的引导过程可能不太安全，但是随着时间的推移，依靠部署环境的改善以及利益相关方对威胁认识的加深，这一切都会有所改观。

联网的设备越多，其可能带来的危害就越大。网联汽车行业及其所采用的 PKI 安全模型就是一个很好的例子，该模型清晰地说明了引导和注册所采用的协议和工作流程（通过

IEEE 1609.2 安全模型，以及行业安全认证信息管理系统的接口定义）。

在现实中，安全引导过程还需要针对特定物联网设备的威胁环境、功能以及所讨论的网络环境加以调整。潜在风险越大，整个引导过程就需要越严格越细致。安全的流程通常需要在设备引导期间实现严格的权责分离并确保多人完整性。

7.2.3 认证信息和属性分发

一旦在设备中建立起身份标识的基础，就可以开始认证信息和属性的分发了。这些认证信息会在物联网系统中用于安全通信、认证和完整性保护。我们强烈建议用户尽可能采用证书进行认证和授权。如果使用证书，一项重要且和安全相关的选择为在设备自身中生成密钥对还是集中式地生成密钥对。

部分物联网服务可以采用集中式（例如通过密钥服务器）方式生成公钥/私钥对。这种方法虽然可以有效地为数千台设备批量地分发认证信息，但是要认真处理这一过程中可能暴露出的漏洞（例如，通过中间设备/系统发送敏感私钥）。如果采用集中式生成方法，那么同时还应当使用高安全性的密钥管理系统，并且该系统应当部署在安全设施当中，由经过审查的专人进行操作。另一种证书分发方式是在本地生成密钥对（直接在物联网设备中生成），然后通过向 PKI 发送证书签名请求来传输公钥证书。如果难以确保引导过程的安全，则还需要为 PKI 的**注册中心**（RegistrationAuthority，RA）制定控制策略，对分发设备的身份进行验证。通常来讲，引导过程越安全，分发的自动化程度就越高。物联网设备注册、登记和分发的流程示意图如图 7-4 所示。

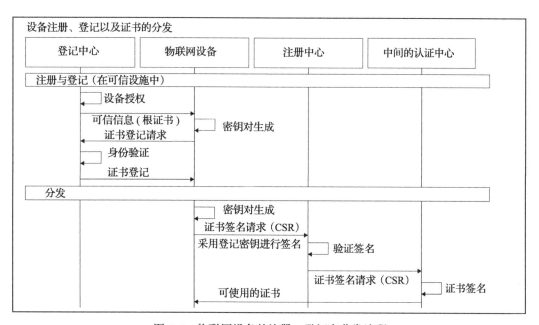

图 7-4 物联网设备的注册、登记和分发流程

本地访问

有时出于管理目的，需要从本地访问设备。此时可能需要分发 SSH 密钥或管理员口令。过去，为了便于设备访问，机构经常会共享管理员口令，然而这种做法是错误的。尽管为管理员制定一套综合全面的访问控制解决方案令人望而生畏，但是我们也不推荐采用口令共享这种做法。尤其当物联网设备的部署需要跨越广袤的地理空间时更是如此，例如交通运输行业中部署的各种传感器、网关和其他无人值守设备。在任何情况下，都不应在设备族中采用相同的口令和密钥（即默认口令）进行各种初始认证或后续认证。只有在默认认证信息同设备一一对应，并且设备不能随意地让自身恢复到默认状态的情况下，才会采用默认的认证信息。

7.2.4　账户监视和控制

在账户和认证信息分发完成之后，必须继续根据已制定的安全策略对这些账户进行监控。同时，对于通过基础设施为物联网设备分发的认证信息，机构也需要监控认证信息的强度（也就是密码套件和密钥长度）。而且，还有可能会有一些小组会自行对物联网子系统进行设置，因此制定出适用于这些系统的安全控制策略，然后分发策略，进而监控策略的执行情况非常重要。

监控的另一项内容是跟踪账户和认证信息的使用情况。我们建议定期对本地物联网设备管理员级认证信息（口令和 SSH 密钥）的使用情况进行审计。此外，还要慎重考虑是否可以在物联网中部署特权账户管理工具，其提供了管理员口令导出等功能，大大方便了审计过程。

7.2.5　账户更新

认证信息必须定期更换，无论是证书、密钥还是口令都应如此。由于组织管理等方面的不便，很早以来 IT 组织不太愿意缩短证书生命周期，也不太乐意管理越来越多的证书。在这里就需要反复权衡考虑一下，因为使用生命周期较短的认证信息固然有助于减小攻击面，但是认证信息变更的代价巨大且耗费时间。如果可能的话，还是要找出认证信息更新的自动化解决方案。当前，Let's Encrypt（https://letsencrypt.org/）等网站提供的服务日益流行，就是因为这些服务有助于改进并简化机构的证书管理工作。Let's Encrypt 不仅提供 PKI 服务，还提供非常易于使用的基于插件的客户端，该客户端可以支持各种平台。物联网设备以及厂商都可以通过这些 API 使用 Let's Encrypt 提供的服务。

7.2.6　账户停用

就像用户账户一样，我们不建议自动删除物联网设备账户。用户可以考虑如何让这些账户在沙盒中运行或者对账户进行分区，这样账户就可以在受控程度更高的状态下运行，这是因为在某些情况下，在后续的取证分析过程中可能会用到同账户绑定的数据。

7.2.7 账户或认证信息的撤销或删除

删除物联网设备所使用的账户及与之交互的服务，有助于防止攻击者在设备退役后通过这些账户获得与之相关的访问权限。同时，还应删除用于加密（无论是网络数据还是应用数据）或者密钥建立的密钥或私钥，以防止攻击者在以后使用恢复的密钥解密捕获到的数据。如果账户和相关信息难以手动删除或撤销，那么可以使用短期账户以及很快就会过期的配套认证信息。

7.3 认证信息

在物联网消息传输协议中，通常可以采用不同类型的认证信息对外部服务和其他物联网设备进行认证。在本节中，我们将对常见的认证信息进行介绍。

7.3.1 口令

对于 MQTT 等部分协议而言，只能够采用用户名 / 口令的方式进行原始协议的认证。在 MQTT 协议中，CONNECT 消息包含用于将用户名 / 口令传递给 MQTT 代理的字段。在 OASIS 定义的 3.1.1 版本的 MQTT 规范中，可以在 CONNECT 消息中看到这些字段，如图 7-5 所示（参考链接：http://docs.oasis-open.org/mqtt/mqtt/v3.1.1/os/mqtt-v3.1.1-os.html）。

图 7-5 CONNECT 消息中的字段

在 MQTT 协议中传输的用户名或口令没有采取保护措施来保证传输数据的机密性。因此，在现实实现过程中应当考虑采用 TLS 协议对传输数据进行加密保护。

物联网设备在使用基于用户名或口令的认证方式时还有很多安全考量,其中包括:

- 管理大量设备用户名和口令的难度。
- 保障设备中所存储口令安全的难度。
- 在设备整个生命周期中进行口令管理的难度。

虽然基于用户名或口令的认证方式对于物联网设备而言并不是最理想的方案,但是如果确定要这么做,我们建议采取以下防范措施:

- 制定口令轮换策略与程序,每台设备至少每 30 天更换一次口令。更好的方法是采用技术手段来实现口令轮换,即在管理界面中自动提示用户何时需要更换口令。
- 采用控制措施对设备中账户的操作行为进行监控。
- 采用控制措施监控特权账户,因为特权账户拥有对物联网设备的管理权限。
- 将采用口令保护的物联网设备与可信度较低的网络隔离。

7.3.2 对称密钥

在第 6 章中我们已经提到,对称密钥也可用于认证。**消息认证码**(Message Authentication Code,MAC)就是通过 MAC 算法(如 HMAC,CMAC)用共享密钥和已知数据(由密钥签名)生成的。在接收方,当接收方计算出的 MAC 与接收到的 MAC 相同时,就可以证明发送方拥有预共享密钥。与口令不同,如果使用对称密钥的话,那么认证时就不需要在双方之间发送密钥(提前或者协商使用密钥建立协议的情况除外)。建立密钥时也可以采用公钥算法,通过带外方式输入数据,或者采用 KEK 加密提前发送到设备。

7.3.3 证书

在物联网中进行认证的首选方法,莫过于采用基于公钥的数字证书。尽管在当前的某些物联网设备与系统中,可能并不具备证书使用所需的处理能力,但计算能力和存储领域的摩尔定律正在快速改变这一点。

1. X.509

证书是一套高度组织化的分级命名结构,包括机构名、机构单元名、**唯一甄别名**(Distinguished Name,DN)或**通用名**(Common Name,CN)。用户可以采用 AWS 来分发 X.509 证书,我们可以看到 AWS 提供了设备证书的一键生成功能,如图 7-6 所示。在下面的例子中,我们生成了一份设备证书,其中包含了物联网设备的通用名,使用期限为 33 年。一键生成也可以(集中地)创建公钥 / 私钥对。如果条件允许的话,我们建议通过以下方式在本地生成证书:首先,在设备中生成密钥对;然后,向 AWS IoT 服务发送证书签名请求。通过这种方式,用户可以对证书策略进行调整,对授权过程中可能会用到的分级单元(例如 OU、DN 等等)进行定义。

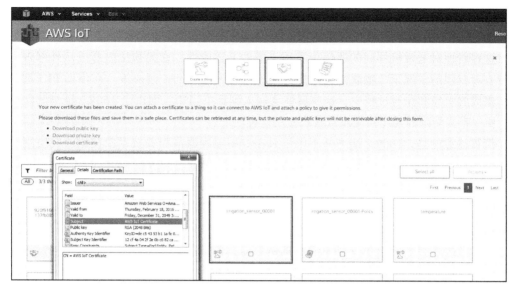

图 7-6　证书生成

2. IEEE 1609.2

物联网的特点在众多机器对机器（machine-to-machine）通信的用例中都会得以体现，其中部分设备可能会通过拥塞的无线频谱进行通信。以网联汽车为例，其中用到了一项新兴技术，**车载设备**（On-Board Equipment，OBE）可以自动向当前车辆附近的其他车辆发送警告信息，警告信息采用**基本安全信息**（Basic Safety Message，BSM）的形式发送。汽车行业、**美国交通运输部**（US Department of Transportation，USDOT）和学术界已经就网联汽车技术进行了多年的研究，该技术于 2017 年在凯迪拉克汽车上完成了商业首秀。2018 年，大约 10 000 辆采用了该技术的汽车在美国纽约、坦帕、怀俄明部署（网联汽车部署试点项目）。网联汽车技术不仅可以实现车辆间的通信，而且可以实现**车辆到基础设施**（Vehicle-To-Infrastructure，V2I）间的通信，例如各种路侧单元和回程应用的通信。**专用短程通信**（Dedicated Short Range Communication，DSRC）无线协议（基于 IEEE 802.llp）仅限用于 5GHz 频带中较窄的一组通道。为了容纳如此多的车辆并确保使用过程的安全性，有必要采取以下操作：

- 采用密码技术确保通信安全（减少恶意欺骗或窃听攻击）。
- 在网联汽车基本安全信息的传输中尽量降低安全开销。

对此，业界决定采用体积更小、更加灵活的新型数字证书，也就是 IEEE 1609.2。2017 年年底，欧洲电信标准协会（ETSI）也开始采用该证书格式，从而帮助汽车制造商和供应商提高开发效率。

IEEE 1609.2 证书格式的优势在于，在依然采用高强度椭圆曲线密码算法（ECDSA

和 ECDH）的情况下，证书尺寸只有常用 X.509 证书的一半。该证书包括显式应用标识符（SSID）和证书持有者的**服务特定权限**（Service Specific Permission，SSP）字段等独有属性，这些属性对通常机器间的通信很有用。借助上述属性，在无须从内部或从外部查询证书持有者权限的情况下，物联网应用即可以显式地做出访问控制决策。在借助 PKI 进行安全、集成的引导和注册过程中，这些属性会嵌入到证书当中。而由于 1609.2 证书的尺寸精简，所以带宽受限的无线协议非常喜欢使用这种证书。

值得注意的是，1609.2 证书并不限于只在专用短程通信相关技术中使用。在应用层安全通信模型中，1609.2 证书也可用于安全会话通信（例如，TLS）、蜂窝 V2X 等通信技术。另外，1609.2 证书还拥有一组实用的属性，例如可以采用 PSID/SSP 结构建立特定**应用服务标识符**（Provider Service Identifier，PSID）同证书持有者的 SSP 之间的关联，其中还包含权限语句，用于说明证书持有者可以传递哪些类型的消息内容，不可以传递哪些类型的消息内容。当接收到采用 1609.2 证书签名的消息时，消息接收者可以将消息内容同发送者的 SSP 进行比较，最后确定是接受还是抛弃消息。这一特点对于实现分散的应用授权很有用。

7.3.4 生物特征

当今，业界已经对利用生物特征进行设备认证的新方法开展了大量工作。其中，FIDO 联盟（www.fidoalliance.org）已经制定出了部分规范，这些规范对生物特征在无口令认证以及双因子认证等场景中的用法进行了定义。认证过程可以采用从指纹到声纹等多种多样形式各异的生物特征。基于生物特征的认证方法已经在部分消费级物联网设备（例如门锁）中得到了应用，并且在将生物特征用作物联网系统的双因子方面也存在较大的发展空间。

举例来说，声纹可以用于实现对分布式物联网设备的认证，例如交通部门的**路侧设备**。认证过程中，RSE 通过云端连接到后端的认证服务器就可以访问到设备。Hypr Biometric Security（https://www.hypr.com/）等公司正在引领声纹识别认证技术的发展，从而减少对口令的需求，实现更加健壮的认证技术。

7.3.5 对物联网设备的授权

在资源受限的物联网设备中使用令牌的技术还没有完全成熟。不过，有一些组织正在结合物联网设备的特点对 OAuth 2.0 等协议进行调整。其中一个组织是 IETF（Internet Engineering Task Force，国际互联网工程任务组），该组织正致力于**受限环境下的认证和授权**（Authentication and Authorization for Constrained Environment，ACE）文档编制工作。关于受限环境下的认证和授权，在 RFC 7744 文档中提供了部分用例（参考链接：https://datatracker.ietf.org/doc/rfc7744/），文档中的用例主要基于采用 CoAP 作为消息传输协议的物联网设备。并且文档选取的用例很有代表性，阐明了对物联网认证和授权策略的需求。同时，RFC 7744 为物联网设备的认证和授权还提出了需要注意的地方，其中包括：

- 设备中可能包含多种资源，每项资源均需制定自己的访问控制策略。

- 对于不同的请求实体，单个设备可能会要求不同的访问权限。
- 做出决策时必须能够对业务环境进行评估。需要具备及时了解到紧急情况下的突发事件的能力。
- 对于支撑物联网的动态环境而言，对授权策略进行动态控制的能力至关重要。

7.4 物联网 IAM 基础架构

现在，我们已经解决了很多身份标识和访问控制管理过程中遇到的问题，但是详细说清楚解决方案在基础架构中的实现方式也非常重要。本节将主要对 PKI 展开介绍，并说明其在保障物联网 IAM 部署安全方面的用法。

7.4.1 802.1x

802.lx 认证机制也可以用来限制基于 IP 的物联网设备对网络的访问。请注意，并非所有的物联网设备都依赖于分发 IP 地址。虽然无法囊括所有的物联网设备类型，但是如果访问控制策略采用了 802.lx 认证机制，将适用于很多用例场景。

进行 802.lx 认证需要一台接入设备和一台认证服务器。接入设备通常是一个接入点，而 RADIUS 或者 AAA（Authentication, Authorization and Accounting，认证、授权和计费）服务器则可以用作认证服务器。

7.4.2 物联网 PKI

在第 6 章中，我们已经对与密钥管理相关的技术基础进行了介绍。PKI 只不过是密钥管理系统工程化、标准化的一种实现方式，其专门用于以数字证书（通常是 X.509 证书）的形式分发非对称密钥（公钥）。PKI 独立于某一个单独的机构，可以是公开的互联网服务，也可以由政府来运营管理。当需要声明身份时，向个人或设备签发数字证书来实现各种加密功能，例如，可以用于对应用中的消息签名，或者用于数据签名，并将签名后的数据作为 TLS 等认证密钥交换协议的一部分。

公钥和私钥对的生成（公钥需要集成到证书中）有不同的流程，但正如前面提到的，密钥对的生成主要分两类：自身生成和集中式生成。自身生成时，终端物联网设备需要用到数字证书来执行密钥对生成功能，相关内容已经在 FIPS PUB 180-4 中进行了介绍。公钥可能是原始形式，还未被放入 X.509 等证书的数据结构之中，也可能是未签名证书的形式，这取决于加密库和调用的 API。一旦出现未签名的证书，就应该以**证书签名请求**（Certificate Signing Request，CSR）的形式调用 PKI。设备将该消息发送给 PKI，然后 PKI 对证书签名后再将其发回给设备进行后续操作。

1. PKI 入门

PKI 旨在向设备和应用分发公钥证书。当前世界万物互联，PKI 提供了可验证的可信根，可以适用于多种架构。部分 PKI 信任链的层级可能比较深，在**终端实体**（如物联网设备）和最高级的可信根（根认证中心）之间有许多层级。而其他有些信任链的层级则可能比较浅，在顶部只有一个 CA，其下只有一级终端实体设备。那么，它们是如何工作的呢？

假设有物联网设备需要采用高强度加密算法对身份标识加以保护，而如果用到的身份标识是由这台设备为自己分发的，那么这种做法是讲不通的，因为这个设备自身就未必可信。这就是 PKI 认证中心，即可信第三方发挥作用的地方，PKI 证书认证中心可以为设备的身份提供担保，在某些情况下，也可以为设备的信任等级提供担保。大多数 PKI 不允许终端实体与 CA 直接交互，而是通过 PKI 次级节点**注册中心**来完成，CA 主要负责对终端实体证书的加密签名，CA 是面向各 RA 的，而 RA 是面向最终用户的，RA 是用户与 CA 的中间渠道。

RA 接收到终端实体发送的证书请求（在证书请求中通常包含设备自己生成的、但是未经签名的公钥），证实其已经满足了某些最低标准，然后 RA 将证书请求传递给 CA。CA 签署证书（通常采用 RSA、DSA 或 ECDSA 等签名算法），再将其发送回 RA，最后再由 RA 通过消息发送给终端实体，相应的消息称为**证书响应**。在证书响应消息中，原本由终端实体（或者其他中间的密钥管理系统）生成的原始证书中加入了 CA 签名和显式的身份标识，至此完成了 PKI 的证书签发流程。现在，当物联网设备在认证期间提供其证书时，其他设备就可以信任它了，因为其他设备从它接收到了有效且经过签名的证书，并且可以使用它们也信任的 CA 公钥信任锚（安全地存储在其内部 Trust store 中）对 CA 签名进行验证。

图 7-7 显示了典型的 PKI 体系架构。

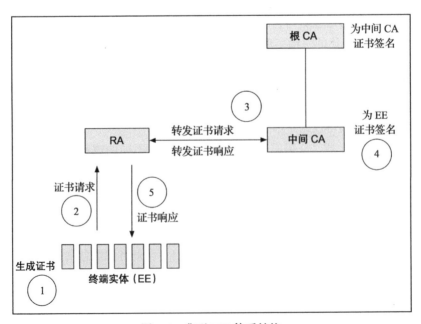

图 7-7 典型 PKI 体系结构

在图 7-7 中，如果每个终端实体都拥有 CA 密钥，那么就可以形成信任链，从而使得**终端实体**（End Entities，EE）彼此之间相互信任。

如果终端实体所拥有的证书是由不同 PKI 签署的，那么这些终端实体之间也可以形成相互信任的关系。要做到这一点有以下几种方法：

- **显式信任**：每个终端实体都可以制定策略，表明其可以信任另一个终端实体。在这种情况下，终端实体只需要从另一个终端实体的 PKI 中获取到信任锚的拷贝，即可以信任该 PKI。通过对预先安装的根进行证书路径验证，这些实体就可以完成此操作。策略可以决定在证书路径验证期间可以接受的信任链的质量。当前互联网中的大多数信任关系的建立大都如此。举个例子，Web 浏览器显式地信任互联网上如此之多的 Web 服务器，就是因为浏览器预装了最常见的互联网根 CA 信任锚的拷贝。
- **交叉认证**：当 PKI 在策略、安全实践以及域中其他 PKI 的互操作性方面需要更加紧密的结合时，既可以直接交叉签名（每个 PKI 都可以成为其他 PKI 的证书签发人），也可以新创建一个称为 PKI 桥的结构来实现和分配策略的互操作性。美国联邦政府的联邦 PKI 就是一个很好的例子。在某些情况下，通过新建 PKI 桥的方式来进行旧证书加密算法和新证书加密算法之间的转换（例如，联邦 PKI 的 SHA1 桥用于适配数字签名中较早的 SHA1 加密摘要）。

就物联网而言，许多基于互联网的 PKI 现在都可以向物联网设备分发证书。部分机构也正在抓紧构建自己的 PKI 基础设施。而要打造互联网中正式认可的 PKI 可能还需要付出很多努力。PKI 需要采取强大的安全保护措施，以满足各种 PKI 保障方案（如 WebTrust）所提出的严格保障要求。许多情况下，机构会与 PKI 提供商签订服务合同，将 CA 作为安全服务来运营。

2. 可信任证书库

下面暂时停止关于基础设施的讨论，来聊一聊 PKI 分发的证书最后会存储在设备中的哪些位置。这些证书通常存放在设备内部的可信任证书库（Trust stores）当中。谈及对数字证书的保护，可信任证书库是物联网设备所需的基本功能。从 PKI 的角度来看，设备的可信任证书库是物联网设备中的一块物理或逻辑区域，作用是实现公钥和私钥的安全存储，而且通常最好采用加密存储方式。设备的私钥 / 公钥和 PKI 的信任根都存储在可信任证书库当中。

可信任证书库往往是存储器中访问控制措施最严格的部分，通常只能由操作系统中的内核级进程访问，从而防止在未经授权的情况下针对公钥的篡改或替换操作以及针对私钥的读取或复制操作。可信任证书库也可以在硬件中实现，例如小型 HSM 或其他专用硬件。此外，还可以采用软件来实现可信任证书库（例如在 Windows 和其他桌面操作系统中的做法）。在许多桌面型部署中，也可以将认证信息放到**可信平台模块**（Trusted Platform Module，TPM）当中，TPM 就是计算机主板中集成的专用芯片。由于 TPM 采用了标准化的方法，建立了具有安全存储、远程认证等功能的安全模型，因此 TPM 已经开始进入物联网市场。此外，也还有其他面向企业的移动解决方案，可以实现敏感安全参数的安全存储。例如，Samsung Knox 就采用 Knox 工作区容器（包含安全的硬件信任根，安全引导以及其他敏感操作参数）为移动设备提供了安全存储区域。

物联网设备可以采用多种方式使用 PKI 提供的服务，也可以完全不依赖于 PKI。举例来说，如果设备仅使用自签名证书，并且 PKI 不为其提供担保，则它仍然可以将自签名证书安全地存储到自己的可信任证书库当中。类似地，如果 PKI 给设备分发了身份标识，那么该设备就必须维护和存储与该 PKI 有关的关键密钥，又或者是与其一开始就信任或间接信任的其他 PKI 有关的关键密钥。这是通过存储 CA 公钥信任锚以及中间证书来完成的。当决定信任外部实体时，实体会向物联网设备提供一份由 CA 签署的证书。在某些情况下（以及在某些协议中），实体在提交其自身证书的同时，也需要提供 CA 证书或完整的信任链，以便能够对根节点进行验证。

无论物联网设备是否直接支持 PKI，如果它使用公钥证书来验证另一台设备的真实性，或者提供自己的证书和信任链，那么就应该使用在可信任证书库中安全存储的数字证书和信任锚。否则，设备是难以抵御恶意进程和黑客攻击的。

3. PKI 架构中的隐私保护问题

隐私保护问题涉及很多方面，通常从概念上来说与 PKI 并没有直接关联。在设计之初，PKI 的作用就是向个人和设备提供可信的身份标识。在进行电子交易时，人们通常都想在与对方进行敏感交易之前，准确地识别出对方身份并对其进行认证。

然而，匿名性以及在网络和无线环境中运行而不被跟踪的能力正在变得越来越重要。举例来说，假设有系统向设备分发匿名的可信证书，这样其他实体即便在不知道设备身份的情况下也可以信任该设备。再进一步考虑，在设计时，PKI 自身也需要能够抵御内部威胁（PKI 运维人员），避免内部人员建立证书同分发到证书的实体之间的关联。

对这一问题最好的例证就是能够实现隐私保护的新兴 PKI 不断涌现，其中最著名的是即将面世的**安全凭据管理系统**（Security Credential Management System，SCMS），该系统专门面向汽车行业的网联汽车而打造。SCMS 为未来能够实现隐私保护的物联网设备的托管勾勒出了一幅美好的愿景。当前，SCMS 正处于概念验证阶段，该系统进行了专门设计，避免 PKI 中的任一节点都可以建立 SCMS 证书（IEEE 1609.2 格式）同分发到该证书的车辆和车辆驾驶员的关联。

车辆中的 OBE 嵌入式设备采用了 IEEE 1609.2 证书，作用是向周边车辆发送 BSM，从而使周边车辆能够向驾驶员提示预防性的安全信息。除了车辆会用到该证书外，交通信号控制机附近安装的联网独立**路侧单元**在提供各种路侧应用时也采用了 1609.2 证书。许多需要加强隐私保护的网联车辆应用都关注于功能安全，但也有许多设计用于改善交通状况、提供出行便利、减少环境中废气废物的排放等功能。

考虑到物联网应用用例的广泛用途，对于存储数据非常敏感、一旦出现数据泄露对隐私影响巨大的物联网设备（例如医疗器械）而言，它们可能越来越多地开始利用无后门、具备隐私保护能力的 PKI，尤其是当前用户对隐私问题越来越关注。

4. 证书撤销

当在系统中使用 PKI 证书进行认证时，除了需要知道证书何时过期之外，设备还需要知道其他设备的证书何时不再有效。出于各种各样的原因，PKI 也会定期撤销证书，例如检测到了入侵行为或者其他流氓行为，某些情况下，也可能仅仅是因为设备出现了故障或者退役。无论是出于何种原因，在任何应用或网络操作中，只要设备的证书已经撤销，该设备就不再可信。

传统的做法是 CA 定期生成和发布**证书撤销列表**（Certificate Revocation List，CRL），该列表是一个经过加密签名的文件，其中列出了所有被撤销的证书。这就要求终端设备能够联网并经常更新 CRL。采用这种做法需要完成以下操作：

1）CA 生成并发布 CRL。

2）终端设备知晓 CRL 完成更新。

3）终端设备下载 CRL。而在这段时间内，不可信的设备可能仍会被周围信任。

（1）OCSP

考虑到潜在的延迟和大文件的下载需求，有些机制通过不断演进已经可以用于在网络中快速地通告证书的撤销信息，其中最为突出的是**在线证书状态协议**（Online Certificate Status Protocol，OCSP）。OCSP 是一种客户端/服务器协议，协议中客户端会向服务器询问某特定的公钥证书是否仍然有效。OCSP 服务器通常负责查询 CA 的 CRL，并使用 CRL 生成 OCSP 证据集合（proof set，内部经过签名的证据数据库），然后采用该集合生成到请求客户端的 OCSP 响应消息。OCSP 证据集合可以以不同的时间间隔周期性地生成。

（2）OCSP 封套

客户端向服务器发起 OCSP 调用获取撤销信息可能会导致延迟，而 OCSP 封套则解决了这一问题。OCSP 封套会将预先生成的 OCSP 响应消息连同服务器证书（例如在 TLS 握手期间）一起发送。采用这种方式，客户端就可以在预先生成的 OCSP 响应（无须再进行握手）中验证数字签名，从而确保 CA 仍然为服务器提供担保。

（3）SSL 证书绑定（SSL Pinning）

对于需要让物联网设备与互联网服务进行通信（例如传递使用数据或其他信息）的物联网设备开发人员而言，SSL 证书绑定技术可能更加合适。为了避免分发证书的可信基础架构遭到入侵，开发人员可以将可信的服务器证书直接绑定到物联网设备的可信任证书库当中。当连接到服务器时，设备可以直接根据可信任证书库中的证书来验证服务器证书。

本质上，SSL 证书绑定并不完全信任证书的信任链，只有当接收到的服务器证书与绑定（存储）的证书相同且签名有效时，才会信任该服务器。从 Web 服务器通信到设备管理等多种接口中都可以应用 SSL 证书绑定技术。

7.5 授权和访问控制

一旦确定了设备身份并经过了认证之后，那么如果该设备对其他设备的内容和服务要进行读取或写入，此时就需要确定该设备都需要哪些权限。在某些情况下，只要是**利益共同体**[⊖]（Community Of Interest，COI）的成员就可以了，但是在许多情况下，即使是 COI 成员，也需要进行访问控制。

7.5.1 OAuth 2.0

回忆一下，OAuth 2.0 是 IETF RFC 6749 中规定的基于令牌的授权框架，在该框架中，客户端可以访问受保护的分布式资源（即来自不同的网站和机构），而无须逐个输入口令。互联网中口令糟糕的安全状况被频繁提及，OAuth 2.0 的提出正是为了解决这一问题。OAuth 2.0 存在多种实现方式，支持多种编程语言。Google、Facebook 和许多其他大型科技公司都采用了这个协议。

IETF ACE 工作组编制了将 OAuth 2.0 应用于物联网的文件。该草案文件可能在将来被提升为 RFC。该文档主要针对 CoAP 设计，核心模块是一套二进制编码方案，**即简明二进制对象表示方法**（Concise Binary Object Representation，CBOR），当 JSON 不够紧凑时，可以在物联网设备中采用该二进制编码方案。

此外，针对 OAuth 2.0 提出的扩展也会进行讨论，例如，有人提出可以对 AS 和客户端之间的消息进行扩展，在消息中确定如何同资源建立安全的连接。如果是典型的 OAuth 2.0 应用场景，那么大多会采用 TLS 协议，这时上述扩展是必需的。而如果是采用 CoAP 协议的资源受限的物联网设备，上述扩展却是无效的。

对于资源受限设备而言，为其量身定制的 OAuth 2.0 版本采用了一种新型的授权信息格式。在该格式中，可以采用一张列表来指示访问权限，列表中建立了 URI 同所能执行操作（例如，GET、POST、PUT 与 DELETE）之间的映射关系。这对于物联网来说是一个很有前景的发展方向。

从安全实现的角度来看，重要的是要抽身出来，记住 OAuth 是一套安全框架。安全框架可能是一个矛盾体，实现时越灵活、越不具体，实现中不安全的地方可能就越多。在公

⊖ 美国国防部在美军 2004 年 12 月签署的文件 8320.02 号《美国国防部网络中心数据共享》中对 COI 进行了描述："COI 是为了共同的目标、利益、任务或者业务而需要进行信息共享的用户组成的协作组织。为了实现信息共享，这个组织还必须拥有一个统一的信息交换词汇表。"美国国防部在 2006 年 4 月的文件 8320.02-G《美国国防部网络中心数据共享实现指南》中对 COI 的概念又进行了补充："COI 之间相互协作，通过使数据可见和共享来解决特定的信息共享问题。"——译者注

开标准中,我们经常会面临这种权衡:在满足许多利益相关方利益的同时,新安全标准的目标也要满足。通常情况下,无论是互操作性还是安全性都会受到影响。

考虑到这一点,我们在这里只提出部分关于 OAuth 2.0 的安全最佳实践。我们建议读者查阅 IETF RFC 6819(链接为 https://tools.ietf.org/html/rfc6819#section-4.1.1),以便更加全面地了解 OAuth 2.0 在安全方面的考量:

- 授权服务器、客户端和资源服务器的交互采用 TLS。
- 不要通过未经保护的通道发送客户端认证信息。
- 对授权服务器数据库及其所在的网络进行限制。
- 采用高质量熵源生成秘密信息。
- 安全地存储用户客户端的认证信息:client_id 和 client_secret。请求用户账户的访问权限时,这些参数可以向 API 表明用户客户端应用的身份并进行认证。但糟糕的是,有些实现将这些值进行了硬编码,或者将这些值在缺乏安全保护的信道上进行了传输,如果是上述情况,那么这些认证信息对于攻击者来说就会成为颇具吸引力的目标。
- 利用 OAuth 2.0 的状态参数。这样用户可以将授权请求同转发访问令牌所需的重定向 URI 关联起来。
- 不要访问不可信的 URL。
- 如果存在怀疑,可以尽量缩短授权代码和令牌的到期时间。
- 如果有人反复尝试兑换令牌,那么服务器应撤销该授权代码的所有令牌。

未来在采用 OAuth 2.0 和类似标准的物联网实现中,亟需通过默认的实现方式(库 API)来保障安全性,以减少开发人员出现关键安全纰漏的可能性。

7.5.2 发布或订阅协议中的授权和访问控制

为了理解细粒度访问控制的需求,下面我们以 MQTT 协议为例进行介绍。作为发布或订阅协议,客户端通过 MQTT 协议可以实现对主题的读写操作。然而,并非所有的客户端对所有主题都拥有写入权限。同样,并非所有的客户端对所有主题都拥有读取权限。事实上,必须制定控制措施,对客户端在主题级别的权限加以限制。

这可以通过在 MQTT 代理中保留访问控制列表来实现,该列表将主题的授权发布者和授权订阅者进行配对。根据代理的实现方式,访问控制既可以将 MQTT 客户端的 client ID 作为输入,也可以根据代理的实现方式将 MQTT 的 CONNECT 消息中传输的用户名作为输入。当有 MQTT 消息时,代理会进行主题查找以确定客户端是否拥有该主题的读取、写入或订阅权限。

或者,由于 MQTT 通常基于 TLS 协议来实现,因此可以对 MQTT 代理进行配置,要求对 MQTT 客户端采取基于证书的认证。然后,MQTT 代理可以建立 MQTT 客户端 X.509 证书中信息的映射,以确定哪些客户端拥有订阅或发布主题的权限。

7.5.3 通信协议内的访问控制

在其他通信协议中，也可以设置不同的访问控制规则。举例来说，ZigBee 可以为每个收发器管理一份访问控制列表，来确定邻居是否可信。其中，ACL 中包含了邻居节点的地址、节点采用的安全策略、密钥以及最后使用的**初始向量**（Initialization Vector，IV）等信息。

当接收到来自邻居节点的数据包时，接收方查询 ACL，如果邻居节点是可信的，则可以与之通信。如果不可信，则拒绝通信或者调用认证功能。

7.5.4 基于区块链账本的去中心化信任

目前，在物联网中所用到的加密技术，都与互联网采用的加密信任机制相同。然而，和互联网一样，物联网的规模正在空前扩展，而这就需要用到分布式和去中心化的信任机制了。事实上，未来很多大规模的、安全的物联网业务不会仅仅只是由简单的客户端到服务端或者点到多点的加密组成。面对新的应用场景，还需要设计出新的加密协议，或者对原有的加密协议进行调整，在其中添加可扩展、分布式的信任关系。虽然难以预测最终会采用哪一类新协议，但是针对当前互联网应用所开发的分布式信任协议，可能也能够为研究物联网相关协议的发展趋势提供一点思路。

其中一种协议是区块链，区块链是一种为比特币（数字货币）提供底层支撑的去中心化加密信任机制，它为系统中所有的合法交易提供了一个去中心化的账本。区块链系统中的每一个节点都会参与到该账本的维护中来。这是通过所有参与方的信任共识来自动实现的，这样做的结果就是所有内容从本质上来说都是可审计的。区块链是利用由链表中每个前置区块计算得到的散列值，随着时间推移逐步建立起来的。正如在本章前面章节中所讨论的，使用散列函数，用户可以为任意数据块生成一个不可逆的指纹散列值。默克尔树是散列函数一个有趣的应用实例，树中以一系列并行计算所得的散列值作为输入，最终计算得到整棵树的强加密散列值，如图 7-8 所示。

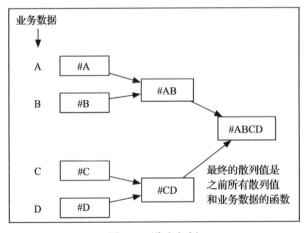

图 7-8　默克尔树

　　如果树中的任何一个散列值（或者是经过散列处理的数据元素）遭受破坏或者完整性受到了影响，都表明了默克尔树中某一点的完整性遭到了破坏。在区块链中，随着新的交易（即代表交易散列计算结果的节点）不断加入到账本当中，默克尔树的组织结构将随着时间不断增长。账本可以向所有人公开，并且在系统的所有节点中均有备份。

　　区块链采用了共识机制，链表中的节点利用这种机制来决定如何更新链表。举例来说，在分布式控制系统的场景中，网络控制器可能会想要向执行器下达指令，让其完成某些操作。此时，网络中的节点就会通过协作达成共识，授权控制器下达操作指令，并授权执行器完成该操作，如图 7-9 所示。

　　然而，除了上面提到的基本功能之外，区块链还可以应用于很多场景。例如，如果控制器经常从一组传感器接收数据，并且其中一个传感器所提供的数据不符合规范或超出了可接受的容差（比如使用方差分析来进行评估），那么此时控制器就可以通过更新区块链来取消对失控传感器的授权。随后，对区块链的更新计算散列值，继而沿默克尔树计算其他更新的散列值（比如交易）。计算得到的结果将和时间戳及之前区块的散列值一起，放置在新区块的头部，整个过程如图 7-9 所示。

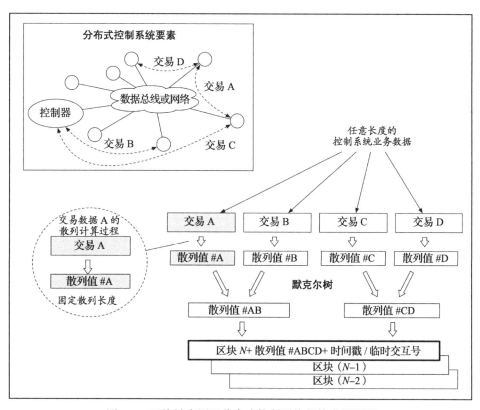

图 7-9　区块链应用于分布式控制系统的技术概况图

在分布式可信 CPS 系统中，上述类型的解决方案为具有韧性、容错功能的对等网络奠定了基础。如果能够提出合理的性能需求和设计方案，在实时和准实时用例中也可以实现上述功能。对于早期系统而言，则可以通过在系统控制、状态和数据消息之前部署交易协议来进行扩展。虽然我们无法知晓区块链技术在未来的物联网系统中是否会实现，但是前面提到的解决方案为我们提供了一点思路，就是如何利用强大的加密算法来应对大型系统中分布式信任关系所面临的挑战。

7.6　本章小结

本章对物联网设备的身份标识与访问控制管理解决方案进行了介绍。回顾了身份标识生命周期以及基础架构，在通过 PKI 分发认证证书时就需要依赖于本文介绍的基础架构。在本章中，我们还对不同类型的认证信息进行了分析，并研究了对物联网设备进行授权和访问控制的新方法。

在第 8 章中，我们将对亟需解决和缓解物联网隐私保护问题的复杂生态系统进行讨论。在本章中所讨论的有效身份标识与访问控制管理等安全控制措施，仅仅是物联网隐私保护问题的一个方面。

第8章

物联网设备隐私泄露风险的缓解

当家人们结束了一天漫长的工作，吃完晚饭围坐在一起的时候，其中一个孩子开始与新买的联网洋娃娃聊天，而另一个孩子则在新的智能电视上看起了电影。智能恒温器将起居室的温度稳定在 22℃，同时如果有房间当前无人，就不再向该房间供电。父亲正在使用家用电脑的语音控制功能，而母亲正在安装新的智能灯泡，这种灯泡可以根据指令或家庭环境的变化改变颜色。在后台，智能冰箱正在传送第二天的食品采购订单。

上述场景讲述了一个关于消费级**物联网**（IoT）的故事，其中消费级物联网设备带来的新功能、提供的新便利令人兴奋。同时，这一场景也开始清楚地表明，我们的家庭和周边环境很快就会变得互联互通起来。然而，当我们开始研究这些新型的智能设备时，我们发现在物联网设备中存在着严重的隐私泄漏隐患。

在本章中，我们将向读者介绍隐私保护原则以及在物联网实施和部署过程中引入的隐私泄露隐患。同时，也会介绍如何开展**隐私影响评估**（Privacy Impact Assessment，PIA）的练习并提供相关指导。通过 PIA 可以搞清楚**隐私保护信息**（Privacy Protected Information，PPI）泄漏的原因及其后果。我们还会讨论**隐私保护设计**（Privacy by Design，PbD）的方法，以便在物联网设计过程当中集成隐私保护控制措施。PbD 的目标也就是在整个物联网工程生命周期中整合隐私保护控制措施（从技术和流程两方面），以提高端到端（end-to-end）的安全性、可见性、透明度以及对用户隐私的尊重。最后，我们对如何开展隐私工程提出部分建议。综上，本章主要从以下方面对联通物联网的领域开展隐私分析：

- 物联网带来的隐私泄露挑战
- 物联网隐私影响评估指南
- 隐私保护设计原则
- 隐私工程建议

8.1 物联网带来的隐私泄露挑战

考虑到每天所收集、分发、存储，嗯，怎么说呢，以及售卖的大量数据，物联网面临着巨大的隐私泄露挑战。专家们可能会争辩道，时至今日，哪还存在什么隐私啊？他们认为，消费者着急忙慌地同意所谓的终端用户隐私协议，然而他们对刚刚签署同意的协议几乎并没有任何概念，那么还何谈隐私。专家们的想法在很大程度上并没有错，考虑到消费者的情绪变幻莫测，隐私泄露隐患是一个动态的目标。

掌握并找到物联网隐私保护的方法是一项巨大的挑战。能够通过技术手段和业务分析系统收集提炼的数据量和数据类型不断增加，从中可以分析得到用户画像，其详细程度与准确程度令人震惊。即使终端用户认真阅读并同意了终端用户隐私协议，也不太可能想象到只接受两三项隐私协议条款就会带来成倍的隐私泄漏隐患，更不必说他们可能接受三四十项隐私协议条款了。让用户同意签署隐私协议的表面理由似乎是为了改进定向广告的用户体验，但获取到这些数据的不仅仅只有广告商，这种说法毫不夸张。政府、有组织的犯罪集团、潜在的追踪者，以及其他可以直接或间接地获取信息的人都可以对数据进行深入的分析查询，进而确定用户的行为模式。如果再结合其他公开数据资源，数据挖掘就是一种强大而又危险的手段。相较于有可能泄露隐私的数据科学方面的研究进展，隐私保护方面的立法大为滞后。

对于所有机构或行业来说，隐私保护都是一个挑战。在隐私内容较为敏感需要进行隐私保护的机构中，为了保障客户利益，沟通极为重要。在本章后面，会确定需要采取隐私保护策略和隐私工程的部门和个人。

有些隐私泄露隐患只存在于物联网设备当中，并非适用于所有 IT 设备。物联网与传统 IT 隐私泄露隐患之间的主要区别之一在于，无论是医疗、家庭能源还是交通领域，物联网设备需要无处不在地捕捉和共享传感器数据。这些数据获取可能经过了用户授权，也可能未经过用户授权。因此，需要对系统精心设计，使之能够确定所采集数据的存储和共享是否经过了授权。

拿智慧城市中摄像头捕获到的视频为例。安装这些摄像头的目的可能是为当地执法工作的开展提供支撑，减少犯罪，然而这些摄像头同样也会捕捉到其视野中所有人的图像和视频。但这些被拍摄到的人可能并不同意被视频记录。

对此，就需要提出以下策略：

- 告知人们已进入监控区域，在监控区域内的行为会被记录。
- 确定会对拍摄的视频开展哪些操作（例如，是否会在发布的图像中对人像进行模糊处理）。

8.1.1 复杂的共享环境

仅仅只是由个人主动或被动生成的数据量就已经非常大了。到 2020 年，每个人生成的数据量会更大。如果考虑到可穿戴设备、车辆、智能家居甚至是电视机都在不断地采集和传输数据，那么显而易见，如果要尝试对与他人共享数据的类型和数量进行限制，那将会是一项非常困难的工作。

现在，如果考虑数据的生命周期，我们必须知道数据的采集位置、发送位置以及发送方式。数据采集的目的多种多样。以智能电视厂商为例，其可以采用**自动内容识别**（Automated Content Recognition，ACR）技术根据观众的收看习惯将数据出售给广告公司。广告公司使用该数据制定营销战略，甚至施加政治影响。有些智能设备厂商会将设备租赁给机构，并采集关于该设备使用情况的数据用于设备的使用计费。使用数据可以包括一天当中设备的使用时间、占空比（使用模式）、所执行操作的数量和类型以及设备的操作用户。数据可能会穿过客户机构的防火墙，传输到某个负责信息采集与处理互联网服务应用当中。除了搞清楚信息的用途之外，机构此时还应该考虑清楚到底要传输哪些数据，并确定是否会与第三方进行信息共享。

想了解如何在智能电视中禁用 ACR 功能，可以查阅相关报告，报告链接为 https://www.consumerreports.org/privacy/how-to-turn-off-smart-tv-snooping-features/。

1. 可穿戴设备

与可穿戴设备相关联的数据通常会发送到云端应用中进行存储和分析。这些数据已经用于为员工保健等类似项目提供了支撑，这就意味着除了设备厂商或用户之外还有人在采集和存储数据。未来，这些数据也可能发送给医疗服务提供商。医疗服务提供商是否又会将这些数据发送给保险公司呢？是否已经颁布了政策法规来限制保险公司利用数据的操作，他们是否能够使用数据所有者未明确共享的数据呢？

2. 智能家居

有很多设备都可以用来采集智能家居数据，然后再将其发送到不同的地方。以智能电表为例，智能电表将数据传输到网关，然后再由网关转发到公用事业公司进行计费。利用需求响应等智能电网的应急功能，可以让智能电表采集和转发家中单台设备的耗电信息。在未采取任何隐私保护的情况下，窃听者理论上可以综合各种耗电信息，得知家中当前正在使用哪些电器，以及业主是否在家。如果能够将现实物理世界状态和事件与其相对应的数据融合起来，这对物联网的隐私保护将是一个严重的安全隐患。

8.1.2　元数据中隐私信息的泄露

Open Effect 公司发布了一份令人震惊的报告（https://openeffect.ca/reports/Every_Step_You_Fake.pdf），报告中记录了当前消费级可穿戴设备中所采集的元数据。在他们研究的一个场景中，研究人员对不同厂商可穿戴设备的蓝牙发现功能进行了分析，研究人员试图确定厂商是否启用了蓝牙 4.2 规范中新增的隐私保护功能，他们发现只有一家（苹果公司）实现了该功能。而如果没有厂商采用这一新增的隐私保护功能，设备的 MAC（Media Access Control）地址将永远不会改变，这时攻击者就可能利用 MAC 地址对佩戴相应设备的个人进行跟踪。而如果可以频繁地更新设备的 MAC 地址，那么必然会对追踪者随时随地追踪设备所有者的能力形成限制。

8.1.3 针对证书的新型隐私保护方法

另一个需要反复考虑物联网隐私保护问题的重要实例是网联汽车。就像之前讨论的可穿戴设备一样，如果能够持续跟踪某人的车辆，那将是一个极大的安全隐患。

但是，当考虑到要对网联汽车发送的所有消息进行数字签名时，问题就出现了。为了确保公共安全以及地面交通系统的性能，对**基本安全消息**（Basic Safety Messages，BSM）或者基础设施生成的消息（例如，交通信号控制机生成的**信号相位和定时**（Signal Phase and Timing，SPaT）信息）等消息类型进行数字签名非常有必要。还必须对消息进行完整性保护，并验证其是否来自可信来源。在某些情况下，消息的机密性也必须得到保护。那么隐私呢？当然也需要保护。交通运输行业正在研究制定网联汽车的隐私保护解决方案，如图 8-1 所示。

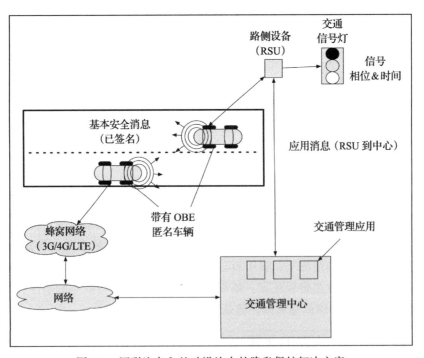

图 8-1 网联汽车和基础设施中的隐私保护解决方案

例如，当网联汽车发送消息时，在一段时间内使用相同的证书对消息进行签名就存在安全隐患，可能导致车辆和车主被持续跟踪。为了解决这个问题，安全工程师指出分发给车辆的证书需要满足以下要求：

- 有效期短
- 批量分发，建立证书池进行签名操作

在网联汽车环境中，会建立由不断轮换的假名证书（pseudonym certificate）所构成的大型证书池，然后从证书池中选取证书分发给车辆，用于对车辆内**车载设备**（OBE）发送的消息进行签名。证书池中证书的有效期可能只有一个星期，在下一个时间段内另一个批次的证书才会生效。而如果车辆绑定的证书有效期比较短，也就削弱了攻击者在一天、一周或任何更长的时间段内跟踪车辆位置的能力。

然而具有讽刺意味的是，通过在拥挤的高速公路和干线道路上部署蓝牙探测器，越来越多的交通运输部门开始了对广泛分布的车辆和移动设备的利用。利用路边安装的距离固定的探测器，交管部门可以测量出蓝牙设备（通过 MAC 地址指示）通过固定距离花费的时间，从而为自适应交通系统控制（例如动态或分段信号定时模式）提供了所需的数据。除非交管部门仔细擦除掉所有短期或长期的蓝牙 MAC 地址，否则就可以采用关联数据分析来摸清某台车辆（或车主）在一个地区的活动轨迹。而随着更换蓝牙 MAC 地址情况的不断增多，可能导致未来蓝牙探测系统以及交管部门对蓝牙探测系统的应用难以再发挥出预期作用。

8.1.4　隐私保护对物联网安全系统的影响

仍然以网联汽车为例，我们可以看到基础设施运营商也难以建立分发证书同车辆之间的关联。这就需要对传统的 PKI 安全设计做出改进，借助 X.509 证书中的唯一标识符、机构名、域名以及其他属性类型，PKI 的设计初衷是生成对个人和机构进行识别和认证（例如用于身份标识和访问控制管理）的证书。在网联汽车领域中，美国将为车辆分发证书的 PKI 称为**安全凭据管理系统**（Security Credential Management System，SCMS），并且当前正在美国各地开展各种网联汽车的试点部署。SCMS 采用了多种内置的隐私保护措施，从假名 IEEE 1609.2 证书的设计，再到内部的机构分离等措施，目的都是为了防止 PKI 内部人员窃取到司机的隐私信息。

SCMS 隐私保护措施的一个实例是采用引入了名为**位置模糊代理**（Location Obscurer Proxy，LOP）的网关组件。LOP 是一套代理网关，车辆 OBE 可以建立同 LOP 之间的连接，而非直接连接到 PKI 中的**注册中心**。这一过程采用了请求扰乱逻辑，有助于阻止 SCMS 内部人员尝试定位请求的网络或地理来源（https://www.wpi.edu/Images/CMS/Cybersecurity/Andre_V2X_WPI.PDF）。

8.1.5　新型监控手段

在反乌托邦社会中，任何人所做的任何事情都可能处于监控之下，这常常也被看作是物联网在未来的应用场景。当我们谈及无人机（也称为 SUAS）等设备时，这种担忧也会得以验证。无人机配备了高分辨率摄像头，并采用了多种传感器，这些都可能带来隐私泄露隐患，因此，很显然还需要开展大量工作，让无人机操作员明确地知晓可以采集哪些数据，如何采集数据，以及如何处理数据，从而避免遭到起诉。

为了解决这些新型监控手段带来的隐私泄露隐患，需要对这些平台采集图像等数据的行为进行立法，通过立法来明确在采取新型监控手段时所需要遵守的规则，并对违反规则的情况加以处罚。例如，即使无人机没有直接飞越私人领域或者其他管制空域，但是借助于其有利的空中位置以及摄像头的变焦功能，摄像头也可能从侧面进行拍摄。对此就需要制定相关的法律法规，根据明确定义的私有产权地理边界，在拍摄后立即或尽快对原始图像进行地理空间清理和过滤。当前，已经具备了基于像素的图像地理配准能力，并被用于无人机摄影测量、正射投影生成、3D建模等地理空间信息产品相关的各种图像后期处理功能当中。而在视频帧内实现基于像素的地理配准也并不遥远。使用这样的功能需要签署同意条款，如果图片中包含了超出特定像素分辨率的私有产权区域，无人机操作员不能保存或在公开论坛中传播图片。如果没有这样的技术和策略控制措施，除了严厉的处罚或诉讼外，还是很难找到有效方式来阻止"偷窥狂"在 YouTube 上发布偷拍视频的。操作员需要清晰明确的规则，这样机构才能够制定出合规的解决方案。

通过借助新的技术，在拥有众多传感器的物联网中，遵规守纪的信息搜集者就能够在尊重公民隐私保护意愿的前提下开展信息搜集了。

8.2   物联网隐私影响评估指南

在大型系统或复杂系统当中，为了解物联网设备可能会给终端用户隐私带来怎样的影响，物联网隐私影响评估的作用至关重要。在本节中，我们将向读者介绍一个实例，通过对假想的物联网系统开展一次从头到尾的隐私影响评估，帮助读者学习如何在自己的物联网部署中开展隐私影响评估。由于消费者的隐私是一个非常敏感的话题，因此在这里我们以联网玩具为例，就如何开展消费级物联网设备的隐私影响评估进行介绍。

8.2.1   概述

为了提供尽可能完整的风险分析，开展隐私影响评估是很有必要的。除了严守基本的功能安全和信息安全准则之外，如果出现重大的隐私泄露事件后果也非常严重，并可能会给 IT 和物联网系统的厂商或运营商带来严重的财务或法律后果。举个例子，假设孩子的玩具配备有 Wi-Fi 功能，可以通过智能手机管理并连接到后端系统服务器。此时，再假设玩具配备有麦克风和扬声器，并具有语音捕获和识别功能。现在，我们来考虑设备的安全特性，为了同后端系统进行安全通信，在设备中会存储敏感认证参数以及所需的其他属性。如果设备遭到了物理或逻辑入侵，那么是否会暴露共享或默认的安全参数呢？攻击者利用这些参数又可以入侵同一制造商的其他玩具，通信是否在一开始就通过加密、认证和完整性控制措施进行了充分保护呢？应该对其进行保护吗？数据的本质是什么？其中可能包含哪些内容？汇总到后端系统中的用户数据是否可以用于分析处理？基础设施和开发过程的整体安全性是否足以保护消费者？

如果打算开展隐私影响评估，那么上述问题都需要加以考虑。一旦信息进入设备和后端系统，那么必须解决信息泄露或信息误用造成的影响。例如，是否有可能捕获孩子通过语音向玩具下达的指令，或者听到孩子的姓名和其他私人信息？攻击者是否可以利用流量进行地理定位，进而暴露孩子的位置（例如，男宝宝或者女宝宝的地址）？如果是这样，其造成的影响可能包括孩子或家庭成员的恶意盯梢。物联网中这些类型的问题已经有了先例（http://fortune.com/2015/12/04/hello-barbie-hack/），因此了解用户基础、隐私影响类型、严重程度、概率等开展整体风险评估的要素，对于开展隐私影响评估非常重要。

识别出的隐私风险需要在隐私工程过程中加以分解，隐私工程会在后面进行介绍。虽然我们这里介绍的例子是假设的，但它与2016年安全研究人员 Marcus Richerson 在 RSA 安全大会介绍的一种攻击方法相类似（https://www.rsaconference.com/writable/presentations/file_upload/sbxl-r08-barbie-vs-the-atm-lock.pdf）。

本节中，我们将以一个会说话的玩具娃娃为例进行评估，该玩具娃娃的物联网系统参考架构如图 8-2 所示。通过该系统架构，我们可以将物联网终端（玩具娃娃）、智能手机和联网服务之间的私有信息的流动和存储可视化。当讨论通过隐私保护设计以及设备中固有的安全属性时，后面我们会对所涉及的私有信息、人员、设备和系统开展更加详细的探讨。

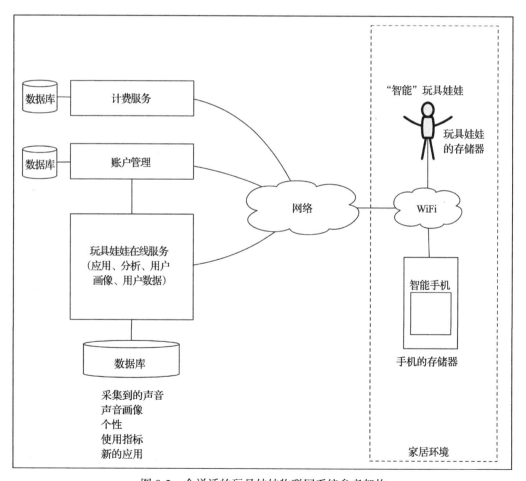

图 8-2　会说话的玩具娃娃物联网系统参考架构

8.2.2　政府部门

政府部门是有关法律法规的制定与执行部门，这些法律法规会影响机构对私人信息的采集和使用。以会说话的玩具娃娃为例，其中可能就涉及多项法律条款。例如，欧盟条款第 33 条和美国**儿童在线隐私保护法案**（Children's Online Privacy Protection Act，COPPA）等法律条款就适用于这个玩具。如果有机构涉及物联网的开发与使用，那么应该了解所有的立法部门，以及每个部门针对物联网所制定的相关法律法规。在某些条件下，政府部门可以签署豁免文件，准许对某些信息的收集和使用。这些情况都应该提前搞清楚。

像许多 IT 运营部门一样，如果用户所在机构的物联网也涉及跨国运营，那么在隐私影响评估过程中就应当提出这样的问题，也就是在国外应当如何对数据进行处理，以及可能会对数据采用怎样的处理方式。举个例子，如果海外的适用法律法规更加宽松，那么无论本国的隐私保护策略如何要求，有些数据却可能会更容易受到外国政府的监视。而如果国外的规则比本国的强制要求更加严格，那么就很可能会阻止用户使用某些海外的数据中心。在隐私保护的设计过程中应尽早处理好地理架构问题，并确保地理架构上的设计不会违反在部署时提出的隐私保护策略。

8.2.3　采集信息的刻画

针对与物联网设备有关的信息的生命周期和范围，既可以做出狭义的定义，也可以做出相当宽泛的定义。在隐私影响评估中，首要工作之一就是找出物联网系统生成、传输到物联网系统或者通过物联网系统的信息。此时，应当创建表格，将不同的生命周期阶段以及与每个阶段相关的数据对应起来。另外，我们建议采用至少 4 种不同的评级类型根据信息的敏感程度来给出每种信息的类型，这一点非常有用。为了简单起见，在后面的例子中我们主要采用下面的评级类型：

- 不敏感
- 低度敏感[⊖]

  低度敏感[⊖]
- 中度敏感
- 高度敏感

结合机构、行业或监管要求，用户也可以采用其他评级类型。但需要记住的是，对于某些类型的数据而言，即使将其标记为不敏感或中度敏感，组合在一起时也可能会变成高度敏感的数据。如果应用将正在处理或者存储环境中的数据汇聚在一起，那么就需要对这种数据聚合后的风险进行评估。同最初针对小型数据集合或单个数据类型所制定的安全控制措施相比，应用于聚合数据集的最终的安全控制措施（例如加密）要求要高一些。

在会说话的玩具娃娃例子中，玩具娃娃离开生产环境后，会被运送到批发商或零售商处等待用户购买。此时终端用户的**个人身份信息**（Personally Identifiable Information，PII）

尚未进入系统。有父母购买了玩具娃娃之后，玩具娃娃被带回家并启动，连接到一个新创建的账户，同时还会连接到智能手机应用。这时，系统就获得了 PII。

假设可以通过订阅服务下载到玩具娃娃的新应用，那么我们现在将开始详细刻画 PII。下面列出了假设会用到的数据元素及其所适用的生命周期阶段，用来说明数据识别过程。表中的每项数据都会列出并进行介绍，对于每项数据而言，会找出该数据的数据源（应用程序＋设备）和数据的使用方，从而方便我们了解终端所拥有的对信息的不同访问权限。

在创建玩具娃娃主人账号的过程中，会生成并用到表 8-1 所示的示例信息。

表 8-1　账户创建

参数	描述（敏感度）	来源	使用方／用户
登录	用户标识符（如果标识符可能泄露用户姓名或者电子邮箱信息，那么该用户标识符很可能为敏感数据）	由用户创建	用户 应用服务器 计费服务器 智能手机 APP
口令	用户口令（高度敏感）	由用户创建（对最小口令长度／复杂度提出强制性要求）	用户 应用服务器 计费服务器 智能手机 APP
姓名、地址、电话号码	账户所有者（玩具娃娃主人）的姓名、地址和电话号码	玩具娃娃主人	应用服务器 计费服务器
年龄	拥有玩具娃娃的孩子的年龄（不敏感）	玩具娃娃主人	应用服务器
性别	账户所有者或者玩具娃娃主人的性别（不敏感）	玩具娃娃主人	应用服务器
账户编号	玩具娃娃主人的唯一账户编号	应用服务器	玩具娃娃主人 应用服务器 智能手机 APP 计费服务器

在玩具娃娃主人创建订阅期间，会生成或用到如表 8-2 所示的示例信息。

表 8-2　订阅创建

参数	描述（敏感度）	来源	使用方
玩具娃娃的类型和序列号	玩具娃娃的信息（低度敏感）	包装	应用服务器（用于订阅配置）
订阅包	订阅类型和订阅条款、订阅时间等（低度敏感）	玩具娃娃主人通过 Web 页面进行选择	应用服务器
姓名	姓氏、名字（如果和财务信息相结合，则高度敏感）	玩具娃娃主人	计费服务器
地址	街道、市、州（省）、国家（中度敏感）	玩具娃娃主人	计费服务器 应用服务器

（续）

参数	描述（敏感度）	来源	使用方
信用卡信息	信用卡号、CVV、有效期（高度敏感）	玩具娃娃主人	计费服务器
电话号码	玩具娃娃主人的电话号码（中度敏感）	玩具娃娃主人	计费服务器 应用服务器

在将下载的智能手机应用同后端应用服务器配对期间，会生成并用到如表 8-3 所示的示例信息，其中智能手机应用负责同会说话的玩具娃娃建立连接。

表 8-3　智能手机应用需要的信息

参数	描述（敏感度）	来源	使用方
账户编号	玩具娃娃主人在创建账户时，账户服务器创建的账户编号（中度敏感）	经过玩具娃娃主人的账户服务器	智能手机 APP 应用服务器
玩具娃娃序列号	玩具娃娃的唯一标识符（不敏感）	厂商对玩具娃娃的包装	玩具娃娃主人 应用服务器 智能手机 APP
玩具娃娃设置	通过智能手机应用或 Web 客户端，对玩具娃娃进行的日常设置和配置（不敏感，根据属性也可能为中度敏感）	玩具娃娃主人	玩具娃娃 应用服务器

在日常使用会说话的玩具娃娃时，会生成并用到如表 8-4 所示的示例信息。

表 8-4　日常使用

参数	描述（敏感度）	来源	使用方
玩具娃娃的语音配置文件	可下载的语音模式和行为（不敏感）	应用服务器	玩具娃娃用户
玩具娃娃的麦克风数据（录音）	记录下的同玩具娃娃之间的语音数据（高度敏感）	玩具娃娃和环境	应用服务器 玩具娃娃主人（通过智能手机）
转录的麦克风数据	从玩具娃娃语音对话中导出的语音到文本转录（高度敏感）	应用服务器（转录引擎）	应用服务器 玩具娃娃主人（通过智能手机）

8.2.4　采集信息的使用

要制定出可以接受的信息使用策略，需要综合考虑国家、当地和行业的相关法规。

采集信息的使用是指根据隐私保护策略，不同的实体（被赋予了对物联网设备数据的访问权限）如何使用从不同数据源采集的数据。在会说话的玩具娃娃例子中，玩具厂商自己拥有网络服务并自己负责运维，该网络服务的作用是同玩具娃娃进行交互并采集玩具娃娃主人和用户的信息。因此，玩具娃娃自身就是信息的采集者，可以用于：

- 查看数据
- 出于研究目的，开展数据分析
- 出于营销目的，开展数据分析
- 向终端用户提交数据
- 售卖数据或将数据进行外部迁移
- 处理用户的原始数据，然后将处理过的元数据进行过滤或外部迁移。

理想情况下，玩具厂商不会向任何第三方提供数据（或元数据），数据的唯一使用者就是玩具娃娃的主人和玩具厂商。玩具娃娃由其主人配置，并从环境中采集语音数据，然后将语音数据转换为文本，再由厂商设计的算法从文本中提取出关键字加以解释，此外还可以让玩具娃娃的主人查看历史命令，并向其提供语音文件和应用更新。

然而，智能设备依赖于多方因素。除玩具娃娃厂商之外，还有供应商对玩具中的各项功能提供支持，并会从数据分析中受益。在将数据或转录数据发送给第三方的情况下，各方之间签署的协议必须要生效，以确保第三方同意不再继续传递数据，或者除了签署协议的各方之外，不会再有其他用户获得数据。

8.2.5 安全

安全和隐私密不可分，同时安全也是隐私保护设计中的关键要素。如果没有采取数据、通信、应用、设备和系统级的安全控制措施，那么是无法实现隐私保护的。因此，也需要采用机密性（加密）、完整性、认证、不可抵赖性和数据可用性等基本安全措施，为实现物联网部署中的隐私保护提供支撑。

为了明确与隐私保护相关的安全控制措施，需要将隐私数据同保护所需的安全控制措施和安全参数对应起来。在这一阶段中，从体系结构中的所有终端找出 PII 的以下要素非常有用：

- 从哪里生成
- 传输到哪里
- 在哪里处理
- 在哪里存储

每个 PII 数据要素都需要对应到一种相关的安全控制措施，该安全控制措施要么是在终端执行要么是被终端满足。举个例子，可以从玩具娃娃主人家的主机、也可以从其移动设备 Web 浏览器获取到信用卡信息，然后该信用卡信息会被发送到计费服务应用。在终端用户传输信用卡信息的时候，就需要部署用于保护机密性、完整性和服务器认证的安全控制措施，对此，我们倾向于使用常用的 HTTPS（HTTP over TLS）协议来实现加密、完整性和服务器认证保护。

对于系统中的所有 PII 信息而言，制定出了对 PII 传输安全的保护方案之后，此时安全重点就需要聚焦于存储数据的保护了。针对 PII 存储数据的保护将主要采取传统 IT 安全控制措施，如数据库加密、Web 服务器与数据库之间的访问控制、人员访问控制、资产的物理保护、权责分离等等。

8.2.6   通知

向终端用户发送的通知涉及信息的采集范围、用户必须签署的同意条款等内容，同时用户也有权拒绝提供信息。通知几乎完全参照隐私保护策略，终端用户在获得服务之前必须同意该隐私保护策略。

在会说话的玩具娃娃的例子中，有两个地方会提供通知：

- 印制的产品说明书（在包装内）。
- 创建账户时，玩具娃娃应用服务器弹出的用户隐私协议。

8.2.7   数据驻留

数据驻留主要解决服务如何存储和持有设备或设备用户数据的问题。应当在总体隐私保护政策中对数据驻留策略进行概述，并明确说明下面的内容：

- 需要存储 / 采集并归档哪些数据。
- 何时以及如何将数据推送或提取到设备或移动应用当中。
- 何时以及如何销毁数据。
- 还会存储哪些元数据或派生信息（物联网原始数据除外）。
- 信息会存储多长时间（无论是在账户生命期间还是之后）。
- 终端用户是否有控制措施 / 服务来清除其生成的所有数据。
- 在发生法律纠纷或开展执法时，是否有专用的数据处理机制。

在会说话的玩具娃娃的例子中，所关注的数据是之前识别出的 PII 数据，尤其是麦克风记录的语音数据、转录数据、与记录信息相关的元数据以及订阅信息。在用户家中记录的数据，无论是孩子无忌的童言、捕获到的父母与孩子之间的对话，还是孩子和小伙伴们的会话都可能非常敏感（因为这些语音中可能会谈及姓名、年龄、地点、谁在家等信息）。系统采集的信息类型，同采用典型窃听和间谍手段设法获取的信息类型没有区别。正因为这些信息极为敏感，所以很有可能被滥用。显而易见，数据的所有权属于玩具娃娃主人，而如果有机构要提取、处理和记录数据，那么必须要搞清楚这些机构是否会保存数据，如果会保存数据，数据的保存方式是什么。

8.2.8   信息共享

信息共享，在美国和欧洲安全港隐私保护原则中也被称之为信息的**外部迁移**（onward transfer），是指在采集信息的机构内部、以及同外部机构共享信息的范围。商业机构向其他实体分享或出售信息的情况很常见。

一般来说，根据互联网安全中心（Center for Internet Security）2015 年发布的《Toward a Privacy Impact Assessment（PIA）Companion to the CIS Critical Security Controls》，隐私影响评估应当包含以下内容：

- 在拥有信息的机构同与之共享信息的机构之间，是否存在某种类型的协议，抑或需要形成何种类型的协议。协议可以采用合同的形式，同时要遵守相关的政策法规以及**服务级别协议**（Service Level Agreement，SLA）的要求。
- 向每个外部机构传输的信息类型。
- 所列出信息转移过程中的隐私泄露风险（例如，数据汇聚风险，同公开信息源相结合的风险）。
- 共享策略如何同已经制定的数据使用和采集策略保持一致。

请注意，在撰写本书时，**欧盟法院**（Court of Justice of the European Union，CJEU）仍然裁定美国和欧盟之间的安全港协议无效，这要归因于一起司法诉讼，该司法诉讼同爱德华·斯诺登（Edward Snowden）泄露的 NSA 间谍活动有关。由于基于云端的数据中心实际上会存储数据，因此与数据驻留有关的问题给美国企业带来了不小的麻烦（http://curia. europa.eu/jcms/upload/docs/application/pdf/2015-10/cp150117en.pdf）。

8.2.9　补救措施

面对可能的违规操作和敏感信息泄露隐患，补救措施为终端用户提供了可以依据的策略和程序。例如，如果玩具娃娃主人收到手机短信，告知其有人以某种方式窃听小孩与玩具娃娃的对话，那么他/她就可以依据程序联系厂商，并提醒厂商对此加以关注。数据泄露的原因可能在于没有遵守公司的隐私保护策略（例如内部威胁），也可能来自系统设计或运行中安全保护措施的漏洞。

除了负责应对现实中的隐私泄露，补救措施还应包括终端用户投诉的处置条款，如果已披露的涉及数据的策略引起了用户的疑虑，还要负责相关策略的澄清。另外，如果用户担心数据在他们不知情的情况下用于其他用途，程序中还应该提供终端用户发声的渠道。

在开展隐私影响评估时，补救措施的每项策略和程序都要反复检查。如果对策略、采集的数据类型或实施的隐私保护控制措施进行了改动，还需要定期对补救措施的策略和程序进行重新评估和更新。

8.2.10　审计和问责

对于隐私影响评估中的审计和问责而言，就是从以下几个方面确定什么时候需要采取怎样的保障和安全控制措施：

- 内部人员和第三方审计需要监督哪些机构和部门。
- 取证。
- 信息（或信息系统）误用的技术检测（例如，如果出现了数据库访问和大量的查询操作，但是这些访问和查询并非从应用服务器发起，那么主机审计工具要能够检测到这些操作）。

- 向直接或间接访问 PII 的人员提供安全意识、处理流程和支撑策略等方面的培训。
- 对信息共享流程、与其共享信息的机构，以及对策略变更的审批等内容进行调整
（例如，如果玩具娃娃厂商打算向第三方出售电子邮件地址和玩具娃娃用户的数据统
计资料，那么就要对上述内容进行改动）。

在隐私影响评估过程中，需要对前面的这些要点提出针对性的问题，并确定充分且详
实的解决方案。

8.3 隐私保护设计

英国**数字、文化、传媒与体育部**（Department for Digital, Culture, Media and Sport, DCMS）发布了一份关于物联网认证的研究报告，报告中引用了对 1 000 名消费者的调查结果。消费者将对物联网信息的需求进行了优先级排序，这些需求会影响消费者对物联网设备的采购。其中一项需求中包括了隐私透明度，涉及以下内容：

- 所采集个人数据的类型
- 数据是否会与第三方共享
- 消费者是否可以选择退出分享

上述关于数据的要点在隐私保护设计（Privacy by design，PbD）方法中均会涉及。隐私保护设计方法以一组隐私保护原则为基础，如表 8-5 所示。同时，隐私保护设计也是 GDPR 提出的一项要求。VDOO 是一家以色列的物联网安全公司，隐私保护设计方法如果能够通过 VDOO 认证，那么就可以向消费者和企业证明厂商满足了最低的隐私保护要求。但是，由于隐私保护问题涉及整个物联网系统（而不仅仅是采集信息的设备），所以通过该认证还是比较困难的。

表 8-5　隐私保护设计原则

原则	介绍
主动而非被动响应，事前预防而非事后补救	在物联网领域中，设备销售之前花点时间考虑一下可能给所有利益相关方带来的潜在隐私影响还是很重要的。开始分析时，当然要聚焦于采集的数据类型之上，从而了解哪些数据类型是敏感数据，以及各种数据类型分别适用于哪些规则。然而，还需要进行更加深入的分析，了解不同物联网组件运行过程中会给隐私带来哪些间接影响。例如，对于网联汽车的轨迹跟踪应用而言，就需要搞清楚跟踪是否会暴露用户的驾驶模式，这一点很重要，尽管跟踪数据是匿名的，但如果同其他系统采集到的数据相结合，则可以追溯到某个个人或团体。在毫无底线的攻击者发现隐私泄露隐患并对其加以利用之前，通过分析聚合数据的隐私泄露风险同单个系统收集数据的隐私泄露风险，有助于发现更加严重的隐私泄露隐患。 再举一个很切题的例子，就是智能电表采集到耗电量数据之后，会将其反馈给电力公司开展分析。而在数据采集过程中如果没有采取安全控制措施，就可能会无意中暴露用电数据，那么通过对耗电量的分析，如果发现某套住户只有一个人在家，攻击者就可能直接破门而入实施入室抢劫

（续）

原则	介绍
将隐私保护作为默认要求	2014 年 1 月，联邦贸易委员会（FTC）主席指出，物联网利益相关方有责任将安全作为其产品开发过程中的一部分，只采集所需的最少量的数据，如果用户数据出现了未预期的使用，那么需要通知消费者，并提供关于该用法的备选方案。 　　开发人员应该注意到这一点，并确保他们在设备和支撑系统中内置了隐私控制措施。 　　设备厂商应该让用户知道他们会从用户那里采集哪些数据，或者会采集哪些同用户有关的数据，并且还应当提供选项，使得用户能够从细粒度上可以选择禁止对某些数据的采集。 　　考虑到许多物联网设备可能并没有合适的用户接口，因此各厂商应找到适当的方法让消费者做出选择，并向消费者发送通知
在设计阶段即考虑隐私保护问题	在设计时应当根据设备所面临的威胁，采取适当的保护措施，而不是出现隐私泄露隐患或者已经发生隐私泄露事件后再采取措施。同样，厂商还应该对个人数据泄露通告计划进行重新评估，确保其覆盖到了与物联网相关的所有方面
全功能——优势叠加而非零和博弈	通常，还需要在所要实现的功能和所需的安全水平之间进行权衡，从而确保所有特定系统都能够按照预定设计正常运行，在满足业务目标的同时也能够确保安全。隐私保护问题也是这样。对于物联网而言，在设计阶段初期就需要在功能性、安全性和隐私保护之间反复权衡，这一点非常重要，也只有这样才能确保达成所有目标。如果在物联网系统的运维周期中找出了隐私泄露隐患，那么对隐私控制措施的调整还是一项颇具挑战性的工作
端到端的安全——全生命周期的保护	在物联网系统中，数据的采集可能需要很长一段时间才能够完成。机构应当让利益相关方意识到所有数据都可能会被发送到第三方。机构还应对适用于存储数据的安全控制措施进行详细介绍，并告知利益相关方该数据的生命周期（例如，数据会存储多长时间）以及数据的处理方式。 　　全生命周期保护也适用于二级数据（依据主要数据推断并确定的人员信息）。例如，如果车内的传感器采集到了行驶距离、目的地、行驶速度等有关用户驾驶习惯的数据，那么有人据此可以推断出有关用户的其他信息，例如，驾驶员的购物习惯或工作习惯，以及驾驶员的社交与互动对象。数据的所有者（例如，汽车公司）可能会在出售用户的汽车时删除用户的主要数据，但实际上，仍然会保留所有推断得到的信息（社交关系、购物习惯等）
可视化与透明化	利益相关方应当能够轻松识别从他们那里采集的特定物联网系统的所有数据，以及数据的规划或潜在用途。利益相关方还应当可以选择数据的采集粒度（是粗粒度还是细粒度）。例如，如果有应用能够跟踪用户的驾驶模式（例如，用于保险用途），那么用户应该能够显式地授权为该用途使用其数据（粗粒度）。如果需要的话，用户还应能够显式地授权单个数据元素的使用，例如存储通过 GPS 获取到的驾驶模式或历史记录
尊重用户隐私	在机构中要培育隐私保护意识。（例如，任命隐私保护专员，对所有新型物联网设备开展隐私影响评估）。如果发现了隐私泄露隐患，隐私保护专员应当有权利要求对物联网系统设计进行改动

8.4 隐私工程建议

隐私工程是一个相对较新的学科，旨在确保系统、应用和设备的设计符合隐私保护策略。在本节中，对于已部署物联网的机构，我们将就隐私工程各项能力的构建和运行提出部分建议。

无论是小型初创企业还是硅谷的大型科技公司，在开发产品和应用时，可能从一开始就需要具备隐私保护设计能力。而且，从一开始就遵循工程设计来设计制造一套具备隐私保护能力的物联网系统，而不是以后再加强对隐私的保护，这一点至关重要。为了实现这一点，首先需要配备适当的人员并制定相应的流程。

8.4.1 机构中的隐私保护

隐私保护涉及了企业和政府领域中的各个岗位，在隐私保护策略的制定、选取、实施、执行阶段还会涉及律师和其他法律专业人士、工程师、QA 等多个学科的专业能力。图 8-3 从隐私保护的角度展示了高层机构及其各个子机构所关心的问题。

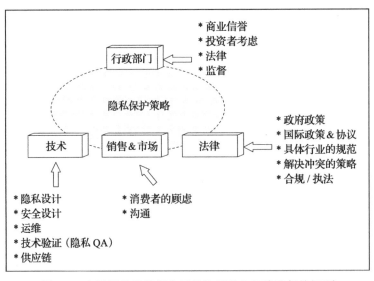

图 8-3 高层机构及其每个子机构所关心的隐私保护问题

如果机构从事一线物联网产品和服务的开发工作，并且其产品和服务涉及了隐私信息的采集、处理、查看或存储，那么就应当制定隐私保护方案，并成立隐私保护工作组。行政管理层面应该明确隐私保护工作的整体方向，确保不同的子机构对各自的角色负责。每个部门都应配备一名或多名隐私保密员，他们从终端客户的角度来考虑问题，确保客户的利益得到保障，而不是仅仅落实干巴巴的监管政策。

8.4.2　隐私工程专家

对于所有相关部门而言，无论是隐私管理与实现的策略，还是隐私管理与实现在技术上的生命周期，作为隐私工程师都需要了解和参与。隐私工程是一门相对较新的学科，需要具备单个部门通常不具备的能力。我们建议开展隐私工程的个人具备以下条件：

- 是工程师，最好是具有安全领域背景的工程师。在做咨询时，找律师和非技术性隐私保护专业人士都是可以的，但隐私工程本身还是一门工程学科。
- 理想情况下应当拥有与隐私保护相关的资质，例如，**隐私专业人员国际协会**（International Association of Privacy Professionals，IAPP）认证（https://iapp.org/certify）。

隐私工程专家通常要对以下方面有深入的了解：

- 隐私保护策略
- 系统开发过程和生命周期
- 功能和非功能性要求，包括安全功能和安全保障要求
- 掌握所开发系统的源代码，并遵循开发语言的软件工程实践
- 接口设计（APIs）
- 数据存储设计和操作
- 针对网络、软件和硬件等对象的安全控制措施的运用。
- 加密基础算法和协议的正确运用，因为它们在保护设备和信息生命周期中的 PII 方面非常重要。

上述内容只是建议，机构出于自身实际需求还可能会强制添加一些其他要求作为基线。总的来说，我们发现拥有开发背景并且经过隐私保护专业培训的安全工程师往往更适合隐私工程的工作。

8.4.3　隐私工程工作内容

在大型机构中的隐私工程中，应当包含专职部门，其成员由具备上述最低资质的人员组成。小型机构可能并未设立专职部门，但可以通过交叉培训，以及将隐私工程职责赋予参与工程过程各个阶段的个人来临时组织起一支团队。基于前期打下的专业基础，安全工程师大多能够熟练掌握这一工作。无论项目或计划的规模和范围如何，在计划开始时应至少需要配备一名专职的隐私保护工程师，以确保隐私需求得到解决。理想情况下，该人或该支团队应当全程参与到整个开发过程中。

配备的隐私保护工程师应当具备以下能力：

- 同开发团队紧密协作，参与到以下工作中来：
  - 设计审查
  - 代码审计
  - 测试以及其他的确认或验证工作

- 在物联网功能的开发过程中，以终端用户的身份执行操作。例如，当协同开发团队开展代码审计时，对于每个识别出的 PII 元素的处理，隐私保护工程师应当盘根究底地找出以下问题的答案（并且采用代码对每个元素进行验证）：
  - 它来自哪里（采用代码进行验证）？
  - 如果创建元数据的代码用到了 PII，那么是否需要将该数据添加到 PII 列表中？
  - 各项功能之间的参数是如何传递的（通过引用，还是通过值）？以及如何写入数据库，在哪里写入数据库？
  - 当不再需要某项功能时，其在内存中的值是否会被清除？如果会被清除，那么采用何种方式清除？是简单的解引用，还是采用主动覆盖（可以理解为受编程语言的限制）？
  - 应用或设备依赖于哪些安全参数（例如用于加密、认证或完整性的参数）来保护 PII？如何从安全的角度来对这些参数进行设置，以便于保护 PII？
  - 如果是从其他应用或系统继承得到的代码，那么为了验证继承的库采用了我们认为适当的方式来处理 PII，我们需要开展哪些工作？
  - 在服务器应用中，我们会将哪种类型的 Cookie 放入终端用户的 Web 浏览器当中？使用 Cookie 又能够追踪哪些内容？
  - 代码中是否有内容违反了开始制定的隐私策略？如果是这样，就需要对代码进行重新设计开发，否则就需要由机构中的更高级别的部门来处理隐私策略问题。

这份清单肯定不完备。最重要的一点是，隐私工程工作需要与其他工程学科（软件工程、固件，必要时甚至涉及硬件）相协作才能够发挥预期作用。隐私保护工程师应该从一开始就参与到项目中来，在需求收集、开发、测试和部署等诸项工作中同相关人员开展协作，确保在系统、应用或设备中会根据精心设计的策略实现对 PII 的全生命周期保护。

8.4.4 隐私保护现状

当前已经制定了很多同隐私保护有关的法律，对此无论是消费者还是企业都颇想知道自己的设备是否满足了隐私保护的相关规定。一个非常重要的例子就是**儿童在线隐私保护法（COPPA）**。虽然 COPPA 法案最初并不是针对物联网的，但在 2017 年 6 月，**联邦贸易委员会（FTC）**发布了一份指导意见，即如果物联网公司所销售设备的目标用户是儿童，那么也会受到 COPPA 法案的约束。其他可能涉及物联网设备的法律法规还包括（如表 8-6 所示）：

表 8-6 隐私保护相关法律法规

法规 / 指南	介绍
GDPR	欧盟《通用数据保护条例》。GDPR 概述了一组以数据为主体的权利，其中包括数据泄露通知、访问权、被遗忘权、可携带权和隐私保护设计等内容

（续）

法规 / 指南	介绍
欧盟《数据隐私条例》	该条例草案发布于 2017 年。虽然主要面向 Web，但也将未来的通信方式纳入其中，其中就包括彼此之间通信的联网设备和机器
欧盟第 29 条款数据保护工作组针对物联网的意见	该意见来自欧洲数据保护咨询机构，专注于可穿戴计算、量化生活（个人携带设备）和智能家居（家庭自动化设备）。 在该意见中，我们找出了同物联网隐私保护有关的地方。首先是用户难以实现对个人数据传播的控制。用户是否对其数据的使用、存储或销售有发言权？其次是用户所签署的同意条款实际效果堪忧。用户是否真的知道他们同意了什么，并且随后是否可以撤销同意条款？第 3 个问题在于依据所采集到的数据可以推断的个人信息。同样，用户是否意识到有人会依据自己提交的数据推断出自己的其他信息？接下来是额外的用户行为画像。采集数据的机构，甚至是第三方组织，是否在用户不知情、不同意的情况下绘制用户的行为画像？工作组发现的另一个隐私泄露隐患与匿名性有关。如果有用户选择匿名操作的话，那么在保持匿名性方面是否存在约束条件？最后，工作组的意见提到了安全风险。意见中还建议在不再需要原始数据时立即删除原始数据，采用加密方式保护存储和传输中的敏感信息，还可以向用户授权，向用户提供他们在作出知情同意和使用决定时所需的知识和信息
1974 年通过的《隐私法案》	美国颁布的《隐私法案》
HIPAA	HIPAA 目前还没有将消费者购买的可穿戴设备纳入其中。如果可穿戴设备由医疗保健服务提供方采购并提供给患者，那么该可穿戴设备所生成的数据需要纳入 HIPAA 法案的监督之下。但是，如果患者使用自己的穿戴设备采集和提供数据，那么该数据则不受 HIPAA 法案的监督。数据聚合的概念对于理解与物联网隐私相关的问题也很重要。有数据元素本身在 HIPAA 法案中并未被视为 PHI 信息（受保护的健康信息）。然而，当数据元素与身份标识信息结合起来后，那么组合得到的数据就需要接受 HIPAA 法案的监督。HIPAA 安全规则提出了定义 PHI 信息的 18 项标准
FTC 隐私框架与实现建议	FTC 提出的该项框架适用于采集或使用消费者数据的商业实体，前提是利用该消费者数据可以建立同相应的消费者、计算机或其他设备之间的联系。如果机构每年仅从不足 5 000 名消费者中采集些无意义的数据，并且数据不会与第三方共享，那么该框架就不适用。可以参看下面的链接来了解更多有关内容：https://www.ftc.gov/sites/default/files/documents/reports/federal-trade-commission-report-protecting-consumerprivacy-era-rapid-change-recommendations/120326privacyreport.pdf
FTC 跨设备跟踪的报告	在不同的设备之间关联消费者的行为。可以参看下面的链接来了解更多有关内容：https://www.ecfr.gov/cgi-bin/text-idx?SID=4939e77c77a1a1a08c1cbf905fc4b409amp；node=16%3A1.0.1.3.36amp；rgn=div5
儿童在线隐私保护法	COPPA 要求运营商在采集、使用或披露 13 岁以下儿童的个人信息之前，要向父母发出通知并获得可核实的父母同意。该法案还要求运营商保护从儿童那里采集到的信息

8.5 本章小结

由于物联网的形式多样、系统复杂、涉及机构众多，并且在不同的国家之间也存在差异，这就使得物联网的隐私保护面临着前所未有的严峻挑战。另外，采集、索引、分析、重新分配、重新分析和销售的数据量极为庞大，这对数据所有权的控制、数据的外部迁移和用法均提出了挑战。在本章中，我们介绍了隐私保护原则、隐私工程，以及如何开展隐私影响评估来为物联网的部署提供支撑。

在第 9 章中，我们将对如何制定物联网合规性监管程序展开探讨。

第 9 章

制定物联网合规性监管程序

安全行业涉及非常广泛的群体，涵盖各种全局性目标、方方面面的核心能力，还有日复一日的辛苦工作。这些工作可能形式上有差别，但每项工作的目的都是为了更好地保障系统和应用的安全，在不断变化的威胁环境中降低风险。

合规是安全风险管理的一个重要方面，但它在安全行业内经常被视为一个不太拿得出手的字眼。对于这一点似乎有着充分的理由。这可能是因为"**合规**"（compliance）这个词会给人带来一种感觉，那就是近乎僵化地遵守某些官僚机构制定的规范要求。而这些要求可能仅仅只适用于缓解静态威胁。这个理由听起来似乎还真是"振振有词"。

接着，我们再告诉读者一条安全圈儿里的消息，这条消息虽然令人不快但也算不上什么秘密，那就是仅靠合规并不能够确保系统的安全。除非规范中包含了很多具有可操作性、可以动态调整的过程，可以实现对安全态势的持续改进。

然而，即便如此，安全问题仅仅是风险的一个方面。如果不遵守行业、政府或者其他官方机构制定的规范，其实同样可能增加风险，这些不合规的机构可能会遭到罚款、诉讼，并会始终面临着公众舆论口诛笔伐所带来的负面影响。

简而言之，如果机构能够符合强制要求必须满足的规范，也确实能够从一定程度上改善机构的安全状况，并且切实减少与安全间接相关的其他类型的风险。因此，不管怎么样机构都会受益，并且通常也别无选择。

本章讨论了为用户的物联网部署方案制定合规性监管程序的方法，该监管程序专门针对部署方案加以定制，目的在于改善用户的安全状况。本章还推荐了部分最佳实践，以满足网络安全法律法规以及相关指南的要求，同时确保持续合规。

在对合规性的管理和维持方面，我们还会对其中用到的部分厂商的工具进行介绍。

本章中，我们将对以下内容展开讨论：

- **物联网设备所带来的合规方面的挑战**：这里我们将会介绍一系列步骤，帮助机构建立合规的物联网系统。
- **开展合规性持续监管以及制定物联网合规程序的方法**：在这部分内容中，我们将对比传统网络和物联网的合规性要求并加以区分，同时介绍对系统进行合规性持续监管的工具、过程和最佳实践。其中，主要内容包括角色的定义、职能、安排部署和报告，以及何时于何处开展渗透测试（包括如何开展渗透测试）。

- **物联网对常用合规标准的影响**：在这里，我们将就现有合规程序需要做出的变更调整进行讨论。

对于合规和合规性监管而言，不存在放之四海而皆准的解决方案，因此本部分将会帮助读者随着物联网的演进来适应、构建或者调整自己的合规性监管解决方案。

9.1 物联网的合规性

首先，请读者好好想一想，当我们使用"物联网合规性"（IoT compliance）这个术语的时候，我们想要表达哪些意思。在这里，我们所说的物联网合规性指的是，对于集成、部署的物联网系统而言，其人员、流程和技术均符合一组规范或最佳实践的要求。

当前，存在很多合规方案，其中每套合规方案均提出了大量的要求。如果我们想深入了解传统信息技术系统的合规方案是什么样的，可参考诸如**金融支付卡行业**（Payment Card Industry，PCI）中**数据安全标准**（Data Security Standard，DSS）所提出的要求，下面以 PCI DSS 1.4 为例进行介绍：

"如果需要从网络边界外部建立同互联网的连接，或者需要访问边界内部的网络，要求在所有移动设备以及员工拥有的设备中（例如员工使用的笔记本电脑）安装个人防火墙软件。"

尽管该项要求针对的是移动设备，但很明显，很多物联网设备无法安装防火墙软件。那么当监管要求没有考虑到资源受限的物联网设备时，物联网系统要如何体现合规性呢？

目前，鉴于物联网技术新、规模大、分布行业广的特点，全面的关于物联网的商用标准框架还没有制定出来。但是，这方面也正开展着大量的工作，举例来说，移动通信行业就宣称正在为连接蜂窝移动网络的设备制定物联网认证程序（参见链接 https://www.ctia.org/news/wireless-industry-announces-internet-of-things-cybersecurity-certification-program）。

物联网系统和合规性面临的技术挑战主要包括以下方面：

- 物联网系统是基于多种硬件计算平台实现的。
- 物联网系统通常采用非传统的且功能受限的操作系统。
- 物联网系统经常会采用非传统的组网 / 无线协议，而当前企业一般不常采用这些协议。
- 物联网组件的软件 / 固件更新难以分发和安装。
- 针对物联网系统的漏洞扫描存在困难（同样是因为新协议、数据元素、敏感性、用例等方面的原因）。
- 在物联网系统的运维方面，通常可以找到的指导文档不多。

久而久之，随着新标准的推广，现有的监管框架也会更新，从而反映出物联网新型、独有并且不断涌现的特性。同时，应该关注如何采用满足合规性的做法在业务网络中实施物联网系统，其中，满足合规性的做法要能够反映出当前所知的风险，并加以有效应对。

在后面的内容中，我们首先会列举一系列建议，帮助用户将物联网系统集成部署到其自有网络当中。然后，会介绍针对物联网建立一套**治理、风险与合规**（Govemance，Risk and Compliance，GRC）程序的相关细节。

9.1.1　以合规方式开展物联网系统的构建

在用户开始考虑如何将物联网系统集成到其业务网络中时，应当遵循以下建议。在本书前面的章节中，我们已经描述了如何设计一套安全的物联网系统。本节中，我们将关注于合规性方面的考虑，无论是对哪个行业的物联网系统，这都将有助于实现面向合规的风险管理。

以下是一些初步建议：

- 在将每套物联网系统集成进用户的网络环境中时，应当将集成过程形成文档。保存相关图表以备日常审计，并且更重要的是，还需要对这些文档和图表进行及时更新。同时，制定变更控制流程，确保这些文档和图表不会在未经授权的情况下遭到篡改。
- 文档中应当包含所有用到的端口和协议，以及与其他系统建立连接的位置，并且还应当详细描述可能会存储或处理敏感信息的位置。
- 文档还应当指明物联网设备在机构中的部署位置，以及机构中的哪些部门（需要经过哪个入口／网关）可以对设备进行管理或配置。
- 文档中还应当包含的设备特性包括：
  - 配置约束
  - 物理安全
  - 物联网设备如何识别自身（以及如何对其进行认证）
  - 如何建立物联网设备同机构用户之间的关联
  - 如何授权物联网设备来执行某些敏感功能
  - 如何对物联网设备进行更新，或者如何禁止物联网设备进行更新（如果需要的话）。其中某些特性对于制定和修改监管解决方案非常有用。
- 实现一套测试床。在将物联网系统部署到实际的生产环境之前，应当在实验环境中构建物联网系统。通过搭建测试环境，可以针对系统开展严格的安全性以及功能性测试，从而在现场部署之前发现缺陷和漏洞。同时，也能够为设备在网络中的操作制定基线（当为 SIEM 系统的检测模式定义 IDS 特征码时，这一点可能非常有用）。
- 为所有物联网组件制定可靠的配置管理方法。
- 规划分组和角色，这些分组和角色可以获得授权与物联网系统进行交互。并将上述规划形成文档，保存在变更控制系统当中。
- 对所有共享数据的第三方供应商或合作伙伴提出要求，要求其提供合规证明与审计记录。
- 组建审批机构，负责核准物联网系统在生产环境中的运行。

- 开展定期评估（每季度），对配置、操作流程以及文档进行审查，确保持续合规。如果制定了扫描探测方案，并完成了相关配置，那么还要将所有扫描结果予以保存以备审计。
- 制定安全事件应急响应方案，说明当发生意外故障或者恶意攻击事件时，应当如何开展应急响应处置。

9.1.2 物联网合规性监管程序实例

物联网的合规性监管方案很可能是对机构现有合规性监管程序的扩展。对于任何合规性监管程序而言，都需要考虑到众多因素。

图 9-1 展示了物联网合规性监管程序中至少应当包含的工作内容。其中，每项工作内容都是并发的、持续开展的，可能涉及机构中不同的利益相关方。

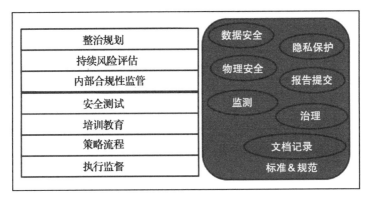

图 9-1　物联网合规性监管程序中至少应当包含的工作内容

当机构开始或继续实现新的物联网系统时，要确保涉及物联网合规性监管程序的方方面面均已准备就绪。

1. 行政监督

考虑到合规与风险管理的规范化是一项关键的业务功能，因此应当在多个部门的行政监督和管理之下开展。如果机构在行政层面上毫不关注，既没有制定强制性的策略，也没有部署监控措施，那么遭受入侵时，就会将他们的投资方和用户置于更大的风险之中，而这些入侵原本防范起来可能非常容易。

在物联网运维的治理模型中应该包含以下机构职能和部门：

- 法务与隐私保护
- 信息技术 / 信息安全
- 运维
- 功能安全规划

如果行业（例如 PCI DSS 标准）还未制定出强制性的规范要求，那么行政管理中应当通过建立审批机构的方式来负责物联网系统的运维。任何新建物联网系统，或者基于物联网扩建的系统都应该向机构指定的审批机构提出申请，并由该机构进行审批。如果没有采取类似的控制措施，人们可能会在网络中引入很多高风险设备。

审批机构应当熟悉系统需要遵循的安全策略与标准，并对系统的实现技术具备一定的了解。

美国联邦政府制定了一套全面的合规程序，对于需要加入到联邦网络中的特定系统，要求编制文档详细阐述将该系统加入联邦网络的理由与必要性，同时还要对该文档加以维护。尽管政府中建立了审批职能也难以防止所有的违规行为，但是通过指定专人负责监督整体安全策略是否得到了有效落实，确实大大改善了政府中信息系统的整体安全状况。

美国政府中的审批机构必须对接入政府网络的每套系统或子系统进行审批，通过审批后这些系统才能够接入政府网络，并且每年都要进行重新审批。商业机构也应当采用类似的审批方法，对需要接入到企业网络中的物联网系统进行审批，并可以结合自身实际情况对审批工作进行适当调整。通过指定专人负责审批事务，可以减少在策略解读和执行过程中出现的偏差。

另外，商业机构还需要建立制衡体系，例如定期对人员／角色进行职能轮换。因为商业机构人员存在一定的流动性，如果出现员工离职，可能会造成某些特定风险飙升，而上述方法可以有效地缓解风险。

2. 策略、流程以及文档

无论是管理员还是用户，为了确保物联网系统运行的功能安全和信息安全，都需要了解掌握相关的策略和流程。在这些指导性文件中，应该告知员工如何根据适用的规范来保障数据的安全，以及如何对系统开展安全的操作。同时，在文件中还应当制定针对不合规行为的处罚细节。

对于将个人物联网设备带入业务环境的情况，机构也应当考虑制定相关策略。如果在满足一定限制条件的前提下个人物联网设备（例如消费级物联网设备）可以在机构中使用，安全工程师应当对由此带来的后果进行评估，并且思考如果这样做，应当采取什么样的限制措施。

举例来说，安全工程师可能会禁止在公司的移动电话中安装物联网应用，但是可能会允许员工在个人手机中安装。或者，如果使用的是个人手机，管理员可以为此类设备的网络进出流量专门划分一块网络区域。

可能会用到的安全文档还包括**系统安全计划**（System Security Plan，SSP）、安全运维方案、密钥和证书管理规划以及业务连续性策略和流程。专业的安全工程师应该能够基于最佳实践和识别出的风险，采用不同类型的方案规划并结合实际情况对其进行调整。

3. 培训教育

很多联网设备和系统的用户最初并不了解物联网系统误用所带来的潜在影响。对此，我们建议进行全面的培训，帮助机构中物联网系统的用户以及管理员了解相关内容。

培训工作应该关注诸多细节，这些细节会在随后的图中指出。

（1）技能评估

- 对于系统管理员和工程师来说，了解现实情况同物联网安全设计、安全实现和安全运维之间的知识与技能鸿沟非常重要。因此，有必要每年开展一次员工技能评估，以便确定他们对以下内容的了解程度：
- 物联网数据安全。
- 物联网隐私保护。
- 物联网系统的安全操作规程。
- 物联网的专用安全工具（扫描仪等）。

技能评估和培训中所涉及的内容如图9-2所示。

图9-2　技能评估和培训所涉及的内容

（2）网络安全工具

从物联网安全的角度来看，需要对不同的扫描探测工具进行培训，并借助这些工具定期对物联网系统进行扫描。这部分内容可以作为在职培训的内容，但其目的都是帮助安全管理人员了解如何有效地使用这些工具，然后利用工具的输出结果来确保物联网系统始终处于合规状态。

（3）数据安全

在物联网合规性监管程序所需开展的培训中，数据安全是其中最重要的方面之一。管理人员和工程师必须能够对物联网系统构成组件的作用范围进行安全配置。这包括了后端的安全配置、基于云端数据存储的安全配置，以及用于防止分析系统中敏感信息恶意或非恶意泄露的安全配置。

了解如何将信息按照敏感与否进行分类也是培训内容的重要组成部分。不同的物联网设备中可能存在多种数据类型和敏感级别，从而可能造成未预期的安全与隐私泄露风险。

（4）纵深防御

在 NIST SP 800-82 标准中定义了纵深防御的主要原则：对安全机制进行分层，从而降低其中某一种机制失效可能带来的影响（参见链接 https://nvlpubs.nist.gov/nistpubs/SpecialPublications/NIST.SP.800-82r2.pdf）。通过对系统管理员和工程师开展培训，对纵深防御的理念进行强化，能够帮助他们设计出更加安全的物联网安全系统和物联网实现方案。

（5）隐私保护

在本书中，我们已经对物联网隐私泄露的安全隐患进行了讨论。将隐私保护的基础内容和相关要求添加到物联网培训课程当中，帮助员工实现对敏感用户信息的安全保障。

我们建议将物联网的基础实现细节添加到培训方案当中。这方面内容包括机构将要采用的物联网系统的类型，支撑这些系统的底层技术，以及在这些系统中数据的传输方式、存储方式和处理方式。

（6）物联网、网络与云环境

物联网数据通常会直接发送到云环境中进行处理，因此，为了对支撑物联网系统的云环境架构有一个基本了解，同样应该将其作为物联网培训课程的一部分内容。

与之类似，随着新型网络架构的逐渐应用（能够更好地为不同的物联网部署样式提供支撑），包括适应性更强、可扩展性更高以及具备动态响应能力的**软件定义网络**（Software Defined Networking，SDN）和**网络功能虚拟化**（Network Function Virtualization，NFV）等内容也应该包含在课程当中。

此外，可能还需要新的功能来为网络中物联网操作相关的动态策略提供支撑。

（7）威胁／攻击

要让员工及时了解研究人员和现实世界中的攻击者如何对物联网设备和系统实施入侵。工程师们只有了解了攻击者入侵系统的各种方法，才能够在系统设计时找到响应及时且适应性强的纵深防御方法。

关于最新威胁和网络安全预警信息的来源，主要包括：

- **NIST 的自动化漏洞管理**：美国国家漏洞库（https://nvd.nist.gov/）。
- **通用网络安全预警**：美国计算机应急处置小组（United States Computer Emergency Readiness Team，US-CERT）(https://www.us-cert.gov/ncas)。
- **工业控制系统威胁信息**：工业控制系统网络应急响应小组（Industrial Control System Cyber Emergency Response Team，ICS-CERT）(https://ics-cert.us-cert.gov)。
- **医疗器械与卫生信息网络安全共享**：美国国家卫生信息分析中心（National Health Information and Analysis Center，NH-ISAC）(http://www.nhisac.org)。

还有很多反病毒厂商也会通过其各自的网站发布互联网中最新的威胁数据。

（8）认证

目前物联网相关的认证还比较少，但是可以把获取**云安全联盟**（Cloud Security Alliance，CSA）的**云安全认证**（Certificate of Cloud Security Knowledge，CCSK）和**云安全专家认证**（Certified Cloud Security Professional，CCSP）作为一个很好的着眼点，通过认证来加深对复杂云环境的了解，因为大部分物联网实现方案都是由云提供的底层支撑。

同时，还要关注数据隐私保护方面的认证，比如**国际隐私专家协会**（International Association of Privacy Professionals，IAPP）颁发的**信息隐私保护专家认证**（Certified Information Privacy Professional，CIPP），参见链接 https://iapp.org/certify/cipp。

4. 测试

在将物联网实现方案部署到生产环境之前，开展对物联网系统的测试至关重要。这项工作需要用到物联网测试床。

对于物联网设备部署的功能性测试，需要能够扩展到对大量设备的测试，因为在企业中通常都不会仅仅只部署几台设备。在测试时，通过物理方式实现相应规模的部署显然有些不切实际。因此，我们需要一套虚拟测评实验室解决方案来开展测试。

类似于 Ravello 公司 nested hypervisor（https://docs.oracle.com/en/cloud/iaas/ravello-cloud/index.html）之类的产品就可以满足我们的需求，通过部署这些产品，测试人员可以在逼真、模拟的环境中上传虚拟机并开展测试。当应用于物联网设备与系统时，可以利用容器（例如 Docker）来创建基线环境，继而采用功能性和安全性测试工具对其开展测试。

另外，在安全保障级别更高的物联网部署方案中，还应当采取严格的功能安全（失效安全）与信息安全回归测试，通过这些测试来确保无论是出现传感器错误状态、信息安全或功能安全导致的宕机、错误状态恢复等情况还是基本的功能操作，设备和系统都能够做出适当的响应。

5. 内部合规性监管

确定物联网系统是否符合安全规范的要求仅仅只是第一步，这一步固然很重要，但是随着时间的推移，评估工作的价值会逐渐降低。为了时刻保持对物联网系统安全状态的清醒认识，机构应该强制开展持续评估，从而掌握系统的实时安全态势。

如果读者还没有开始准备对系统开展持续监管，那么采用集成物联网的部署方案就是一个开展持续监管的契机。这里需要注意的是，不要将持续监管与网络监控混为一谈。网络监控仅仅是基于策略的自动化审计框架中的一个要素，而该框架仅仅只是持续监管解决方案中的一部分。

为了实现风险的持续诊断与缓解，美国**国土安全部**（Department of Homeland Security，DHS）提出了一个包含多个步骤的递归过程（参见链接 https://www.us-cert.gov/cdm/home），该过程共包括了 8 个步骤：

- 传感器的安装 / 更新
- 漏洞的自动检测
- 结果收集
- 漏洞分类
- 漏洞修复
- 报告提交
- 系统设计变更
- 系统实现

商业机构在实现物联网系统时，就可以遵循上述步骤。如果有大型机构对新兴安全隐患进行持续监控时，也可以采用这种方法。与此同时，确定资源分配的优先级，为最紧迫的安全隐患调配资源。如果要将上述步骤用于物联网系统，则还需要开展进一步的研究。

在上述步骤中还可以添加一个步骤，用于了解故障成因，并据此对系统设计和相关实现进行变更。为了建立有效的安全管理过程，在缺陷识别和对系统设计可能的架构变更之间还需要形成连续的反馈回路。

（1）传感器的安装 / 更新

传统 IT 感知中谈及的传感器，指的是安装于企业计算机中的基于主机的监控代理（例如，采集主机日志用于后台审计的代理程序），或者是 IDS/IPS 部署的网络传感器。在物联网中，在系统资源受限的边界实体上部署代理存在一定的难度，在某些情况下则完全不可行。

然而，这并不意味着无法为物联网系统配备传感器。下面，我们就对某个整体架构中的一部分进行分析，该架构如图 9-3 所示。

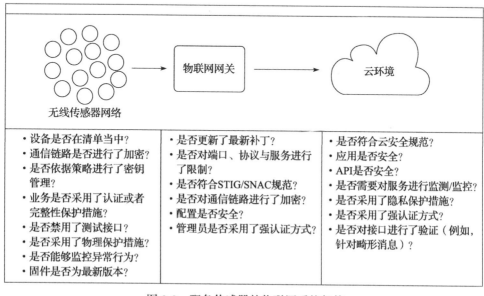

图 9-3　配备传感器的物联网系统架构

在某套物联网架构模型中，无线传感器网络（Wireless Sensor Network，WSN）终端将数据传输到协议网关，然后再由网关传递到云端，我们可以对在这一架构模型中采集到的与安全有关数据进行评估。

由于应用终端会对物联网传感器提供支撑，所以在云端，我们可以利用**云服务提供商**（Cloud Service Provider，CSP）提供的工具来捕获应用终端之间的数据。以亚马逊云的环境为例，我们可以利用 AWS CloudTrail 工具监控针对云端的 API 调用。

通常，协议网关拥有充足的处理能力和存储空间来部署传统 IT 终端安全工具。无论是位于云端还是内部部署的支撑架构，这些组件都按照计划或者需求返回数据，为持续的系统监控提供支撑。

无线传感器网络通常由约束条件众多且资源有限的物联网设备组成。如果要在这样的物联网设备中部署安全与审计代理，会发现其无论是处理能力、内存空间还是操作系统都难以支撑这样的需求。尽管如此，在系统的整体安全态势中，无线传感器的作用依然非常重要，因此，仔细分析我们可以利用哪些安全特性，又可以从中获得哪些安全保障还是很有必要的。

要记住的是，很多这样的设备并不会将数据长期存储，而是会将数据通过网关传送给后台应用。因此，这时需要确保对所有传输数据均采取了基本的完整性保护措施。

完整性保护能够确保数据在到达网关之前未经篡改，以及送达网关的数据都是合法的（尽管没有经过认证）。很多无线协议至少都会采用基本的校验和验证（例如 32 位的**循环冗余校验码**），尽管采用散列值进行验证的安全性更高。

如第 5 章中所述，更好的方式是采用加密的**消息认证码**。针对发送或者接收的消息，采用 AES-MAC、AES-GCM 等算法均可以实现基本的边界到网关的完整性保护以及数据起源认证。

而在网关（对于某些物联网设备来说，也就是 IP 网络边界），则应当将注意力放在捕捉其他监控物联网安全异常行为所需的数据上。

（2）漏洞的自动探测

需要着重指出的是，某些物联网设备具备很多功能。有些设备可能会包含多个组件来实现对设备的配置，例如简单的 Web 服务器。读者还可以想想之前用到的家用路由器、打印机等设备，很多家用和商用电器已经完成了网络配置，因此可以做到开箱即用。

也可以使用 Web 接口进行安全监控。举例来说，当发生安全事件后大部分 Wi-Fi 家用路由器都会发送一条简单的邮件告警信息（该功能可以通过 Web 接口进行配置）。

在某些物联网设备中，Web 接口和通知系统还会提示缺陷、错误配置，甚至是软件／固件的过期信息。

然而，有些设备没有提供 Web 接口，例如支持**简单网络管理协议**（Simple Network Management Protocol，SNMP）的各种终端。采用 SNMP 协议的设备可以通过 SNMP 协议来设置、获取托管数据属性并接收针对托管数据属性的通知，其中属性需要同设备和行业相关的**管理信息库**（Management Information Base，MIB）保持一致。

 如果用户的物联网设备支持 SNMP 协议，那么请确保所采用的是 SNMPv3 协议，并且终端加密和认证功能处于开启状态（SNMPv3 协议的用户安全模式）。另外，应定期更换 SNMP 口令，并使用具备一定强度难以预测的口令，密切关注跟踪所有的snmpEngineId 字段以及与之关联的网络地址，尽可能不要在多个设备上使用同一个用户名。

更多内容请参看以下链接：https://smartech.gatech.edu/bitstream/handle/1853/44881/lawrence_nigel_r_201208_mast.pdf。

无论终端采用了哪种协议，用户都应当能够对物联网设备的生态系统自动开展搜索探测，查找漏洞。这些漏洞可能位于移动应用、桌面应用、网关、接口或部署在云端的 Web服务当中，正是这些应用、设备和服务为物联网中的数据采集、分析报告生成等功能提供了支撑。

甚至是看起来与安全无关的数据也可以用来改善安全状况，例如设备中各种事件的出现次数、温度以及设备的其他特性。

无论数据是来自最基本的联网设备还是功能强大的工业控制系统，如果要开展海量物联网数据的采集、汇聚与自动筛选等工作，Splunk 平台等基于网络的工具作用都十分突出。利用部署于网关、协议代理以及其他终端处的软件代理，Splunk 平台可以获取 MQTT、CoAP、AMQP、JMS 协议以及其他多种工业协议的相关数据，用于客户分析、可视化、报告提交和记录保存等用途。

只要物联网边缘设备拥有必备的操作系统和必需的处理能力，那么该设备就可以用于运行 Splunk 代理。用户也可以在 Splunk 平台中自定义规则，实现对部署方案中用户感兴趣内容的自动识别、分析和报告提交，这些内容可能是同网络安全无关的、也可能是同网络安全有关的、还有可能是同功能安全有关的。

管理员可以使用很多工具来查找物联网网关中的漏洞。在美国联邦政府中，**合规性保障评估解决方案**（Assured Compliance Assessment Solution，ACAS）工具集得到了广泛应用，该工具集由网络安全公司 Tenable 集成开发。ACAS 工具集中包括了 Nessus、**被动式漏洞扫描器**（Passive Vulnerability Scanner，PVS）和一个控制台。

在系统或软件开发生命周期中的不同阶段，以及在运维环境（例如渗透测试活动）中，用户也可以使用其他的漏洞扫描工具，其中某些扫描工具还是开源的。常用的扫描器还包括（http://www.esecurityplanet.com/open-source-security/slideshows/lO-open-source-vulnerability-assessment-tools.html）：

- OpenVAS

- Nexpose
- Retina CS 社区版

为了实现最基本的风险管理，机构在内部开发物联网产品时，应当在漏洞评估和开发生命周期中包含一个反馈回路。如果在已经部署的产品中发现漏洞，应当立即编写开发与补丁修复需求列表，同时赋予该需求列表较高的优先级以便于快速修复。

机构在内部开发智能物联网产品时，应当利用工具开展静态和动态代码分析以及模糊测试。我们建议用户定期使用这些工具开展分析测试，而更可取的做法是将其作为所有功能**持续集成**（Continuous Integration，CI）环境中的一个组成部分。

静态分析工具和动态分析工具通常售价昂贵，但是当前有厂商提供工具的租赁服务，性价比还不错。在 OWASP 固件分析项目中也列举了部分设备固件安全分析工具，这些工具可以用来对物联网设备的固件安全性进行评估（详细内容参见链接 https//www.owasp.org/index.php/OWASP_Internet_of_Things_Project#tab=Firmware_Analysis）。

（3）结果收集

开展漏洞扫描的工具也应当能够生成报告，这些报告可以用作后续漏洞分类工作的依据。这些报告应该由安全团队保存，并在合规性审计期间使用。

（4）漏洞分类

漏洞扫描结果的严重程度，可以用来指导漏洞修复的资源分配，以及拟制漏洞修复次序。而基于漏洞对机构所带来的安全影响，可以对每个漏洞的危害程度进行评级，并且优先考虑高危级别的漏洞修复。

如果机构采用了诸如 Atlassian 套件（包括 Jira、Confluence 等）之类的敏捷开发工具，那么也可以将漏洞作为事务（issue）进行跟踪，为其分配特定的生命周期，并且精心地使用不同的标签来对这些漏洞进行标记。

（5）漏洞修复

理想情况下，漏洞修复的处理方式与开发生命周期过程中其他功能特性的处理方式相同。将漏洞报告加入产品需求列表（比如 Jira 的事务），并将其放在下一次迭代周期（sprint）需要优先处理的位置上。如果漏洞造成的危害较为严重，也可以破例中止新功能的开发，而将人力物力全部投入到关键安全漏洞的修复之上。

在每份漏洞报告处理完之后还需要开展回归测试，以确保在漏洞修复期间没有无意引入其他漏洞。

（6）报告提交

安全厂商已经开发出了报表软件来提交合规性报告。借助这些报表软件可以向行政管理部门提交报告。每款合规性工具都拥有自己的报告提交功能。

（7）系统设计变更

当发现物联网系统和设备中的安全漏洞时，需要判断是否要对系统和网络中的设计或配置进行调整，又或者是否应当允许设备对系统和网络的操作，这些问题需要反复斟酌。

我们建议读者至少在每个季度，对过去 3 个月中发现的漏洞进行一次总结，并重点关注需要对基线和架构进行的变更。在很多情况下，可能只需要简单地更改网络配置参数，就可以缓解特定设备中的高危漏洞。

6. 定期的风险评估

如果要定期开展风险评估，理想情况下最好由第三方测评机构来进行评估，作用是确保物联网系统不仅合规，而且能够满足其最低限度的安全基线。我们建议至少每 6 个月开展一次黑盒渗透测试，每年开展一次针对性更强的测试（白盒测试）。测试过程中，应当将物联网系统视作一个整体，而不是仅仅关注设备本身。

制定物联网部署方案的机构同时也应当负责制定出全面的渗透测试方案。在渗透测试方案中不仅应当包含黑盒测试与白盒测试，还应当包括对在用主要物联网应用协议的模糊测试。

（1）黑盒测试

开展黑盒测试的代价相对较低。黑盒测试的目的是，在事先不了解设备实现技术的情况下开展设备的入侵。

如果资金条件允许，可邀请第三方机构对设备及为其提供支撑的基础设施开展黑盒测试。我们建议至少每年为各个物联网系统开展一次评估，如果系统变更较为频繁（例如，经常安装系统更新），那么开展评估的频率也要相应提高。

如果整个系统或系统中的一部分驻留在云端，那么至少也要对部署在云端容器中的典型虚拟机进行渗透测试。更理想的情况是，对于已经完成部署的系统，如果能够针对系统搭建仿真模型用于测试，那么针对该仿真模型的渗透测试也能够提供有价值的信息。

理想情况下，黑盒测试应当包含对系统的特征刻画，其作用是了解在未经授权的情况下用户可以识别出系统的哪些细节。黑盒测试涉及的内容如表 9-1 所示。

表 9-1　黑盒测试

测试内容	介绍
物理安全评估	用于描述与预期部署环境相关的物理安全需求。 　　例如，是否有物理或逻辑接口未采取保护措施？设备中处理或存储数据的敏感程度是否同所采取的篡改保护措施相匹配？其中，篡改保护措施可以采取防篡改外壳、嵌入式保护手段（例如，在敏感处理器和存储设备周边采用硬树脂封装或采用灌封方式加以处理），如果发生物理入侵事件时还可以采取擦除内存等篡改响应机制
固件／软件更新流程分析	固件或软件如何加载到设备当中？设备是定期从软件更新服务器处获取更新，还是手动执行更新操作？初始软件如何加载（由何人在何处执行加载操作）？如果工厂镜像是通过 JTAG 接口加载，那么设备实地部署时，该接口是否仍然可以访问？软件／固件在存储时、下载期间和载入内存的过程中，都是如何保护的？是否采用了文件级的完整性保护措施？是否采用了数字签名（甚至更好的保护措施）。并在此基础上实现了认证？软件补丁能否分块下载，以及如果下载／安装流程由于某些原因中断，会出现什么情况？

（续）

测试内容	介绍
接口分析	通过接口分析，发现所有开放和隐藏的物理接口，并建立接口到所有设备应用和系统服务（以及各自的相关协议）之间的映射。在完成这项工作之后，还需要确定访问每项服务（或功能）的方法。 哪些功能调用需要经过认证？是每次调用时均需要开展认证，还是只需要在会话初始化或者访问设备时进行认证？哪些服务或功能调用无须认证？在开展服务之前，哪些服务需要通过额外的步骤（除了认证之外）进行授权？ 如果有敏感业务在无须认证的情况下即可执行，那么设备处于高度安全区域的预期环境中是否仅允许获得授权的个体访问？
无线安全评估	在无线安全评估工作中，首先需要识别出设备采用了哪种无线协议，以及协议中是否存在已知漏洞。无线协议是否采用了加密？如果是，是否存在默认密钥？密钥采用何种方式进行更新？ 另外，无线协议通常会采用默认的协议配置选项。而对于某些特定的操作运行环境，有些默认选项可能并不合适。例如，如果蓝牙模块支持 MAC 地址轮换，而它并不是物联网应用的默认配置，这时用户可能就会想要默认启用该特性。针对设备跟踪和其他隐私泄漏隐患，如果用户的预期部署环境对这些风险较为敏感，那么更应采取上述操作
配置安全评估	配置安全评估工作主要聚焦于实现系统中物联网设备的最优配置，目的是确保设备中没有运行无用的服务。另外，该项评估还会检查设备是否只启用了经过授权的协议。同时，还会检查设备是否采用了最小权限配置
移动应用评估	大部分物联网设备都可以同移动设备或网关进行通信，因此，也必须开展对移动设备的评估。在黑盒测试期间，应该尝试描述移动应用的特性、功能和技术，以及直接或通过 Web 服务网关对尝试连接物联网设备的接口发起攻击。 同时，还应当对绕过或替换移动应用和物联网设备之间信任关系的方法进行研究
云安全分析（Web 服务安全）	在该阶段，无论是对物联网设备同云端服务通信所采用的通信协议，还是移动应用同云端服务通信所采用的通信协议，都应当进行深入研究。这部分分析工作包括确认是否采用了安全通信协议（比如 TLS/DTLS 协议），以及设备或移动应用如何通过云端服务的认证。 无论基础设施是部署在机构内部还是部署在云端，都必须对同终端通信的基础设施开展测试。某些 Web 服务端存在已知漏洞，而且在某些情况下从公网就可以访问这些服务端的管理应用（这并不是一种好的组合方式）

（2）白盒测试

白盒测试（有时也被称为玻璃盒测试）不同于黑盒测试，在白盒测试中，对于感兴趣的目标测试系统，安全测试人员可以获取到与之相关的设计和配置信息。白盒测试中的部分工作内容及其介绍如表 9-2 所示。

表 9-2　白盒测试

测试内容	介绍
员工访谈	评估人员应当访谈 IT 研发人员或运维人员，从而了解系统实现、集成和部署过程的关键节点、敏感信息处理以及关键数据存储所采用的技术
逆向工程	尽可能对物联网设备固件开展逆向分析，基于设备固件的当前状态尝试开展新漏洞的挖掘，并进行漏洞利用

（续）

测试内容	介绍
硬件组件分析	从供应链角度来说，确定所使用的硬件组件是否可信。例如，有些机构会采用专有方式提取出设备的指纹特征，利用该指纹特征可以确保硬件组件不是复制的副本，也并非来自未知源头
代码分析	针对物联网系统中包含的所有软件，采用静态分析工具和动态分析工具进行分析尝试挖掘漏洞
系统设计与配置文档审计	审计所有文档和系统设计。找出现实实现同文档中不一致的部分以及差距。利用文档审计来制定安全测试方案
故障树与攻击树分析	不同行业的众多公司都应当开发、应用并维护一套全面的故障树模型和攻击树模型。 故障树提供了一套基于模型的框架，利用该框架可以分析出设备或系统会如何因为一系列不相关的叶节点状态或事件而出现故障。每次当产品或系统进行改造或更新时，故障树模型也应随之更新，以可视化的方式展现出最新的系统安全风险态势。 攻击树与故障树存在关联，但同时又存在较大区别，攻击树着眼于设备或系统安全。在风险管理的白盒测试中，可以构建攻击树，通过攻击树可以了解攻击者如何开展后续攻击操作，进而实现对物联网设备或系统的入侵。 如果团队正在开发的物联网设备事关人身安全（例如，航空电子系统和生命攸关的医疗系统），那么需要采取更高级别的安全保障水平，此时就应当同时开展故障树建模和攻击树建模，从而更好地掌握功能安全和信息安全状况。需要注意的是，某些信息安全控制手段可能会对功能安全产生影响，这意味着需要在功能安全和信息安全之间进行审慎权衡

（3）模糊测试

模糊测试是一块专业性较强且较为先进的领域，通过开展模糊测试，攻击者可以通过异常的协议使用以及对协议状态的控制，尝试对应用开展漏洞利用。模糊测试的部分介绍如表9-3所示。

表 9-3　模糊测试

测试内容	介绍
开机/关机序列/状态变更	开展深度分析，确定在各种状态下，物联网设备如何对不同（非预期）输入作出响应。这方面的测试工作包括在状态变更时（例如开关/关机）向物联网设备发送非预期的数据
协议标签/长度/值字段	在物联网通信过程中，可以在协议的某些字段中嵌入非预期的值，例如，以非标准长度输入的字段、非预期字符、不同的编码方式等等
首部处理	在物联网通信协议的数据包首部或首部扩展（如果可以嵌入的话）中嵌入非预期字段
数据有效性攻击	向物联网终端（包括其网关）发送随机或格式错误的数据。举个例子，如果终端支持ASN.1报文格式，那么可以向其发送不符合ASN.1语法格式的消息，或者采用应用不接受的消息结构发送消息
与分析工具的集成	最高效的模糊测试会用到多种自动化模糊测试工具，这些自动化工具会在对终端开展模糊测试时采用分析引擎对终端行为进行分析。 自动化模糊测试工具在使用时会创建一条反馈回路，观察模糊测试的目标应用对各种输入的响应。根据响应结果，可以用来设计改造新的测试用例。在最差的情况下，这些用例可能导致终端中止运行，而在最理想的情况下，则可能实现对设备的入侵（例如，缓冲区溢出可能导致直接内存访问）

9.2　复杂合规环境

作为安全专业人员，对于所处行业发布的安全标准规范，安全专业人员有责任确保这些标准规范的严格落实。还有很多机构需要满足多个行业的监管标准。例如，一家药店就可能需要同时遵守 HIPAA 和 PCI 两项标准，因为它不仅必须确保患者数据的安全还需要确保交易数据的安全。

这种理念同样适用于物联网，尽管某些设备是新近出现的，但是需要保护的信息类型和需要采取的保护措施提出的时间却已经不短了。

9.2.1　物联网合规面临的挑战

IT 部门通常需要监督网络安全和数据隐私规范与标准的合规情况。而物联网则为合规性引入了新的考量因素。随着在机构的有形资产中逐渐纳入具备嵌入式计算与通信功能的设备，还需要关注功能安全是否合规的情况。

物联网同样模糊了很多管理框架间的界线，这对于物联网设备厂商而言是一个特殊的挑战。在某些情况下，设备开发人员甚至可能都没有意识到他们的产品处于特定机构的监管之下。

9.2.2　现有物联网合规性标准的分析

当机构开始部署新的物联网功能时，用户或许会用到现有的某些指导规范，对于这部分规范读者可能已经很熟悉了。而问题在于，这些指导规范并没有跟上技术演进的步伐，因此可能需要对控制措施进行某些调整，才能适应新涌现的物联网部署要求。

另外，物联网标准在覆盖范围上目前还存在区别。物联网研究团体和**国际标准化组织**（International Organization for Standardization，ISO）/**国际电工委员会**（International ElectroTechnical Commission，IEC）第一**联合技术委员会**（Joint Technical Committee，JTC）下的信息安全小组委员会 JTC 1 SC 27 最近对物联网标准的区别进行了详细描述，主要包括：

- 网关安全
- 网络功能虚拟化安全
- 物联网安全的管理与度量（即度量指标）
- 开源软件的保障与安全
- 物联网风险评估技术
- 隐私与大数据
- 物联网的应用安全指导
- 物联网安全事件响应与指导

1. 保险商实验室的物联网认证

为了填补在物联网合规和认证方面的巨大空白，著名的美国**保险商实验室**（Underwriters

Laboratory，UL）提出了一套物联网认证方案（参见链接 https://industries.ul.com/cybersecurity）。

基于其 UL 2900 系列标准中提出的保障要求，认证过程中包含了对产品安全性的全面分析。UL 试图将该认证推广到各个行业，并根据行业特点加以调整，无论是消费型的智能家电行业还是关键基础设施（比如能源、公共服务和医疗保健）都可以采用其提出的认证方案。

2. NERC CIP 标准

NERC CIP 是指**北美电力可靠性委员会**提出的**关键基础设施保护**（North American Electric Reliability Corporation's Critical Infrastructure Protection，NERC CIP）系列标准，该系列标准主要应用于美国的发配电系统。如果有机构业务涉及电力行业中 CPS、物联网以及其他网络安全相关系统的开发或部署，那么应该熟练掌握 NERC CIP 标准。

这组标准的作用主要是为**主干电力系统**（Bulk Electric System，BES）解决以下问题：

- 网络系统分类
- 安全管理控制措施
- 人员管理与培训
- 电子安全边界
- **主干电力系统**中网络系统的物理安全
- 系统安全管理
- 安全事件通告与应急响应预案
- BES 网络系统的恢复预案
- 配置变更管理与漏洞评估
- 信息保护

如果机构需要在电力行业采用并部署新型物联网系统，那么必须处理好组件的敏感程度划分、控制措施的集成以及综合电气系统的整体保障等方面的合规问题。

3. HIPAA/HITECH 标准

当医疗机构逐渐开始采用联网医疗器械以及其他智能医疗保健设备时，也面临着新的挑战。近期针对医疗机构成功发起的网络攻击（例如针对医院和重要患者数据的勒索病毒攻击）表明，要么机构没有满足合规要求，要么在标准和实践之间肯定存在着比较大的差距。

对重要、受保护的患者数据发起勒索病毒攻击，其后果非常严重，然而现实中如果针对医疗器械构造并实施攻击，那么情况可能会更加糟糕。而同不断演进的技术和未来可能出现的攻击手段相比，现如今的那些安全隐患可能不值一提。

4. PCI DSS 标准

对于支付卡行业从业人员而言，**PCI DSS 标准**已经成为在处理支付相关事务所必须遵循的主要规范。PCI DSS 标准是由 PCI 安全标准委员会（https://www.pcisecuritystandards.

org/）制定颁布的，该组织致力于保护金融账户和交易数据的安全。

为了了解物联网对支付处理器信息保障能力的影响，我们首先来了解一下 PCI DSS 标准提出的 12 项高级要求。下面是最新发布的标准中的 12 项要求（参见链接 https://www.pcisecuritystandards.org/document_library?category=pcidss&document=pci_dss）：

- 部署并维护防火墙配置策略，保护持卡人数据
- 不要使用厂商默认的系统以及其他安全参数
- 对存储的持卡人数据提供保护
- 当持卡人数据通过开放的公共网络进行传输时，需采用加密传输
- 对所有系统加以保护，防范恶意软件攻击，并且定期更新反病毒软件及应用程序
- 开发安全的系统和应用，并加以维护
- 根据实际业务需求，限制持卡人对持卡人数据的访问
- 识别对系统组件的访问操作，并对操作加以认证
- 限制对持卡人数据的物理访问
- 跟踪并监控对网络资源和持卡人数据的所有访问
- 定期对安全系统和过程进行测试
- 制定安全策略，为所有人员提供信息安全方面的指导

如果将零售行业作为一个范例进行审视，来讨论物联网可能会对支付卡行业造成的影响，我们就还要考虑物联网可能会给零售行业带来的改变。进而，我们可以确定 PCI DSS 标准是否能够应用于零售场景中新提出的物联网系统实现方案，以及是否还有其他规范需要应用于零售场景中的物联网实现方案。

在零售行业，目前已经提出了多种类型的物联网设备实现和系统部署方案。其中一些方案包括：

- 用于库存管理的大规模 RFID 标识体系实现方案
- 用于产品自动化配送的客户订购技术
- 自动支付
- 智能试衣间
- 邻近广告
- 智能自动售货机

通过分析上面的用例，可以看到其中很多（比如自动支付和智能自动售货机）用例都包含了金融支付场景。在这些情况下，为这些场景提供支撑的物联网系统就必须符合现有 PCI DSS 标准中提出的要求。

5. NIST 提出的风险管理框架

NIST SP 800-53《联邦信息系统和组织安全控制建议》是开展安全风险管理控制并对控制措施分类的主要依据。我们建议将其视作安全控制措施的基础标准，因为该建议的作用

就是基于一组全面的系统定义和风险建模实践，为机构量身打造安全控制措施。

尽管是静态定义的，但是控制措施本身较为全面，并且经过了深思熟虑。风险管理框架（Risk Management Framework，RMF）持续迭代步骤如图 9-4 所示。

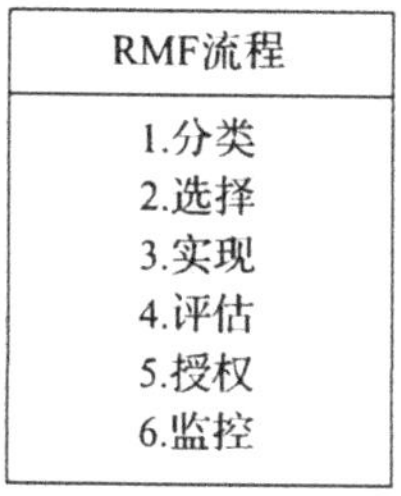

```
┌─────────────┐
│   RMF流程    │
├─────────────┤
│  1.分类      │
│  2.选择      │
│  3.实现      │
│  4.评估      │
│  5.授权      │
│  6.监控      │
└─────────────┘
```

图 9-4　NIST 提出的风险管理框架

该风险管理框架的流程采用了 800-53 建议提出的安全控制措施，但是该流程应当回退一步，开展一系列持续的风险管理工作，之后才会进行系统实现。风险管理工作包括以下内容：

- 基于任务系统的重要性和所处理数据的敏感性对系统分类。
- 选择适当的安全控制措施。
- 实现所选的安全控制措施。
- 评估安全控制措施的实现情况。
- 对系统的使用进行授权。
- 持续监控系统的安全态势。

上述流程非常灵活，所有顶层的物联网系统实现方案都可以采用该流程，同时用户也可以对流程进行调整。

9.3　本章小结

物联网仍处于初创发展阶段，其合规标准也在不断变化，因此合规程序最为重要的目标是，确保总体上能够改善机构的安全状况，且具有高性价比。

在本章中，我们对某些行业所特有的各种合规程序进行了介绍。另外，还就如何制定适合自身特点的合规程序介绍了一些重要的最佳实践。由于现实工作同物联网标准和框架之间仍存在诸多差距，因此当前标准制定机构仍需要开展大量工作来弥补这些差距。

在第 10 章中，我们将对云安全、雾计算等概念以及云端物联网系统进行讨论。同时，我们还将对云服务提供商提供的物联网安全服务进行介绍。

第 10 章

物联网的云端安全

利用云服务可以将物理空间上较为分散的边缘设备结合在一起，同时还能够向物联网设备提供数据分析、智能处理、数据存储以及事件处理等功能。**云服务提供商**（Cloud Service Provider，CSP）提供了一组面向物联网设备定制的服务，从而大大提高了大量物联网设备连接、管理、监视与控制的便利性。

借助这些服务，系统设计者可以新增部分基于云端的功能，例如资产与库存管理、服务分发、计费与权限管理、传感器协同、客户智能与营销、信息共享以及消息传递。

这些服务都对物联网设备开放了接口，并且位于网络边缘的物联网设备都可能会用到这些接口和服务，因此必须确保这些接口和服务的安全。

在本章中，我们将主要介绍以下内容：

- 云在物联网系统中的作用
- 雾计算的概念
- 物联网云服务面临的威胁
- 物联网系统的云端安全服务

10.1 云在物联网系统中的作用

如果没有云，物联网边缘设备的用处将会非常有限。系统所有者利用云可以采集大量数据并将其转换为情报。云服务为机器人系统提供了大脑，并且为复杂系统的决策提供了机器学习工具，同时利用云服务还可以将采集到的数据存储在边缘设备当中。

云甚至还能够为边缘设备提供网络安全服务，这些服务从身份标识和证书的分发，再到异常操作行为的监控，涵盖了多种常用的安全服务类型。

图 10-1 展示的是一个通用虚拟私有云，其中提供了常用的基本功能和安全服务，可以对设备到设备的数据交互提供保护。图中还展示了通用 IT 部署方案与物联网部署方案均可采用的典型虚拟服务。

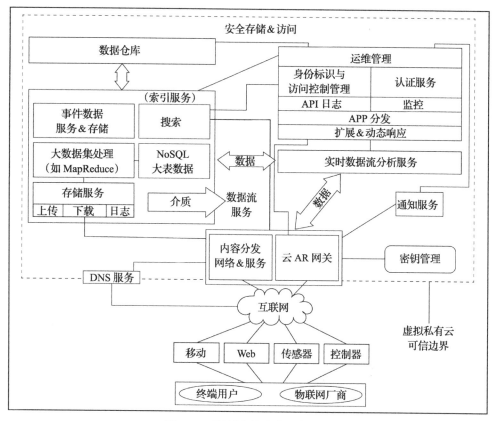

图 10-1 通用虚拟私有云概况图

虽然并不是所有的物联网部署人员都会用到云端提供的所有功能，但是大多会同云服务存在一个小的交集，因此需要对这些服务加以保护。

10.1.1 保障云端安全的理论方法

依据图中所展示的系统构建安全架构时，用户必须要记住，打造量身定制的安全架构实际上更多的是对 CSP 所提供的基础安全控制措施和服务的组装，而非从头开始所有内容的设计开发或者适配调整。

因此，我们强烈建议采取以下做法，其中一些已在本书中进行了详细讨论（故此处没有列出详细内容）：

- 首先，刻画系统和安全初始状态，开展细致的威胁建模：
    - 识别出当前所有的物联网设备类型、协议和平台。
    - 对网络边缘物联网设备生成的所有数据（基于敏感度和隐私）进行识别和分类。
    - 确定近端和远端的数据源，以及敏感数据的使用方。
    - 识别出所有系统终端及其物理和逻辑安全特性，并找出谁在控制和管理这些终端。

- 如果有人同物联网服务和数据集进行交互，或者涉及设备的管理、维护与配置操作，那么确定这些人所在的机构。搞清楚系统中每名用户的注册方式，如何取得系统的访问权限，如何对系统进行访问，以及（根据需要）如何对其进行跟踪与审计。
  - 确定数据在存储和传输时的存储、复用位置和所需的保护措施。
- 根据风险，确定哪些数据类型需要采取点到点的保护方式（同时需要找出这些点），哪些数据类型需要采取端到端的保护方式，以便最终的数据使用方或数据接收方为数据来源、完整性及机密性（如果需要）提供安全保障。
- 如果需要采用区域网关[⊖]（field gateway），那么还应对该平台所需的南向协议与北向协议开展分析，以便：
  - 与现场设备通信（例如，采用 ZigBee 协议）。
  - 合并通信内容并将其传输到云端网关（例如，采用基于 TLS 协议的 HTTP 协议）。
- 对数据进行风险和隐私评估，搞清楚 CSP 当前可能缺少的必要控制措施。
- 可以从以下方面着手进行安全架构的设计：
  - 直接由 CSP 提供安全服务。
  - 从 CSP 的合作伙伴或通过兼容、可互操作的第三方服务获取云安全服务。
- 制定并调整策略和程序：
  - 数据安全和数据隐私保护处置。
  - 用户和管理员角色、服务和安全需求（例如，在为特定资源提供保护时，确定在哪里采用多因子认证）。
- 基于 CSP 支持的框架和 API，采用并实现自己的安全架构。
- 整合安全最佳实践（NIST 提出的风险管理框架对此有比较好的解决方案）。

10.1.2 重回边缘

CSP 可以在边缘提供更多的功能。随着功能愈加强大的微处理器的上市，AWS Greengrass 等云服务可以为设备提供有限的、基于事件的处理能力。这可以减少事务处理延迟，直接使边缘具备智能。

CSP 也开始逐渐增强边缘到云端连接的安全性。例如，Microsoft Azure 的零接触配置服务就可以为**可信计算组织**（Trusted Computing Group，TCG）发布的**设备标识组合引擎**（Device Identity Composition Engine，DICE）标准提供支撑，实现安全的云端连接。采用这套标准规范，硬件厂商可以直接将云端标识嵌入到芯片当中，支持到 CSP 的安全注册和登录。

举个例子，Azure 与 Microchip 合作，提供了对 CEC1702 芯片的支持。谷歌最近也官方宣布同 Microchip 建立了类似的合作关系。这些合作的关键之处在于，可以在硬件当中生成私钥，同时私钥不会离开硬件。

⊖ 区域网关实际上就是一组传感器的汇聚点。很多设备资源有限，难以发起安全的 HTTP 会话，在这种情况下，这些设备可以向区域网关发送数据，再由区域网关采用安全的方式来进行数据的汇聚、存储或者转发。——译者注

10.2　雾计算的概念

物联网系统架构中另一个涉及边缘计算的内容称为雾计算（the fog）。OpenFog 联盟于 2017 年发布了一套参考架构（https://www.openfogconsortium.org/wp-content/uploads/OpenFog_Reference_Architecture_2_09_17-FINAL.pdf），在该架构中将雾计算定义为：

一种水平的、系统级的体系架构，沿着从云端到终端实体（cloud-to-thing）路径的近用户端向用户提供计算、存储、控制和联网功能。

正如读者所料想的那样，雾节点的部署位置靠近物联网架构中的边缘设备。这种部署方式使得数据分析更靠近边缘，从而最大程度地降低决策延迟（即将返回云端的时间最小化）。

当然，云在该体系架构中依然会发挥作用，相比于边缘设备或雾节点，云服务的使用周期更长、数据端存储更少、处理能力更强。

在雾计算中，物联网设备可以在更靠近边缘的地方处理捕获数据。对于必须开展实时计算以及需要对数据进行预处理的用例，这种方式可以提供有效支撑。

雾节点可以在网络边缘提供计算、联网、存储和加速等服务。这就为在边缘（靠近数据源）进行数据分析以及以最小延迟（例如，依据本地来源的数据调整操作）进行命令与控制创造了条件。

雾节点之间的互连互通实现了雾层当中的互操作性。将雾节点置于设备附近，可以降低通信带宽和成本，并降低通信延迟，如图 10-2 所示。

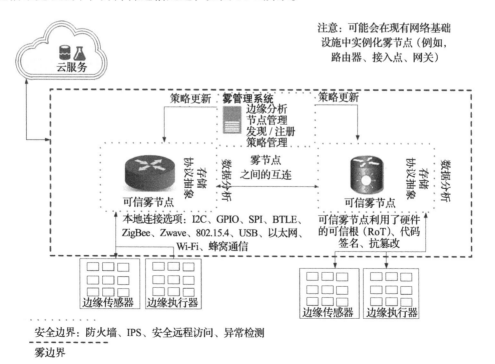

图 10-2　雾计算架构部署示意图

雾节点可以采用多种协议与物联网边缘设备进行通信，这些协议包括 ZigBee、**低功耗蓝牙**（Bluetooth Low Energy，BLTE）、ZWave、Wi-Fi 和蜂窝通信协议。

雾节点很可能会直接集成到现有的网络元素当中，例如接入点、路由器和网关。而雾节点的最高层就是云，其中驻留着全局应用和服务。

在大多数用例中，雾与云共存，并且常常依赖云服务获得更加强大的分析功能。

10.3 物联网云服务面临的威胁

云、雾赋能的物联网系统中都存在许多连接点，并且有很多服务为系统的运行和管理提供支撑。其中每项服务其实也都是恶意攻击者进入系统的潜在入口点。

借助 CSP 新提供的基于边缘的服务，攻击者可以只关注设备本身中导致设备故障或拒绝服务的执行逻辑。而雾层的加入提高了系统的复杂性，并且又增加了一组攻击目标，如图 10-3 所示。

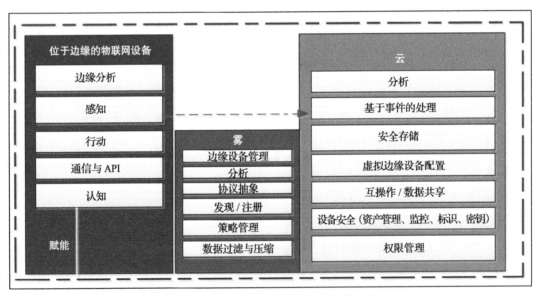

图 10-3　云、雾赋能的物联网系统架构示意图

在表 10-1 中，我们对云赋能物联网系统所面临的威胁进行了分析。对于每种威胁，用户都需要确保采用了适当的措施来缓解威胁。

对于需要在基于云的物联网系统中解决的安全问题而言，表 10-1 中的内容只是一小部分实例。幸运的是，主要的云服务提供商与合作伙伴已经找到了大部分威胁的应对措施。至少，对于那些存在于云服务提供商信任边界内的威胁，他们已经找到了解决方案。

表 10-1 威胁缓解措施

威胁区域	目标 / 攻击
部署在边缘的物联网设备	<ul><li>禁用物联网设备传感器</li><li>篡改传感器输入</li><li>篡改设备中的传感器数据</li><li>劫持到设备的命令 / 控制链接</li><li>覆盖 / 操纵设备中基于事件的处理规则</li><li>在未经加密验证的情况下，将新固件上载到设备</li><li>在安全协商期间（例如 TLS），将加密密码套件强度降级</li><li>在未经授权的情况下，访问用于连接云服务的 API 密钥</li><li>找出设备所用库文件中的漏洞</li><li>对物联网设备之间的信任关系开展漏洞利用</li><li>在未经授权的情况下，同物联网设备进行配对</li><li>窃听发送到雾 / 云端的传感器数据</li><li>对设备、边缘网关和云网关之间的物联网通信协议流量进行篡改，或者在其中注入恶意载荷</li><li>欺骗物联网设备终端（通信重定向，或者不采用适当的认证 / 授权措施）</li><li>盗取物联网设备</li><li>设备中的数据库存储不安全（采用明文方式存储，或者访问控制措施不完善）</li></ul>
雾层	<ul><li>实现对雾平台的未授权访问</li><li>篡改雾平台中的策略管理服务</li><li>窃听物联网设备同雾平台之间的通信内容</li><li>窃听雾平台（互连）之间的通信内容</li><li>窃听从雾到云端之间的通信内容</li><li>在未经授权的情况下，建立同雾平台之间的信任关系</li><li>篡改雾层的设备注册过程</li></ul>
云层	<ul><li>在未经授权的情况下，获取对云端托管虚拟设备配置（数字孪生、设备影子等等）的写入权限</li><li>在未经授权的情况下，获取对密钥和证书分发系统的访问权限</li><li>利用云端到设备之间的糟糕的密钥管理做法</li><li>在未经授权的情况下，获取对云端数据库的读写权限（例如，SQL 注入，或者对数据库进行错误配置，导致其无法应用正确的访问控制措施）</li><li>访问与第三方共享的数据</li><li>在未经授权的情况下，访问云端的权限管理服务</li><li>拒绝设备到云端（cloud-to-thing）或云端到设备（device-to-cloud）的访问</li><li>（通过各种方式）捕获云端管理员的口令、令牌或 SSH 密钥</li><li>对虚拟机和容器开展漏洞利用</li><li>对 Web 应用开展漏洞利用</li><li>篡改云端的设备注册过程</li><li>对不安全的物联网网关和代理开展漏洞利用</li><li>对配置不当的 Web 服务器开展漏洞利用</li></ul>

　　然而，云端的安全控制措施不能代替物联网设备厂商所需要担负起的责任：物联网设备厂商需要对物联网设备进行加固，并确保其应用和内部结构也得到加固。这些是部署物联网设备的机构必须面对的工作。

　　就云端风险的相对大小而言，适当借助云端**基础设施即服务**（infrastructure-as-a-service，

IaaS）的自动化能力，可以降低机构在运维物联网设备和系统过程中所面临的安全风险。极少数例外情况下，托管的云端基础设施和服务所提供的安全产品只需要少量网络安全专业人员，并且可以降低高昂的维护成本和机构内部对安全的投入。

　　用户也可以持续采用云端提供的 IaaS 服务，为虚拟机、设备、容器和网络提供默认的安全配置，这样用户所在机构还可以从安全实践的规模效益中受益。

10.4　物联网系统的云端安全服务

　　提供物联网服务的 CSP 也可以提供专门为物联网定制的安全服务。这些服务包括：
- 设备加载
- 密钥与证书管理
- 策略管理
- 持久化配置管理
- 网关安全
- 设备管理
- 合规监管
- 安全监控

10.4.1　设备加载

　　在用户机构的业务场景中，使用物联网设备之前必须将设备加载到用户的物联网系统当中。加载其实也就是在机构中将设备从不可信状态转换为可信状态的过程。加载完成后，也就完成了设备注册，可以向其分发所需的身份标识和加密信息并进行配置。

　　虽然设备加载看起来是一个挺简单的概念，但必须解决两个主要挑战：
- 由于物联网规模较大，所以手动加载所有设备较为困难。
- 从不可信状态到可信状态的转换过程，为恶意攻击者提供了入侵系统的机会。

　　CSP 为管理员提供了设备单独注册功能与设备批量注册功能。以批量注册为例，采用 AWS 的物联网设备管理服务，管理员可以在 Amazon S3 存储桶中创建 JSON 格式的文件，文件中包含需要在批量注册请求中应用于各个设备的配置信息：

```
{"ThingName": "Sensor1", "SerialNumber": "ECA11243", "CSR": "csrECA11243"}

{"ThingName": "Sensor2", "SerialNumber": "ECA11244", "CSR": "csrECA11245"}

{"ThingName": "Sensor3", "SerialNumber": "ECA11245", "CSR": "csrECA11245"
```

　　在批量注册过程中，管理员可以指定参数，例如设备名称（**ThingName**）、序列号和注册过程中会用到的**证书签名请求**（Certificate Signing Request，CSR）文件等内容。

1. 硬件到云端的安全

从不可信状态到可信状态的转换过程存在安全隐患，恶意攻击者可能会借此机会将流氓设备加载到用户的物联网系统当中。

为了解决这一问题，当前有部分 CSP 提供了选项可以实现对硬件的预先配置，从而保障设备加载过程的安全。利用预先配置的硬件，可以在微处理器的安全元素中直接配置云端的认证信息，从而为设备在云端的快速、安全注册与登录提供支持。

微软将其称为零接触配置（zero-touch provisioning），这一切都得益于同 Microchip 等芯片开发商所建立的良好的合作关系。利用专门定制的功能，微软还可以为 Windows 10 IoT Core 提供零接触配置的支持。

拿到设备之后，运营机构就可以使用自动化流程将这些设备注册到 Azure 的标识注册表当中。

三星也采取了以硬件安全为中心的设备加载方法。在基于三星 ARTIK 平台的边缘到云端（Edge-to-Cloud）的安全解决方案中，采用了硬件模块来存储唯一的芯片标识，该硬件模块具备一定的安全性并能够防篡改。只有当设备预分配到了该芯片的标识码，设备才能够在三星 Unified Cloud 中进行注册。

用户还可以选择第三方厂商来实现设备的安全加载，例如物联网身份标识和访问管理公司 Device Authority，该公司已经在云端加入了安全连接选项。Device Authority 公司的平台经过配置可以同 Intel 公司的**安全设备加载**（Secure Device Onboard，SDO）服务协同工作，在工作过程中，Intel 公司会为硬件直接分发**增强型隐私身份标识**（Enhanced Privacy Identity，EPID），并将 EPID 传递给 Device Authority 公司启动安全的加载过程。

在某些场景中，Device Authority 公司的 ZScaler 平台还可以同用户 CSP 的服务相集成。

2. 身份标识注册

CSP 准许管理员对目录中物联网设备的身份标识信息进行更新操作。管理员的更新操作没有一点问题，因为身份标识信息都存储在 CSP 当中，因此可以通过 API 进行更新。

以微软的 Azure IoT 为例，其中就包含了一张身份标识注册表，用于存储所有可以连接到 IoT Hub 的物联网设备的身份标识信息。每个 IoT Hub 都拥有一张身份标识注册表。在该注册表中，可以对物联网设备的权限进行配置，管理设备生命周期，也包括设备身份标识信息的创建、更新、检索和枚举。

设备命名

在规划设备命名方案时，首先要完成的工作就是创建设备类型。借助 AWS IoT 提供的服务，针对用户向云端加载的每台设备，用户都可以为其创建和分配设备类型。

在本书前面的内容中我们已经对命名约定进行了介绍，因此在这里我们将重点介绍与云端设备相关联的数据。对于微软的 Azure 平台而言，需要为每台设备配置物联网设备身份标识属性，可能用到的属性如表 10-2 所示。

表 10-2　常用物联网设备身份标识属性

身份标识属性	介绍
deviceId	最长 128 个 ASCII 字符
generationId	Azure 生成的身份标识
etag	依据 RFC 7232 得到的实体标签
auth	包含认证与安全信息
auth.symKey	Base64 编码的对称密钥（2 个）
status	开启或禁用（禁用后，不能同面向设备的服务建立连接，还能够控制设备的访问权限）
statusReason	可选项，设备状态的原因说明
statusUpdateTime	状态更新的最后日期 / 时间
connectionState	连接或连接断开的状态
connectionStateUpdateTime	状态变更的最后日期 / 时间
lastActivityTime	最后执行操作的日期 / 时间

其他 CSP 也提供有类似的属性。例如，在 IBM 的 Watson 平台中，用户可以设置 TypeID（设备型号）、DeviceID（序列号）和 ClientID（机构唯一标识符）等属性，管理员可以设置的标识符则包括 manufacturer（厂商）、model（型号）、deviceClass（设备类别）和 description（描述信息）。

对于 Watson IoT 而言，TypeID、DeviceID 和 ClientID 的组合在 IBM Watson IoT 云中是唯一的。在 Watson 平台中，管理员可以设置的属性还包括：

- clientID：用于 MQTT 协议的消息传递
- gatewayID：用于指示前置网关
- hwVersion：指示设备的硬件
- fwVersion：指示设备的固件
- descriptiveLocation：指示设备的位置
- metadata：无格式要求
- auth.id：指示所添加设备的 ID
- dateTime：指示设备添加的时间
- diag.logs：指向设备日志的 URI

3. 在 AWS IoT 中加载设备

在 AWS IoT 平台中，用户加载的设备类型很多。例如，用户可以将 Raspberry Pi 接入 AWS IoT 的服务，以此来测试与 AWS IoT 服务的连通性：

1）这一过程非常简单。第一步是登录到 AWS 控制台，进入标题为 "Internet of Things" 的页面。此时用户会观察到一组选项，其中包括 AWS IoT、AWS IoT Analytics（AWS 物联网分析）、IoT Device Management（物联网设备管理）、Amazon FreeRTOS 和 AWS Greengrass。

2）单击 AWS IoT。此时，页面左侧会弹出一个菜单，可以对物联网设备进行配置、监控、管理和测试等操作。

3）选择 Onboard 按钮，开始对新加载设备的配置过程，如图 10-4 所示。

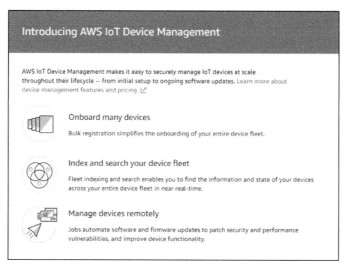

图 10-4　AWS 物联网设备管理界面

4）在加载过程中用户可以安全地实现设备的单独配置或批量配置。同时，平台还为管理员提供了 AWS 连接初学者套件选项，管理员可以根据套件中的预先配置内容轻松实现选项配置。

5）选择"Configuring a device"（配置设备）下的"Get started"（开始）按钮继续后面的操作，如图 10-5 所示。

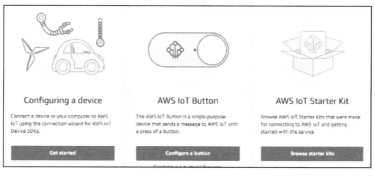

图 10-5　设备配置

6）接下来，执行 3 步操作，即设备注册、连接工具包下载以及设备的配置和测试。

7）单击"Get started"（开始）按钮填写注册的详细信息，如果 10-6 所示。

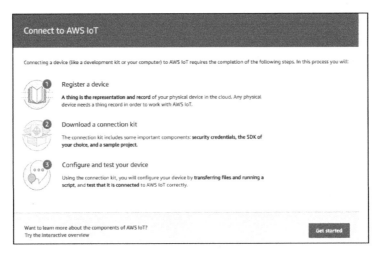

图 10-6　AWS IoT 连接界面

8）这里要求用户在 Linux/OSX 和 Windows 平台之间做出选择（在本例中，我们将选择 Linux/OSX 平台）。然后，要求用户选择一个 AWS IoT 设备**软件开发工具包**（SDK），其中包含三个选项：Node.js、Python 和 Java。

9）在本例中，我们选择 Python，如图 10-7 所示。

图 10-7　设备注册

在下载 SDK 之前，AWS 要求物联网设备已经安装了 Python 和 Git 软件，并且设备开放了 8883 端口，可以建立同互联网的 TCP 连接。测试时，请用户确保 Raspberry Pi3 已经满足了这些前提条件。

下一页面会要求用户对设备命名。这就是命名约定发挥作用的地方。在我们的示例中，名称的选择不如在企业的部署中那么重要。如果是在企业中部署物联网设备，那么在命名时就要好好琢磨一下，这时名称最好由多个部分组成，这样通过该名称，用户就可以从设备目录中的（可能）数百万个设备中轻松地找出目标设备。

对物联网设备命名时可从以下方面进行考虑：

- 厂商
- 设备类型
- 序列号
- 部署日期
- 部署位置

幸运的是，在这个页面上，用户还可以使用其他属性来配置设备，从而使得配置过程更加容易，并且可以为设备指定特定的设备类型。

在我们的例子中，可以创建一个设备类型，将其命名为 Raspberry_PI，然后为其分配 4 个属性，这些属性是：

- Manufacturer（厂商）
- Location（位置）
- Deployment_Date（部署日期）
- Operating System（操作系统）

现在，可以采用一个简单的**电子序列号**（ESN）对设备命名。在本例中可以虚构一个 ESN。

上述工作完成之后，用户会发现 AWS 为设备分配了一个 **Amazon 资源名**（Amazon Resource Name，ARN），该名称用于对 AWS 中的设备进行唯一标识。还需要注意的是，用户随时可以返回上一步编辑设备属性，举个例子，如果用户安装了操作系统的更新，那么就可以对设备属性进行重新编辑。

在下一步工作中，用户可以下载连接工具包以便于安装，如图 10-8 所示。请注意，这步操作并不是必需的，用户也可以自行创建证书，自行创建证书的过程将在本章后面讨论。

连接工具包中包含一组密钥和证书，还有 Python SDK 的安装程序和一个 **start.sh** 脚本。将这些文件保存到用户指定的目录中，并向 **start.sh** 脚本添加执行权限，然后就可以运行该脚本了：

```
chmod +x start.sh
# ./start.sh
```

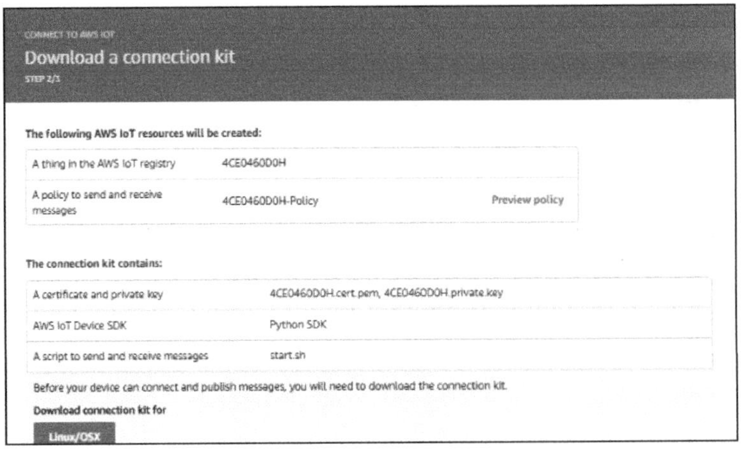

图 10-8　下载连接工具包

此时，用户会发现 Python SDK 已经完成了下载，并建立了同 AWS IoT 之间的连接，此时会在 Raspberry Pi 和 AWS IoT 服务之间来回传递 Hello World 消息以验证连接成功。

10.4.2　密钥与证书管理

CSP 为用户物联网设备中密钥和证书的分发与管理提供了很多选项。密钥和证书的分发通常在设备加载期间完成。但是，密钥的管理是一项持续的工作，需要定期对密钥进行更新。

AWS IoT 为管理员提供了选项，管理员可以选择生成自己的公钥 / 私钥对，以及相应的**证书签名请求**（CSR），随后将其上传到 AWS 的**公钥基础设施**（PKI）中进行签名。

通过向 AWS IoT 服务注册 CA 证书，管理员还可以在 AWS IoT 直接使用自己的证书。如果用户自己所在的机构已经建立起了安全的 PKI 系统，那将是一种很好的选择，如图 10-9 所示。

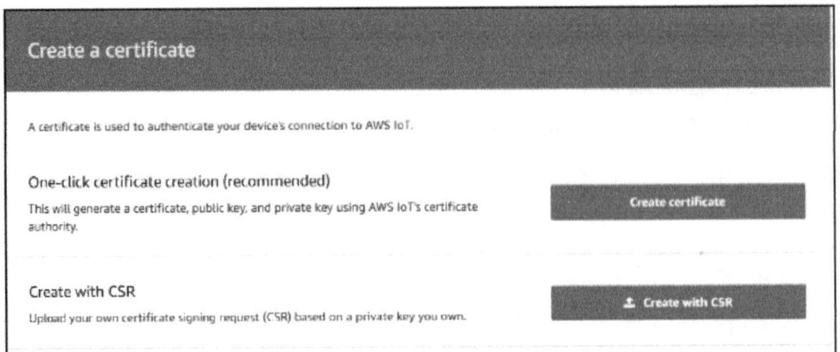

图 10-9　证书创建

无论采用哪种方式，用户都必须对同所选 PKI 以及想实现互操作的 PKI 相对应的信任锚进行管理。而如果这些 PKI 中的某个 CA 遭到入侵，那么就需要考虑信任锚的更新操作，对这一点用户要认真考虑。

谷歌云 IoT Core 服务已经提供了密钥生命周期管理等服务，这些服务对用户而言很有帮助。举例来说，由于谷歌云 IoT Core 服务提供了密钥轮换功能，那么在任意时间，每台设备都可以使用多达 3 枚密钥。每个公钥都包含对应的 expirationTime 属性，超出 expirationTime 属性所指示的时间之后，密钥对就会失效。

第三方解决方案

Device Authority、Digicert 和 GlobalSign 等厂商推出了可以在云端集成的解决方案，用于物联网设备密钥和证书的管理。Device Authority 公司的 KeyScaler 平台提供了现成的 AWS IoT PKI 连接器，实现了对证书的全生命周期管理。云安全公司 ZScaler 则实现了证书分发和撤销的自动化。

Digicert 和 GlobalSign 公司也都提出了面向物联网市场的 PKI 解决方案。无论是哪种解决方案，都可以使用这些厂商分发的证书，为连接到主要 CSP 的设备提供安全保障。提供安全保障的前提在于假设 PKI 的根证书可以上传到 CSP，那么这时系统管理员就可以使用此类公司所提供的强大的证书管理功能了。

10.4.3　策略管理

CSP 还支持角色定义、分组创建以及对象权限分配等功能。例如，Watson IoT 就可以在其中预定义安全角色，从而对整个云端的 IoT 系统实施访问控制。该平台共有 3 类角色，分别是：用户角色、应用角色和网关角色。

设备自身可以拥有适用于自己的角色，也可以将其配置为服务角色，例如后端可信（backend-trusted）。管理员也可以自定义角色，以满足其特殊的系统需求。表 10-3 中所示为 Watson IoT 中可用的预定义安全角色。

表 10-3　预定义安全角色

角色类型	角色
用户角色	● 管理员 ● 运维人员 ● 开发人员 ● 分析人员 ● 读取用户
应用角色	● 标准 ● 操作 ● 后端可信 ● 数据处理器 ● 可视化 ● 设备
网关角色	● 标准 ● 特权

1. 分组管理

许多物联网 CSP 都允许管理员创建设备分组。例如，Azure 就允许物联网管理员在其运维域内对设备进行组织和分组。换句话说，也就是在 Azure 中，用户可以实现物联网设备级的拓扑管理，对每台设备分别进行配置，这也是实现分组级管理、权限划分和访问控制的前提条件。

Azure 的分组管理服务是通过设备组 API 实现的，而其设备管理、软件版本控制和配置等功能则是通过其设备注册管理 API（https://azure.microsoft.com/en-us/documentation/articles/iot-hub-devguide/）实现的。使用现有的 Azure 活动目录身份认证框架可以实现集中式的身份认证。

2. 权限

CSP 允许管理员为设备和设备分组分配权限。例如，Azure IoT 服务定义了 4 种权限：RegistryRead、RegistryReadWrite、ServiceConnect 和 DeviceConnect。这些权限由 Azure 云中各个 IoT Hub 负责管理。

DeviceConnect 权限允许设备使用指定的身份认证技术连接到 IoT Hub。可以为设备管理服务分配 RegistryReadWrite 策略，同时为 IoT Hub 分配 RegistryRead 权限。

AWS IoT 也提供了类似的权限划分（请参见以下链接：https://docs.aws.amazon.com/iot/latest/developerguide/iot-policies.html）。例如，具备 iot:Connect 权限可以建立到 AWS 中 IoT 消息代理的连接，具备 iot:Subscribe 权限可以实现对 MQTT 主题的订阅，iot:Publish 权限则可以支持 MQTT 主题的发布。

其他常用的权限还包括：

- iot:Receive
- iot:GetThingShadow
- iot:UpdateThingShadow
- iot:DeleteThingShadow

在 AWS 中，用户可以采用 JSON 文档的形式来记录策略，文档中包含 Effect（Allow 或 Deny）、Action（权限）以及 Resource 等内容。举个例子，允许所有设备连接到 IoT 服务的策略语句如下所示：

```
{
    "Version": "2012-10-17",
    "Statement": [{
        "Effect": "Allow",
        "Action": ["iot:Connect"],
        "Resource": ["*"]
        }]
}
```

10.4.4　持久化配置管理

和所有 IT 系统一样，配置管理是物联网系统安全管理的一个重要方面。对此，CSP 提供了功能用于对设备配置的实时管理，即使设备与云端断开连接也可以实现对设备的管理。

无论是采用 AWS 还是 Azure 的解决方案，用户都可以访问并修改边缘设备状态，无论该设备处于离线状态还是无法访问的状态。AWS 将这种能力称为**设备影子**（Thing Shadows），而 Azure 则将其称之为**设备孪生**（device twins）。

无论采用哪种叫法，都可以将设备配置状态存储在云端的 JSON 文档中。举个例子，如果基于 MQTT 协议的智能灯泡处于离线状态，那么可以将改变灯光颜色的 MQTT 命令发送到虚拟设备库，如图 10-10 所示。这样当该智能灯泡重新上线时，就会依据指令变换灯光颜色。

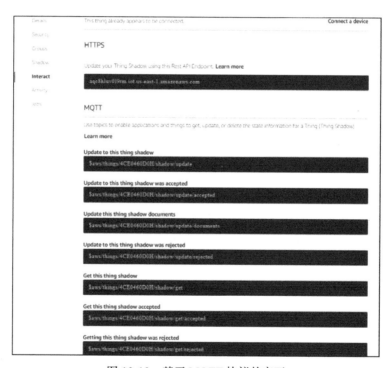

图 10-10　基于 MQTT 协议的交互

在 AWS 中，用户还可以通过 MQTT 或 REST 协议与设备影子进行交互。例如，可以利用 MQTT 主题来获取、更新或者删除特定设备影子的状态信息。

用户还可以采用其他云服务来实现同设备影子的交互，例如，可以采用 AWS Lambda 服务，基于特定事件更新设备影子的状态。即使在更新过程中实际设备处于离线状态，但是只要其与云端建立通信，那么就会同它的影子同步并完成状态变更。

AWS 的设备影子是控制应用和物联网设备之间的中间媒介。为设备影子服务保留的 MQTT 主题以 $aws/things/thingname/shadow 开头。以下是用于同影子交互的保留的 MQTT 主题（关于各个主题的完整解释，请参阅链接 https://docs.aws.amazon.com/iot/latest/developerguide/thing-shadow-mqtt.html）：

- /update
- /update/accepted
- /update/documents
- /update/rejected
- /update/delta
- /get
- /get/accepted
- /get/rejected
- /delete
- /delete/accepted
- /delete/rejected

10.4.5　网关安全

网关是同云端交互的接口，会部署许多安全控制措施，例如，在 IBM Watson IoT 平台的网关中，管理员可以设置黑名单，禁止设备访问云端，也可以设置白名单，只有白名单中所列的特定设备才能够获得授权与云端通信。

有些 CSP 正在对开展设备扫描和绘制设备画像的功能进行评估，看是否能够在连接之前搞清楚设备的当前安全状态。然而，考虑到物联网的规模，这一点很难实现。

对网关的认证

通常，可以对云网关进行策略配置，定义加密和身份认证控制措施的方式。例如，用户可以定义身份认证选项，允许 MQTT 客户端建立到网关的连接，并且对 MQTT 客户端可以发布或订阅哪些主题加以限制。

借助每台设备的访问策略和认证信息——对应的 X.509 证书或 IoT Hub 的安全令牌，在 Azure 中可以实现对每台设备的身份认证和访问控制。在无须通过线路传输敏感安全参数的情况下，利用令牌就可以实现身份认证。这些令牌的范围和有效期也存在限制。

在 Azure 中，设备在发送给 IoT Hub 的每条消息中均会传输认证信息，消息可能采用 MQTT、AMQP 和 REST 等协议。采用 MQTT 协议时，CONNECT 数据包中的 username 字段会存储 IoT Hub 的 hostname 和物联网设备的 deviceId，而 password 字段则会存储 SAS（Shared Access Signature，共享访问签名）令牌。其中，由 Azure 内基于设备的身份标识（对称密钥）的令牌服务来负责 SAS 令牌的分发。

向 Azure IoT Hub 发送的 AMQP 消息，既可以使用 IoT Hub 作用域内的令牌也可以使用设备作用域内的令牌。对于设备作用域内的令牌，在 username 字段中传输 deviceId，在 password 字段中传输令牌。采用 REST 协议的消息则需要在授权请求首部中传输令牌。

谷歌云 IoT Core 平台也支持基于令牌的认证方式。谷歌采用的是 **JWT 令牌**（JSON Web Tokens）（请参阅链接 https://cloud.google.com/iot/docs/concepts/devicesecurity），设备会将该令牌绑定到 MQTT 消息的 password 字段当中。可以采用设备私钥对 JWT 令牌进行数字签名，其中所用到的私钥在同云端进行初始身份认证时创建。

利用 IBM Watson IoT 平台的 MQTT API，可以在端口 **1883** 上建立不加密的通信连接，也可以在端口 **8883** 或 **443** 上建立加密通信连接（https://docs.internetofthings.ibmcloud.com/devices/mqtt.html）。值得注意的是，平台要求采用版本为 1.2 的 TLS 协议。IBM 推荐的密码套件如下所示：

- ECDHE-RSA-AES256-GCM-SHA384
- AES256-GCM-SHA384
- ECDHE-RSA-AES128-GCM-SHA256
- AES128-GCM-SHA256

设备注册时应采用 TLS 连接，这样 MQTT 口令就可以通过 TLS 隧道传回到客户端。

当采用 MQTT 协议建立设备到云端的连接时，除了 MQTT 口令之外，还可以使用令牌。在这种情况下，在 password 字段的位置需要放入 use-token-auth 的值。

REST 接口也可以采用 TLS 1.2 协议进行保护。其开放的通信端口是 **443**，在 username 字段中放入的是应用的 API 密钥，而在 password 字段放入的则是认证令牌，从而实现采用 HTTP 协议的基本身份认证。

10.4.6　设备管理

我们发现，最近 CSP 也开始提供更加强大的物联网设备管理功能。以 AWS 物联网设备管理服务（AWS IoT Device Management）为例，该服务支持设备在云端的批量注册，还提供在物联网设备池中的属性搜索功能。

另一个有用的功能是设备的远程管理功能。借助 Azure 物联网设备管理工具，管理员可以制定远程运维计划，然后将该计划发送到用户物联网设备并在设备上执行。例如，管理员可以使用最新的 Greengrass 核心软件或 OTA 代理进行设备更新。

要在用户的物联网设备中对 Greengrass 核心软件进行更新，需要选择更新的是单个设备还是一组设备。这时先要选择 S3 URL Signer Role 角色，该角色拥有对包含更新内容的 S3 存储桶的访问权限，继而选择 Update Agent Log Level（更新代理日志级别），然后再选择物联网设备的架构类型。

AWS 物联网设备管理服务还允许用户通过网络向基于 AWS FreeRTOS 的设备发送固件更新。固件更新管理是物联网管理中最具挑战性的工作之一，而发送固件更新的功能则可以为系统管理员提供极大的便利。要更新基于 FreeRTOS 的物联网设备中的固件，用户可以选择下列任意一种方式：

- 由 AWS 对固件镜像进行签名
- 使用之前已签名的固件镜像
- 使用客户签名的固件镜像

10.4.7 合规监管

在安全领域中，IBM Watson 领先于竞争对手的一个地方在于其风险和安全管理功能。Watson IoT 支持策略配置，但同时提供了合规性分析工具。利用该分析工具可以生成以下报告：

- 连接安全合规性分析
- 黑名单与白名单合规性分析
- 策略合规性分析
- 策略违规分析

10.4.8 安全监控

用户也可以对物联网网关 / 代理进行配置，查找终端的可疑行为。举例来说，如果 MQTT 协议中发布者和订阅者的消息可能指示了恶意行为，那么 MQTT 代理应当能够捕获到这些消息。

3.1.1 版本的 MQTT 规范提供了一组需要报告的行为示例：

- 重复性的连接尝试
- 重复性的认证尝试
- 连接异常终止
- 主题扫描
- 发送无法送达的消息
- 建立同客户端之间的连接，但不发送数据

在 AWS IoT 套件中，用户可以通过 CloudWatch 云监控服务使用集成的日志管理功能。用户可以直接在 AWS IoT 中对 CloudWatch 服务进行配置，如果有处理事件涉及从设备到 AWS 基础设施的消息，那么即记录下该处理事件。

消息日志可以设置为错误、警告、通知或调试等类型。尽管调试类型的日志信息最为全面，但是也会占用更多的存储空间。

如果采用亚马逊的物联网部署方案，那么还可以使用 CloudTrail⊖服务。CloudTrail 服

⊖ AWS CloudTrail 是一项支持对用户的 AWS 账户进行监管、合规性检查、操作审核和风险审核的服务。借助 CloudTrail，用户可以记录日志、持续监控并保留与整个 AWS 基础设施中的操作相关的账户活动。CloudTrail 提供 AWS 账户活动的事件历史记录，这些活动包括通过 AWS 管理控制台、AWS 开发工具包、命令行工具和其他 AWS 服务执行的操作。——译者注

务支持账户级的 AWS API 调用，可以实现安全分析、分析和合规性跟踪。包括 Splunk、AlertLogic 和 SumoLogic 在内的很多第三方日志管理系统都可以直接集成 CloudTrail 服务。

10.5　本章小结

随着时间的推移以及技术的成熟，云计算、雾计算同物联网不断融合，这也为系统架构带来了更加多样的选择，在物联网系统中，智能应用、数据存储、管理以及安全功能到底放在哪些地方都需要细细考量。

在本章中，我们分析了云计算、雾计算的概念与作用，基于云的物联网系统所面临的威胁，以及云服务提供商提供的物联网安全服务。

在第 11 章中，我们将对物联网安全事件响应和取证进行探讨。

第 11 章

物联网安全事件响应与取证分析

安全事件管理是一个庞大的主题，在这方面，已经有人撰写了很多优秀且较为全面的著作来对传统 IT 企业中安全事件管理的作用与实施过程进行介绍。

事件管理的核心是一组由生命周期驱动的工作集合，包括从计划、检测、控制、消除以及恢复再到最终吸取问题的经验教训，以及如何对用户的安全现状加以改进以阻止未来类似事件发生的学习过程。

如果有机构（公司或者是其他组织）计划在企业项目中整合物联网系统，需要制定或更新与之相适应的事件响应计划，那么本章内容可以作为这项工作的指南。

物联网系统事件管理遵循的框架与读者所熟悉的框架相同。但是，在尝试针对已遭受入侵的物联网相关系统的事件开展响应时，还有一些新出现的问题需要考虑并提供解决方案。

为了将物联网同传统的 IT 网络区分，我们构想以下安全事件：

- 某公共事业公司购买了一支网联汽车车队，以增强司机驾驶安全性、减少燃料消耗并降低事故发生的概率（例如，针对危险驾驶行为提供保护）。一天这家公司的汽车出了交通事故，造成了车辆损坏及人身伤亡。在与司机谈话的过程中，司机指出事故原因是车辆完全停止了对操作的响应。
- 有位植入了心脏起搏器的病人突然去世了。法医发现了心脏起搏器并指出其本应正常运行。此例中死因被判定为心肌梗死，属于自然死亡。

联网汽车和心脏起搏器这两种设备由不同类型的企业提供支持，有些部署在企业内部，有些则部署在云端。上述两个案例表明，由物联网设备导致的安全事件与平常每天都会发生的安全事件之间可能并不存在十分清晰的界线。

这就要求物联网安全事件的管理需要聚焦于物联网设备和系统的底层业务／任务流程，了解攻击者如何利用日常偶然事件来伪装和掩盖他们的恶意企图和行为。要做到这一点，负责物联网系统运维保护的安全工程师就需要对这些系统的威胁模型拥有基本的理解，并了解事件调查的深度与广度。

　　事件响应计划（Incident Response Plan，IRP）会根据机构类型的不同而有所区别。例如，如果用户所在机构原本并没有打算部署行业的物联网系统，但是最近却制定了自带设备策略，那么当在机构中某个位置发现入侵，或者遏制、消除入侵事件时，其原先制定的IRP计划就可能会出现断档。在这种情况下，考虑到物联网设备漏洞的特点，我们在入侵取证方面可能不会深入展开（用户也可以在自己的网络中直接禁用某些设备类型）。

　　然而，如果机构利用消费级和工业级物联网设备或应用来实现日常业务功能，那么在遏制并消除入侵事件之后，IRP计划中可能还需要包含取证工作，而取证工作可能就比较复杂了。

11.1　功能安全和信息安全面临的威胁

　　理想情况下，在前期的威胁建模阶段中会创建误用用例。然后，针对每种误用用例，会生成很多特定的误用模式（misuse pattern）。误用模式应当足够底层，这样才能够将其分解得到特征码集合，无论是机构内部还是云端环境中的监控机制（比如 IDS/IPS、SIEM 等）都会用到这些特征码。

　　上面提到的模式可以包括设备模式、网络模式、服务性能，还可以包括所有针对误用、故障或入侵等事件的指示内容，如图 11-1 所示。

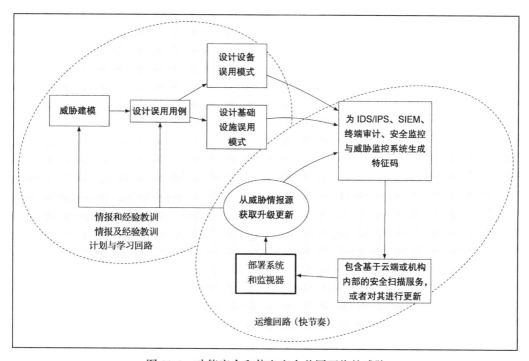

图 11-1　功能安全和信息安全共同面临的威胁

在很多物联网用例中，SIEM 系统会具备远程探测功能。这里我们之所以会提到具备远程探测功能的 SIEM 系统，是因为同物联网设备进行实体交互会有很多特征，这些特征都是可监测的，如果能够检测到这些特征，那么在异常行为或误用行为检测时能够发挥非常重要的作用。温度、时刻、执行器的状态与性能，以及与邻接物联网设备状态关联的事件等几乎所有类型的可用数据，SIEM 系统都可以用来实现功能强大的威胁检测、抑制与取证等功能，而不局限于 SIEM 系统的传统用法。

在引言中提及的网联汽车事件中，罪魁祸首可能就是一名心怀不满的员工，他针对网联汽车子系统实施了一次远程攻击（例如，将 ECU 通信报文注入到网联汽车的 CAN 总线中），目的是控制网联汽车的制动系统。而如果不具备取证能力，那么找出这个人的难度就比较大，甚至毫无可能。

更值得关注的是，在大多数情况下，保险调查员们甚至都不知道他们应该从什么角度对遭受网络入侵的系统开展调查！

在前面心脏病人的例子中，攻击者可能是一名离职员工，他试图对从网上学到的攻击手法加以改进，并将攻击手法加以组合来实施攻击，近距离地向拥有特定微处理器和接口的医疗器械发送勒索软件，进而胁迫受害者支付赎金。如果调查人员不了解这种攻击方式，就不会对医护人员或者设备厂商开展深入调查。另外，攻击者还可以在勒索软件中加入自删除功能，销毁其进行恶意操作的证据。

上述场景说明，与传统 IT 企业相比，物联网事件管理需要有所调整，可能会对物联网事件管理造成影响的场景包括：

- 联网设备物理感知与执行能力特性，其所处的地理位置及其所有者或操作者。事件响应的信息物理方面可能包括功能安全要素，这些要素甚至关乎人身伤亡，尤其是在医疗、交通等行业的物联网用例当中。
- 物理设备的云端管理（参见第 10 章），包括了很多直接的事件响应操作，这些操作可能并不处于用户机构的即时控制之下。
- 攻击者通过将攻击结果伪装成每天发生的事件噪声可以轻松地掩饰其攻击意图和行为。在攻击时机的选择上，防守方明显处于劣势，只能被动响应。而针对物联网尤其是针对信息物理系统的攻击目标通常可能非常简单，例如撞毁车辆或者使交通信号灯停止工作。经验丰富的攻击者可以快速发起多种类型的攻击，进而达成其最终目标，让防守方在阻止攻击时疲于应付而无能为力。
- 在攻击发生前，很可能会有一些看似无关的物联网设备连接到常用的 IoT Hub 和网关上，或出现在入侵位置的附近或者网络拓扑中的邻接点，这些都可以为安全事件的检测与取证提供新的数据集。

这些示例情景说明需要对部署的物联网产品进行安全事件管理与取证，作用在于当有攻击者针对某物联网系统或某类物联网产品发起攻击时，能够知晓攻击行为并及时作出响应。

物联网取证还可以用来确定和划分物联网产品出现故障的责任（无论恶意与否），并将那些对物联网系统造成负面影响者绳之以法。无论是医疗器械、工业控制系统、智能家电还是其他涉及现实世界的传感器网络与驱动系统，物联网取证对于 CPS 系统而言尤为重要。

本章着眼于机构中事件响应计划的制定、维护和实施，目的是增强针对各种物联网威胁（范围包括从底层的安全事件到全局的攻击入侵）的态势感知和响应能力。

我们主要介绍以下内容：

- **物联网事件响应计划的制定、规划与实施**：在这部分内容中，我们首先定义并确立物联网安全事件响应的目标，搞清楚在事件响应过程中哪些内容需要考虑。接着，我们还会探讨如何将事件响应的适当内容同机构实际相结合，制定出有条不紊的响应计划。随后，我们会详细描述如何对不同的安全事件进行分类和规划，以及对实施过程的响应（依据 IRP）。最后，我们将讨论计划执行的相关内容。
- **物联网取证**：对事件响应中的取证进行详细介绍，分析物联网取证与传统的电子取证的关联，以及物联网取证面临的新挑战。

11.2　物联网事件响应方案的制定、规划与实施

物联网事件响应与管理可以划分为 4 个阶段：

- 规划
- 检测与分析
- 抑制、消除与恢复
- 事后工作

图 11-2 展示了上述工作流程以及各项工作之间的关联：

所有机构都应当根据自身系统、技术和部署的实际情况，至少要将上述流程形成文档，同时加以调整。

11.2.1　事件响应计划

计划（有时也称之为**事件响应预案**）中包含了诸多工作，打个比方来说，这些工作的作用就是避免用户在灾难突然发生时就像一只车大灯照射下的鹿一样惊慌失措。如果用户所在的公司正在遭受大规模的拒绝服务攻击，而用户的负载均衡设备和网关难以抵御这样大流量的攻击，那么此时用户知道接下来会发生什么吗？又应当如何响应？用户的云服务提供商会自动处理这种情况吗？还是用户希望通过升级服务来施加干预？

又比如，如果用户在某些 Web 服务器中找到了遭受入侵的证据，那么用户是会直接将其停机，还是使用黄金镜像恢复服务器呢？而如果镜像也遭到了篡改，又应当开展哪些操作呢？应当由谁来处理这些事情？采取哪种处理方式？应当制定怎样的审计规则？都涉及哪些人？以及何时、如何进行通信呢？

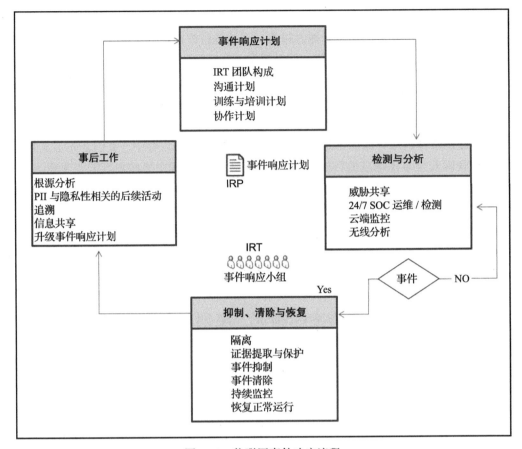

图 11-2　物联网事件响应流程

在一份详细的事件响应计划中，需要准确地对上述以及其他问题做出回答。

NIST SP 800-62r2 指南为**事件响应计划**（Incident Response Plan，IRP）及其流程提供了一套参考模板，并对相关内容进行了讨论。可以结合物联网的特点对该模板进行扩充，例如在对从错误操作到全面入侵等事件的响应过程中，还需要采集哪些数据（比方说同特定消息集合和时间相一致的物理传感器数据）。

通过制定出完善的计划，当出现安全事件时用户就可以聚焦于关键的分析任务，例如识别入侵的类型和严重程度等工作。

1. 物联网系统分类

美国联邦政府尤其重视对系统的分类，通过系统分类可以确定特定系统是否承担着关键的业务，并确定数据被攻击所带来的影响。从企业物联网的角度来看，如果可能的话，以相似的方式对用户系统进行分类大有裨益。

基于安全事件对业务的影响、对功能安全的影响，以及开展实时处理阻止进一步损

坏 / 伤害的需求，物联网系统分类需要对响应流程进行调整。

NIST FIPS 199《联邦信息和信息系统安全分类》标准（http://csrc.nist.gov/publications/ fips/fipsl99/FIPS-PUB-199-final.pdf）为信息系统分类提供了部分实用的方法。我们可以借鉴该标准中的框架并对其加以扩充，来帮助我们实现对物联网系统的分类。

表 11-1 是 FIPS 199 标准中的一张表，展示了安全事件对机密性、完整性和可用性等安全目标的潜在影响。

表 11-1　FIPS 199 规范示例

安全目标	潜在影响		
	低	中	高
机密性 对信息的访问和公开进行授权限制，包括保护个人隐私和内部信息的方法 [44 U.S.C.，SEC.3542]	信息未经授权即被公开，预期会对机构运营、机构资产或个人带来**有限**的负面影响	信息未经授权即被公开，预期会对机构运营、机构资产或个人带来**较为严重**的负面影响	信息未经授权即被公开，预期会对机构运营、机构资产或个人带来**严重或者灾难性**的负面影响
完整性 防范不当的信息篡改或破坏，同时确保信息的不可否认性和真实性 [44 U.S.C.，SEC.3542]	信息遭受未经授权的篡改或破坏，预期会对机构运营、机构资产或个人带来**有限**的负面影响	信息遭受未经授权的篡改或破坏，预期会对机构运营、机构资产或个人带来**较为严重**的负面影响	信息遭受未经授权的篡改或破坏，预期会对机构运营、机构资产或个人带来**严重或者灾难性**的负面影响
可用性 确保可以对信息进行及时可靠的访问和使用 [44 U.S.C.，SEC.3542]	信息或信息系统的访问或使用中断，预期会对机构运营、机构资产或个人带来**有限**的负面影响	信息或信息系统的访问或使用中断，预期会对机构运营、机构资产或个人带来**较为严重**的负面影响	信息或信息系统的访问或使用中断，预期会对机构运营、机构资产或个人带来**严重或者灾难性**的负面影响

随后，结合对机构或个人造成的影响，对相应影响进行分析，在 FIPS 199 标准中，我们可以看到安全事件对机构和个人的影响可以分为低级、中级或高级，划分的依据是对机密性、完整性和可用性造成的损失。

在物联网系统中，我们可以继续使用这套分类框架，然而同样重要的是，理解时间因素造成的影响，以及（比方说在功能安全受到影响的系统中）时间因素如何引发对响应的迫切需求。回顾之前的例子，如果我们发现有人曾试图访问网联汽车车队系统但是以失败而告终，对此某些响应措施或许显得有些过激。但是，结合攻击者的动机和意图（比如撞毁车辆），考虑到入侵成功可能造成的灾难性后果，有些过激的响应措施可能也是必要的。

举例来说，事件响应计划可能会要求厂商暂时禁用所有的网联汽车系统，或者对整个车队的 ECU 完整性进行全面检查。

要考虑的问题是，如果已经知道了某种针对物联网资产的攻击模式，那么对员工、客户或其他人而言危险是否迫在眉睫？如果公司的安全负责人察觉到有人正在主动尝试入侵车队的联网物联网系统，然而公司选择让这些系统在可能导致人员伤亡的情况下继续运行，那么此时机构需要承担哪些责任和由此带来的法律诉讼？

2. 物联网事件响应流程

欧盟网络与信息安全局（European Union Agency for Network and Information Security, ENISA）会定期对新兴技术领域的威胁趋势进行分析。在其 2017 年的报告（参见链接 https://www.enisa.europa.eu/publications/enisa-threat-landscape-report-2017）中指出，同物联网有关的威胁呈增长趋势，这些威胁包括：

- 恶意代码
- 基于 Web 的攻击
- Web 应用攻击
- 网络钓鱼
- 垃圾邮件
- 拒绝服务
- 勒索软件
- 僵尸网络
- 内部威胁
- 物理操纵／破坏／盗窃／遗失
- 信息泄露
- 身份盗用
- 漏洞利用工具集
- 网络侦察

其中，我们要尤其关注"拒绝服务"攻击以及"僵尸网络"，因为这两种威胁可能会给物联网系统的安全带来严重影响。

机构需要做好应对各种威胁的准备。事件响应计划已经制定好了处置流程，机构中的各种角色都必须按照流程来开展相关工作。根据入侵对业务或利益相关方的影响，可以对这些流程进行些许调整。至少，要在流程中指出何时需要将安全事件提升至更高的响应级别，以及何时需要专业人员介入。

流程中还应当详细描述何时向各利益相关方通告其数据遭受了可疑的入侵，以及作为通告的一部分，还应当说明具体告知哪些内容。利益相关方还应当指明在响应期间应该与谁进行通信，采取协商的步骤，以及在接下来的调查期间如何保存监管证据链。

关于监管链，如果涉及第三方云服务供应商，那么云服务计划（或者 SLA）还需要指明，（在遵守当地或国家法律的基础上）在安全事件中供应商可以采用何种方式来为监管链的维护提供支撑。

11.2.2　云服务供应商所扮演的角色

用户可能用到了至少一个云服务供应商来为其物联网服务提供支撑。在用户的事件响应计划中，云端 SLA 协议极其重要。糟糕的是，整个行业中云端 SLA 协议的目标和内容可能都不够完备。换言之，也就是要意识到即便在事件响应需求最为迫切的时候，某些 CSP 也可能不会提供足够的支持。

在云安全联盟发布的《关键领域云计算安全指南 V3.0》（Security Guidance for Critical Areas of Focus in Cloud Computing V3.0，https://cloudsecurityalliance.org/guidance/csaguide. v3.O.pdf）9.3.1 节中规定，在云服务供应商的 SLA 协议中应当说明事件响应的以下内容：

- 指定联络人、通信方式，以及各方都可以及时联络到的事件响应团队。
- 事件分级与通告标准，其中需要包括供应商、客户以及所有外部相关方。
- CSP 需要为客户的安全事件检测提供支撑（例如，安全事件的相关数据，关于可疑事件的通知，等等）。
- 在某次安全事件中对角色 / 职责的定义，可以显式指出 CSP 对事件处置所能提供的支撑（例如，采集安全事件数据来为取证提供支撑，以及为安全事件分析提供支撑，等等）。
- 合同中乙方开展常规事件响应测试的规范，并说明结果是否需要共享。
- 事后调查分析工作的工作内容（例如，根源分析、撰写事件响应报告、吸取安全管理过程的经验教训等等）。
- 将供应商和客户在事件响应流程中的责任进行清晰界定，并将其作为 SLA 协议中的一部分。

11.2.3　物联网事件响应团队的构成

找到合适的技术人员来搭建起一支事件响应团队一直以来都不是一项简单的工作。通常，基于安全事件波及范围以及所需的响应能力，首先需要选出一位安全事件经理来负责应急响应团队的组建。

在选取团队成员时，要确保接受过事件响应的系统培训，当出现安全事件时随时能够按照部署开展处置工作，这一点十分重要。安全事件经理也需要熟练掌握本地的事件响应流程，以及云供应商的 SLA 协议。

预先进行合理规划，使得团队成员能够与每起事件所需的具体角色匹配起来。根据具体的物联网实现与部署情况，负责物联网安全事件响应的团队还可能需要用到某些特定的技能。

另外，团队成员需要深入了解遭受入侵的物联网系统的底层业务功能。建议为机构中的各类安全事件准备一份应急**联络人名单**（Point of Contact，POC）。

11.2.4　沟通计划

安全事件的响应过程通常较为混乱，各项工作开展刻不容缓，在网络攻防的迷雾中，响应团队很容易忽略掉部分有关的细节信息。因此，响应团队需要准备好一份预先商定的沟通计划，从而提醒自己在开展事件响应时也让部分利益相关方甚至是合作伙伴参与到响应过程中来。

沟通计划中应当详细说明何时将事件向更高级的工程师、管理层或行政领导汇报。沟通计划中还应该详细说明应该由何人、在何时与外部利益相关方（例如客户、政府、执法机构，甚至必要的话还包括新闻媒体）沟通哪些内容。最后，沟通计划应该详细说明在不同的信息共享服务和社交媒体（例如，通过 Twitter、Facebook 等社交平台发布公告）上可以分享哪些信息，以及由机构中的哪些人员发布信息。

从内部响应的角度来看，沟通计划应该包括机构中各个物联网系统的联络人名单和备份人员名单，还需要包括供应商的联络人名单，例如 CPS 或共享物联网数据的其他合作伙伴。举个例子，如果向分析公司提供了用于数据共享的 API 接口，那么如果隐私数据在未知的情况下通过这些 API 接口传输出去，就可能导致物联网数据泄露，也就是 PII 数据会出现意想不到的外部迁移。

11.2.5　机构中事件响应计划的演练

所有安全事件响应团队成员都应当知晓了解事件响应计划。在管理层的介入和监督下，应当将计划整合到机构业务流程当中。此外，还需要明确角色和责任，并在包括 CSP 等第三方参与的情况下开展应急演练。

机构还应当开展相应的培训，培训内容不仅涉及所支持系统的技术方面内容，而且还需要包括系统的业务与任务目标。

应当定期开展应急响应演练，不仅是为了验证事件响应计划的有效性，还在于练习机构的响应协同以及开展应急响应处置的技能。通过演练有助于结合实际情况对事件响应计划做出调整，同时也有助于确保响应团队精通相关业务，从而在应对真实的安全事件时做到来之能战、战之能胜。

最后，需要确保对系统编制出全面的文档。了解敏感数据处于什么位置（以及何时放置在该处）将大大提升事件响应团队开展应急处置的可靠性，以及对处置结果的信心。

11.3　检测与分析

当前，**安全信息与事件管理**（Security Information and Event Management，SIEM）系统已经发展成为一套功能强大的工具，采用该系统可以发现各种类型的事件之间的关联，进而标记出可能发生的安全事件。当然用户也可以对这些系统进行配置，监控物联网设备基础设施。然而，还有一些问题需要考虑，这些问题可能会对物联网系统的态势感知能力产生一定的影响：

- 物联网系统严重依赖于云托管的基础设施，或者边界网关系统。
- 物联网系统可能会包含资源高度受限的（即有限的处理、存储或通信能力）设备，而这些设备通常不具备事件日志记录与转发能力。

考虑到上述问题，因此需要构建监控基础设施，利用监控基础设施捕获来自支撑 CSP 的监测数据以及所有来源于设备自身的数据。

尽管当前这方面的选择还不多，但是有些小的创业公司正在试图填补这一空白。Bastille 公司（https://www.bastille.net/）就是其中一个例子，该公司致力于为物联网构建综合的无线监控解决方案，也可以称之为无线电互联网（Internet of Radio）。该公司的产品对从 60MHz ～ 6GHz 的射频范围进行监控，这已经涵盖了所有主流物联网通信协议。

最为重要的是，可以在 SIEM 系统中集成 Bastille 公司的无线监控解决方案，从而能够在物联网的无线部署方案中提供态势感知能力。

同时，还应当开展定期扫描（结合 SIEM 的事件关联功能），以及基于云端或位于边缘的行为分析（例如，适用于设备网关）。Splunk 等公司提出的解决方案很擅长这方面的工作。

在介绍物联网**数字取证与事件响应**（Digital Forensics and Incident Response，DFIR）过程中可能用到的工具类型时，需要首先了解机构可能会遇到的事件类型。在这里，我们再一次强调，像 Splunk 之类的工具在查找模式和指标方面非常有效。

可能用到的指标包括以下几项：

- 流氓传感器注入的数据，这些数据可能导致分析系统的混淆。
- 尝试采用流氓物联网设备，泄露其所处企业网络中的数据。
- 尝试突破隐私保护措施，进而确定在任意给定的时间内某人身处何处，及其正在从事的工作。
- 通过利用个人与机构之间，或联网设备与控制系统网络之间的信任关系，向控制系统注入恶意代码。
- 针对物联网基础设施发起拒绝服务攻击，使其业务运行瘫痪。
- 通过对物联网设备（物理或逻辑）未授权访问，进而造成设备损坏。
- 对设备、网关与云托管的加密模块和密钥信息实施入侵，破坏物联网数据的机密性。
- 尝试利用可信的自动交易谋利。

很明显，当对物联网中可能出现的安全事件进行响应时，搞清楚物联网设备是否已经遭到了入侵非常重要。这些设备通常拥有可信的认证信息，利用这些认证信息设备可以同上游基础设施进行交互，此外在很多情况下也可以实现同其他设备的交互。

如果对上面提到的信任关系进行破坏，就可能让攻击者取得跳板，从而实现内网拓展，访问到为数据中心／云端提供支撑的虚拟化基础设施。在系统终端的高级监控能力欠缺的情况下，这些内网拓展可能悄无声息不被察觉。

这也就意味着，当分析人员检测到安全事件时，攻击者可能已经在整个企业重要的子系统中部署了大量恶意代码。基于这一认识，事件响应流程应当着重关注于对设备、计算资源甚至是其他系统的即时分析，来确定它们是否仍依据已经制定的安全基线运行。不幸的是，直到今天，在事件响应期间能够用来快速对数千台乃至数百万台联网设备安全状态进行诊断的工具依然很少。

尽管用于物联网事件响应的优秀工具还不够多，但还是有一些基本工具可供响应团队使用。

11.3.1　对已遭受入侵系统的分析

成功的事件分析工作的第一步，是及时了解到最新的威胁和威胁指标。事件响应团队成员的工具箱中应当配备有高效的威胁情报分析工具，并熟练掌握分析流程。随着企业物联网对攻击者的吸引力越来越大，毫无疑问，这些物联网平台需要将威胁指标和防护模式在用户之间共享。

目前，威胁共享平台主要包括以下几种：

- 美国国土安全部提出的**自动指标共享平台**（Automated Indicator Sharing，AIS）。目前，该平台主要聚焦于能源与技术领域（https://www.us-cert.gov/ais）。
- Alienvault 组织的**开放威胁情报交换平台**（Open Threat Exchange，OTX）（https://www.alienvault.com/open-threat-exchange）。
- IBM 公司的 **X-Force Exchange 平台**。这是一套基于云端的威胁情报服务（https://exchange.xforce.ibmcloud.com/）。
- 信息技术中的**信息共享与分析中心**（Information Sharing and Analysis Center，ISAC）。

ISAC 更倾向于提供同具体业务相关的威胁情报。包括：

- **工业控制系统**（Industrial Control System，ICS）ISAC（http://ics-isac.org/blog/）
- 航空 ISAC（https://www.a-isac.com/）
- 电力部门 ISAC
- 公共交通运输 / 地面交通运输 ISAC
- 水务 ISAC

一旦发现了疑似安全事件，就需要开展进一步分析，确定疑似入侵的范围和操作。分析人员应当开始搜集整理入侵行为时间线。该时间线要方便查阅，当发现新的线索时还要及时对时间线进行更新。时间线中应当包括推算得出的入侵开始时间，并且记录下分析过程中所有其他重要时间点。响应团队成员可以使用审计 / 日志数据对入侵行为开展关联分析。

这时需要注意的是确保时间记录与传输的准确性。如果物联网系统具备采用**网络时间协议**（Network Time Protocol，NTP）的条件，那么就可以借助该协议来完成这项工作。这样当响应团队发现攻击者的攻击行为时，就可以创建时间线并加以精确标注。

分析工作可能还包括攻击行为的溯源（即找出哪些人正在发起攻击）。在溯源过程中，通常会用到包括各个互联网注册管理机构的 WHOIS 数据库，借助该数据库，我们可以查询到 IP 地址的所有者。

但糟糕的是，攻击者有很多"捷径"来实现对物联网以及其他 IT 系统的匿名访问。如果有人在网络中部署了一台流氓物联网设备来发送伪造消息，那么即便找到这台设备的 IP

地址，对分析工作也没有任何帮助，因为设备可能本就运行于遭受攻击的网络中。更糟的是，设备可能一开始就没有 IP 地址。

机构外部发起的攻击还会用到命令与控制服务器（C2 服务器）、僵尸网络、肉机、VPN、Tor 网络，以及其他用来掩盖攻击者真实来源及地址的机制。而攻击轨迹的动态跳转与快速清除能力，则是用来判断正在进行攻击的主体是国家、犯罪组织（或者两者兼具）还是脚本小子的依据。后者在如何阻碍对手的取证方面可能并不是那么专业。

11.3.2　涉及物联网设备的分析

系统级分析通常涉及具体的设备，并涉及复杂的设备取证工作。特定设备的分析对物联网提出了前所未有的挑战，因为在许多情况下分析人员甚至都接触不到这些设备（例如，它们在物理上位于用户的家庭或机构外部）。

有关物联网取证的更多详细讨论，请参阅后面有关物联网取证的章节，其中对设备和系统取证均进行了介绍，同时也介绍了如何使用物联网设备来开展案件侦办。

11.3.3　响应等级提升与监控

要了解何时以何种方式来提升安全事件的响应等级，也是威胁情报发挥作用的地方。入侵通常并不是孤立的事件，而可能是一次大规模攻击行动中的一部分。当获取到新的信息之后，需要采用更高级的检测方法，提升响应等级，以应对安全事件的处置。

如果某些行业部署的物联网系统事关功能安全，例如交通运输与公共事业服务，那么网络安全人员还需要密切关注除本地外的国家与国际威胁动态。这是美国以及其他国家情报部门的常规作业流程。从民族主义、网络犯罪动机、意图造成特定攻击影响以及发起网络攻击的攻击者等角度上来说，有国家背景的攻击团队、恐怖分子、有组织的网络犯罪集团以及其他国际上的安全团队都可能会选择物联网系统作为攻击目标。

这种思路也适用于关键性的能源、公共事业和交通运输基础设施，这种针对性攻击可能会从世界上任何一个地方发起，也可以把任何设备都作为攻击目标。

运维和技术团队之间的情报共享十分必要，即便在机构内部也是如此。就促进形成情报共享的公开／私下伙伴关系而言，InfraGard 起了一个非常好的示范作用（参见链接 https://www.infragard.org/）：

"InfraGard 代表了 FBI 与私营企业之间的合作伙伴关系。该组织成员包含了来自商业机构、学术科研院所、各州行政机关与地方执法机构的代表，还包括其他为了防范针对美国的敌对行为而致力于信息与情报共享的人员。"

另一个有价值的情报共享资源是**高科技犯罪调查协会**（High Tech Crime Investigation Association，HTCIA）。HTCIA 是一家非营利机构，其每年都会举办国际会议，致力于改善与政府机构和私营企业的伙伴关系。该机构在世界各地都有地区性分支机构。想了解更多信息参见链接 https://htcia.org/。

其他更为敏感的伙伴关系，比如美国**国土安全部**（Department of Homeland Security，DHS）的**增强网络安全服务**（Enhanced Cybersecurity Service，ECS），主要用于建立政府与行业之间的联系，目的是增强企业与政府间的威胁情报共享。当前，这类项目通常都会接触到大部分非政府类缔约组织领域之外的机密信息。了解增强网络安全服务的更多信息，参见链接 https://www.dhs.gov/enhanced-cybersecurity-services。

考虑到大型政府和军事组织对物联网系统和 CPS 系统日益浓厚的兴趣，我们很高兴地看到该类项目的投入正在逐年加大，有助于更好地汇聚同物联网相关的威胁情报。

11.3.4 抑制、消除与恢复

在事件响应过程中需要回答的最为重要的一个问题是，在保证不中断关键业务流程的情况下，可以对系统进行何种程度的离线处理。通常在物联网系统中，采用新设备替换旧设备影响无关紧要，制定响应方案时可以把这一选项列入考虑范畴。当然，现实情况并非总是如此，但是如果感染主机快速替换的方案可行，我们还是建议采取这种方法。

在任何情况下，都应当尽快将遭到入侵的设备从运营网络中移除出去。同时，操作人员应当严格保存这些设备的状态，以便后续采用传统取证工具与分析流程对设备开展进一步的分析。即便是这样，响应过程依然存在问题，因为有些资源受限设备会覆盖掉部分数据，而这些数据对于分析而言可能非常重要（参见链接 https://www.cscan.org/openaccess/?id=231）。

物联网网关遭到入侵时的情况比较复杂。如果物联网网关遭到了入侵，机构应该随时准备好已经完成预先配置的备用网关，这样当某台网关遭受入侵时，备用网关就可以立即投入使用。如果条件允许的话，也可以重新刷入所有物联网设备的固件。

我们还需要考虑基础设施计算平台的情况。这时我们可以从运营网络中移除服务器或服务器镜像（云端），并采用满足安全基线的新镜像替换它们，从而确保服务始终处于运行状态（在云端部署的场景中，这项工作要简单、快捷得多）。事件响应计划应该包含完成这项工作的相关操作步骤。

如果用户采用了 AWS 或者 Azure 等云管理界面，可以方便地实现上述操作，例如用户可以使用专门的管理 URI 来指示所要执行的操作、具体步骤（击键）。在该管理界面中还可以确定以何种方式获取用户系统中的物联网镜像。此外，用户还可以隔离感染镜像来开展取证分析，在该过程中，取证人员可以尝试识别出恶意代码及其利用的漏洞。

还需要注意的是，我们总是希望能够跟踪到攻击者实施网络攻击的攻击手法。如果能够获取到所需要的资源，那么根据命令或模式就可以新建网关设备的逻辑规则，将遭受入侵的物联网设备隔离起来，而同时又使得攻击者或恶意软件无法察觉自身已被发现。

对这些遭到入侵的设备进行动态重新配置，使其向相应的虚拟基础设施（位于网关或者云端之中）发送信息，这使得我们可以近距离地对攻击操作进行观察与研究。另外，用户也可以将受影响设备的通信流量路由至沙盒，以便开展进一步的分析。

11.3.5　事后工作（恢复）

这一阶段的工作包括根源分析、事后取证、隐私检查等工作，其中如果 PII 信息遭到入侵，那么还需要确定泄露的 PII 信息。

通过根源分析，用户可以找出防护措施失效的原因，并且可以确定为避免再次发生安全事件应当采取哪些措施。同样，用户还应当在事后对相关设备和系统开展主动的扫描探测，积极查找是否还存在相同或相似的攻击者。

在安全事件发生后召开总结会议，团队成员之间分享经验教训也很重要。这项工作应该在事件响应计划中做出明确规定，安全响应团队事后需要召开为期一天、一周甚至一个月的总结会。会议期间，后续取证和分析得到的众多细节有助于进一步了解事件起源、涉及的攻击者、利用的漏洞等内容，同时对团队在响应过程中的表现进行总结也是会上的一项重要工作。

我们建议采用团体治疗式的风格来召开总结会，在会议中不宜纠结于对个人或流程的揭短、指责或者严厉批评，而是应当从以下几个方面做出实事求是的评价：

- 发生了什么
- 安全事件是如何出现的
- 响应过程有多么好或者多糟糕（为什么）
- 下一次可以采用何种方式实现更好的响应

总结会中应该有一个人来主持会议进程，并负责重要经验教训的总结归纳，确保不在会中空谈，浪费时间。

- 最后，所有的经验教训都应该从以下方面进行评价：
- 是否需要对 IRP 计划做出必要调整
- 是否需要对**网络访问控制**（Network Access Control，NAC）策略做出必要调整
- 为保障企业安全是否需要采用新的工具、新的资源，是否需要开展培训
- 云服务供应商的事件响应计划是否存在缺陷，弥补之后是否会对事件响应有所帮助（事实上，用户可能需要判断是否需要迁移到不同的云供应商，以及是否需要在当前云端环境中采用新的服务）。

11.4　物联网取证

在本节中，我们将对物联网取证进行详细介绍，取证是事后分析中的重要工作。对于物联网而言，取证过程中面临着各种挑战，但是物联网设备无处不在的特点也为取证创造出了很多新的场景。

我们将主要从以下两方面对物联网取证进行分析：

- 针对可能已遭受入侵的物联网设备（安全事件中的一部分）开展取证

- 如果某物联网设备并非本次安全事件取证的主要对象，但是在解决相关问题时能够
发挥作用，那么对该物联网设备也应开展取证分析

11.4.1　事后的设备取证

作为调查过程的一部分，系统级的调查可能会涉及一台或多台设备（例如，传感器、
执行器、网关或者其他服务器），因此通过对遭受入侵的设备进行彻底的取证分析，有助于
确定攻击者的特征。

用户可能会发现攻击者加载或篡改了某个特定文件，在某些情况下，还可能从设备中
提取到指纹。对设备网关的分析可能会牵涉位于网络边缘的组件，或者位于 CSP 当中的组
件（例如，虚拟系统）。

通常情况下，响应团队会制作被入侵系统的镜像用于离线分析。这时，分析人员可以
采用适用于物联网系统的各种基本分析工具来进行分析。

通过将正常操作、安全基线和遭受入侵的系统进行对比，对于恶意代码的识别以及调
查分析很有帮助。所有物联网设备的离线配置工具都可以用于这项工作。例如，部署物联
网设备时用到的 Docker 镜像，就可以用作对比的基线。

如果物联网设备认证采用了认证服务，那么认证服务器中存储的日志也可以作为调查
工作中有效的数据源。分析人员应该查找系统和设备失败的登录尝试，以及异常源 IP 地
址在某段时间内可疑的成功登录行为与认证操作。借助威胁情报与信誉数据库，利用企业
SIEM 关联规则就可以实现上述功能。

调查的另一项工作内容是确定现实中哪些数据遭受到了攻击。找出泄露的数据是第一
步，但是在此之后，分析人员还必须了解是否利用强加密方法对泄露数据进行保护（在存储
状态下）。因为，除非攻击者获取到了解密所需的私钥，否则 G 级密文对于攻击者而言其实
没有什么用处。

如果用户所在机构无法获知系统、每台主机、每个网络、应用、网关等处各个位置所
存储数据的状态（明文或密文），那么分析人员将很难搞清楚数据泄露的程度。当前有些法
律法规已经做出了强制要求，在某些情况下需要发布数据泄露通知，而对数据泄露的准确
描述则是在调查过程中是否需要发布数据泄露通知的重要依据。

此外，还需要使用取证工具将攻击信息组合在一起。这里分析人员可以利用的工具很
多，包括：

- GRR
- Bit9
- Mastiff
- Encase
- FTK
- Norman Shark G2

- Cuckoo Sandbox

尽管这些工具在传统取证工作中经常会用到，但距离现实中物联网设备的取证还存在一定差距。Oriwoh 等研究人员在其研究成果《 Internet of Things Forensics:Challenges and Approaches 》（参见链接 https://www.researchgate.net/publication/259332114_Internet_of_Things_Forensics_Challenges_and_Approaches）中介绍了一种退而求其次的物联网取证方法。他们经过充分论证发现，通常设备自身难以提供足够的有用信息，而这时可以重点关注系统中数据所发往的设备和服务器。

举例来说，MQTT 客户端实际上可能不会存放任何数据，而是自动向上游的 MQTT 服务器发送数据。在这种情况下，服务器才可能是开展分析的目标对象。

在分析过程中，如果设备自身就会生成关键数据，那么就需要逆向物联网设备从中提取固件进行分析。考虑可能用到的物联网设备种类繁多，因此相应的分析工具和流程也有所区别。本节将介绍部分设备固件镜像提取和分析的方法，这些设备要么可能已经遭到了入侵，要么涉及了某次安全事件，通过分析设备内存可能会找到用于溯源取证的线索。

实践中，机构可能会将这些工作外包给某家声誉良好的安全公司。如果是这种情况，就要寻找那些在取证方面具有深厚背景，并且对相关政策以及监管链和证据链（数据在法庭上已经可以作为呈堂证供了）较为了解的公司。

嵌入式设备的分析是一项颇具挑战的工作。很多商业厂商都为存储器提供了 USB 接口，但是通常会对可以访问的存储区域加以限制。如果嵌入式设备支持 *nix 类型的操作系统内核，并且分析人员能够拿到设备的命令行访问方式，那么只需要一条简单的 dd 命令就可以将设备镜像、特定的存储卷、分区或者主引导区记录提取到某个远程位置当中。

如果没有合适的接口，用户就可能需要直接提取存储器中的内容，这项工作通常是通过 JTAG 或 UART 接口来完成的。在很多情况下，具备安全意识的厂商会花费大量精力来屏蔽或禁用 JTAG 接口。而要实现物理访问，则可能需要通过切断、打磨等方法将引脚连接器上的物理表层去掉。

如果 JTAG 测试接口可以访问，并且也有 JTAG 引脚连接器，那么采用 Open On-Chip Debugger（Open On-Chip Debugger，http://openocd.org/）或者 UrjTAG（http://urjtag.org/）等工具，分析人员就可以同闪存芯片、CPU 以及其他类型的存储器进行通信。有时，分析人员可能还需要手工焊接一个引脚连接器，来实现对接口的访问。

如果 JTAG 或 UART 接口均不可访问，那么这时可能就需要采用更为先进的芯片提取（也被称为**芯片开封**，chip de-capping）技术来提取数据。芯片提取取证方式通常具有破坏性，因为无论厂商最初使用什么来黏合芯片，分析人员都必须通过拆焊或使用化学手段移除黏合剂从 PCB 板上取下芯片实体。

之后分析人员就可以使用相应类型的芯片编程器从存储器中提取二进制文件。芯片提取过程较为复杂，通常我们建议由配备专业设备的实验室来提取。

不管采用怎样的流程来访问并提取设备的存储器，下一步工作都是分析二进制文件。

依据所研究的芯片或架构，有很多工具可以用来开展原始二进制文件的分析工作。常用的工具主要包括：

- Binwalk（http://binwalk.org）：用于扫描二进制文件，查找特定文件、文件系统等的特征。识别出文件、文件系统的类型之后，可以进一步提取文件用于后续检查和分析。
- IDA-Pro（https://www.hex-rays.com/products/ida/index.shtml）：很多安全研究人员都会用到 IDA 工具（包括主流操作系统的漏洞挖掘人员），IDA-Pro 是一款强大的反汇编与调试工具，可以用于多款操作系统的逆向分析。
- Firmwalker（https://github. com/craigz28/firmwalker）：这是一款脚本工具，作用是搜索固件中的文件和文件系统。

11.4.2　用于破案的新兴数据源

前面我们对物联网取证进行了讨论，下面有必要简单介绍下物联网给日常案件侦办所带来的影响。在某些情况下，即便与网络犯罪或重大事故有关的安全事件发生在用户机构或家庭之外，也可能会要求用户从自己的数字资产中提供电子证据。

物联网系统部署的传感器几乎无处不在，而这些传感器会生成大量数据，在澄清犯罪事实方面可以发挥巨大作用。视频数据和音频数据就是强有力的证据，陪审团完全可以利用这些证据对罪犯定罪。

下面，让我们来了解一下可用于案件侦办的证据类型。

1. 智能电表与水表

假设被告 Bob 被控以刑事犯罪，Bob 声称其在案发时不在现场，因为他当时正在家里泡热水澡。Bob 甚至把手机留在了家里，利用手机的地理定位来说明其在案发时所处的位置，从而证实他的说法。

精明的警探 Dan 从嫌疑人家中的智能电表中提取到了电子证据，而这些证据则讲述了另一个故事。嫌疑人家中过去的 48 小时内不存在 220 伏的功耗（该功率消耗与热水浴缸加热元件的功率对应）。虽然这一证据并不足以定罪，但是却说明了存在一个与嫌疑人的说法相矛盾的故事。

Dan 警探在第一次审讯嫌疑犯时，询问了案发时他在家中的各种活动细节。Bob 编造了当晚的场景。在泡了热水澡后，Bob 说他又冲了个澡。而嫌疑人家中的数字智能水表却又讲述了一个不同的故事，也就是说，那天晚些时候家里也没有用水。Bob 的故事听起来越来越难以令人信服了。

2. 可穿戴设备

Fitbit 等可穿戴设备在案件侦办中也开始提供越来越多有趣的证据。2015 年 12 月 23 日，在美国康涅狄格州发生了一起入室盗窃和谋杀案，受害者是一对已婚夫妇。Connie

Dabate 被发现死于枪击，她的丈夫 Richard Dabate 则被警方拘捕。

由于没有任何确凿的证据表明有人进入过家中，警方将调查方向转向了 Richard。调查人员通过对他妻子佩戴 fitbit 手环的调查，驳斥了 Richard 关于案发时间的说法。调查显示，在 Richard 声称妻子被谋杀的一小时后，Richard 的妻子依然在活动并且在走动（步数记录）。而且在那段时间，她还使用了 Facebook。

这起案件说明了可穿戴设备对人类运动的影响，更不用说 GPS 定位技术了。

可穿戴设备可以收集多种类型的生命体征，例如心率、血压、佩戴者是醒着还是处于睡眠状态。所有这些都可以在刑事和民事诉讼中用作直接或间接的证据。

3. 家用安防摄像头

如今，随着安防公司不断拓展其家庭安防措施的覆盖范围，因此家庭安防解决方案无处不在。Nest、Arlo 和 Ring 等视频门铃只是物联网用于家庭安防的部分产品。毫无疑问，这些产品具备相应的功能能够自动地将每个家庭及附近的区域以电影场景的形式展示出来。

持续的运动感知报警和视频记录，为世界各地的公安部门提供了数量惊人的佐证数据，这些数据既可以用于嫌疑人的定罪，也可以用于洗脱无辜人士的嫌疑。

4. 家庭助手

就像会说话的芭比娃娃一样，Google Home、Amazon Echo 等智能音箱已经走进了千家万户，智能音箱中的麦克风从我们的家中感知并生成精细的声学和语音数据。通常情况下，用户说出某些关键词就会激活智能音箱，设备继而会响应用户命令，通过调用厂商和第三方 API 来实现家庭监控、Web 服务和媒体访问等功能。

虽然录音的时间还比较有限，但这些设备有巨大的潜力，看起来可能只是记录了一些不重要的微小动作，但是对于案情澄清会有很大帮助。

11.5　本章小结

本章中，我们介绍了如何制定、维护和实施事件响应计划，以及物联网取证所面临的挑战与解决方法。我们首先界定了物联网安全事件响应与管理，讨论了开展物联网事件响应工作的相关细节。

后面，本章进一步对物联网设备进行了分析，并介绍了取证过程中物联网数据的用法。

考虑到物联网系统的特点、对现实世界中的影响以及物联网实现方案的多样性，要确保物联网系统的功能安全与信息安全是一项颇具难度的挑战。本书尝试为多种类型的复杂物联网系统的设计与部署提供建议与指导。

随着这一具有巨大潜力的技术领域变革步伐的不断加快，我们希望读者能够结合自身网络环境的特点对我们提出的指导建议进行调整，确保物联网安全、高效的应用。

推荐阅读

基于数据科学的恶意软件分析

作者：Joshua Saxe,Hillary Sanders ISBN：978-7-111-64652-5 定价：79.00元

Effective Cybersecurity（中文版）

作者：William Stallings ISBN：978-7-111-64345-6 定价：149.00元

工业物联网安全

作者：Sravani Bhattacharjee ISBN：978-7-111-62569-8 定价：79.00元

物联网渗透测试

作者：Aaron Guzman,Aditya Gupta ISBN：978-7-111-62507-0 定价：89.00元